Jürgen Richter, Ludwig Schultz
Hermann-Friedrich Wagner (Hrsg.)

Die Welt hinter den Dingen

2., erweiterte Auflage

WILEY-VCH

WILEY-VCH GmbH & Co. KGaA

Impressum

Herausgeber:
Prof. Dr. Ludwig Schultz (IFW Dresden)
für die Deutsche Physikalische Gesellschaft e.V.
Prof. Dr. Jürgen Richter und Dr. Hermann-Friedrich Wagner
für das Bundesministerium für Bildung und Forschung

Autoren:
Dr. Thomas Bührke (Zeit, Licht, Zufall)
Thomas de Padova (WellenWelten)
Alexander Pawlak (Physik und Leben)
Dr. Mathias Schulenburg (Die Welt hinter den Dingen / Spiel der Kräfte)
Roland Wengenmayr (Energie – aber wie? / Tanz der Elemente)

Wissenschaftliche Beratung:
Prof. Dr. Helmut Eschrig, Prof. Dr. Peter Fromherz, Prof. Dr. Wolfgang Heckl,
Prof. Dr. Heiner Müller-Krumbhaar, Prof. Dr. Eberhard Wassermann

Konzept: Manfred Schmidt
Redaktion: Rüdiger Buchholz, Timo Meyer, Dr. Marcus Neitzert, Wolfgang Richter, Manfred Schmidt
Gestaltung: Claudia Oly, Marleen Schwalm, Christian Weber, Gunther Schulz (Physik und Leben), Markus Dold (Motiv: Spiel der Kräfte)
iser**und**schmidt, Kreativagentur für PublicRelations, Bonn - Berlin

2nd edition, 2008

Die Deutsche Bibliothek - CIP Einheitsaufnahme
Ein Titeldatensatz für diese Publikation ist bei der Deutschen Bibliothek erhältlich.

ISBN 978-3-527-40872-6

Satz: iser**und**schmidt, Bonn - Berlin
Druck: betz-druck GmbH, Darmstadt
Bindung: Litges & Dopf Buchbinderei GmbH, Heppenheim
Printed in the Federal Republic of Germany

Bundesministerium
für Bildung
und Forschung

Deutsche Physikalische Gesellschaft DPG

Wie sieht die Welt hinter den Dingen aus? Dieser Frage ist die Physik seit Jahrhunderten auf der Spur. Sie wurde dadurch nicht nur zu einer der grundlegenden Wissenschaften unserer Kultur, sondern erwarb sich auch eine Schlüsselfunktion für die Weiterentwicklung der Technik und spielt damit eine wichtige Rolle für die Zukunft unserer Gesellschaft.

Die Physikerinnen und Physiker in der Deutschen Physikalischen Gesellschaft (DPG) haben zusammen mit dem Bundesministerium für Bildung und Forschung (BMBF) das Jahr 2000 zum Jahr der Physik erklärt. Fachwelt und Öffentlichkeit wurden von dieser Initiative damals völlig überrascht. Dementsprechend skeptisch fielen die ersten Reaktionen aus. Die Eröffnung des Physikjahres am 18.01.2000 in Berlin und alle Aktionen, die damit verbunden waren, wurden jedoch derart überzeugend gestaltet, dass sich die anfängliche Zurückhaltung in positive Resonanz und am Ende des Jahres in große Anerkennung umwandelte. Das enorme Engagement und die immer sichtbare Begeisterung der Physikerinnen und Physiker für ihre Wissenschaft, ob jung oder alt, unabhängig von Position oder akademischem Grad, wurde damit belohnt, dass in Deutschland mehr als hunderttausend Menschen die vielen Veranstaltungen des Physikjahres besuchten. Diese Reaktion war in dem Ausmaß nicht vorhergesehen worden und hatte dementsprechend positive Konsequenzen: Inzwischen sind die Jahre der Wissenschaft in Deutschland auch für andere Disziplinen zu einer festen Einrichtung geworden, und auch das Weltjahr der Physik 2005, das von der UNESCO ausgerufen wurde, wurde dadurch initiiert.

Beflügelt durch diesen Erfolg haben BMBF und DPG beschlossen, ihre Partnerschaft auch über das Jahr 2000 hinaus durch eine neue Art von Veranstaltungen fortzusetzen: den jährlich an wechselnden Orten in Deutschland für eine Woche stattfindenden „Highlights der Physik". Nach nun sieben Veranstaltungen von 2001 bis 2007 kann wiederum eine rundum positive Bilanz gezogen werden. Dies ist in erster Linie ein Verdienst der vielen Helferinnen und Helfer sowie der Veranstalter vor Ort. Sie haben durch ihren unermüdlichen Einsatz dafür gesorgt, dass die „Highlights der Physik" so lebendig und attraktiv gestaltet wurden, dass wieder ein breites Publikum von der Faszination der Physik begeistert werden konnte. Wie im Physikjahr wurden auch zu den Highlights der Physik von namhaften Autoren Themenhefte erarbeitet, die in allgemein verständlicher Sprache die physikalischen Hintergründe der Schwerpunkte der jeweiligen Veranstaltungen beleuchten. Es handelt sich um „Physik und Leben" (München 2001), „Die Welt hinter den Dingen" (Duisburg 2002), „Tanz der Elemente" (Dresden 2003), „Spiel der Kräfte" (Stuttgart 2004), „Zeit, Licht, Zufall" (Berlin 2005), „WellenWelten" (Bremen 2006) und „Energie – aber wie?" (Frankfurt am Main 2007). Den Organisatoren dieser Veranstaltungen, Peter Fromherz und Wolfgang M. Heckl in München, Helmut Eschrig in Dresden, Tilman Pfau in Stuttgart sowie Eberhard Wassermann und Axel Carl in Duisburg, Berlin, Bremen und Frankfurt, sei an dieser Stelle für die grandiose Inszenierung dieser Shows herzlich gedankt.

Die Themenhefte sind bei den Besuchern immer auf sehr hohes Interesse und große positive Resonanz gestoßen. Deshalb wurden die ersten fünf Hefte im Jahr 2005 mit der ersten Ausgabe dieses Buches einem größeren Publikum zugänglich gemacht. Die jetzt vorgelegte Neuausgabe wurde um die Veranstaltungen der Jahre 2006 und 2007 in der Hoffnung der Herausgeber erweitert, auch dieses Mal wieder den Leserinnen und Lesern einen Eindruck von der Motivation vermitteln zu können, mit der die Physikerinnen und Physiker nach den Geheimnissen forschen, die hinter den Dingen liegen.

Allen Autoren und denjenigen, die Abbildungen und Dokumente bereitgestellt haben, sowie dem Verlag WILEY-VCH und der Agentur iserundschmidt gebührt unser Dank.

Ludwig Schultz
für die Deutsche Physikalische Gesellschaft e. V.

Jürgen Richter und Hermann-Friedrich Wagner
für das Bundesministerium für Bildung und Forschung

INHALT

Energie – aber wie?

8 Am Anfang war das Feuer

12 Energiefabriken

20 Lebenskraft

22 Kraftpakete

26 Reiserouten

30 Energie – aber wie? Was tun gegen den Klimawandel?

Tanz der Elemente

112 Tanz in allen Töpfen

114 Von der Ursuppe zur harten Materie

120 Die Entdeckung der Weichheit

124 Magischer Tanz im Oktett

128 Kurze Geschichte des Zerfalls

132 Die Bausteine des Lebens

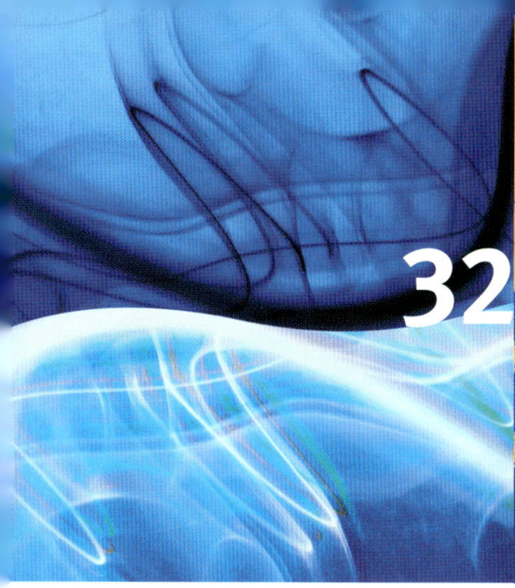

WellenWelten

34 Mit Hightech die Ohren spitzen

40 Welle der Zerstörung

46 Alles auf einer Wellenlänge

50 Die Welt in neuem Licht

56 Kräuselungen der Raumzeit

Zeit Licht Zufall

60 Das Wunderjahr 1905

64 Der Lichtsurfer

71 Von der Lichtwelle zum Quantenspuk

77 Der rätselhafte Tanz der Moleküle

80 Gekrümmter Raum und gedehnte Zeit

Spiel der Kräfte

86 Kräfte, die im Kleinen walten

92 Reise ins Quantenland

98 Kraftvolles Quartett

100 Zwischen Himmel und Erde

106 Über dem Horizont

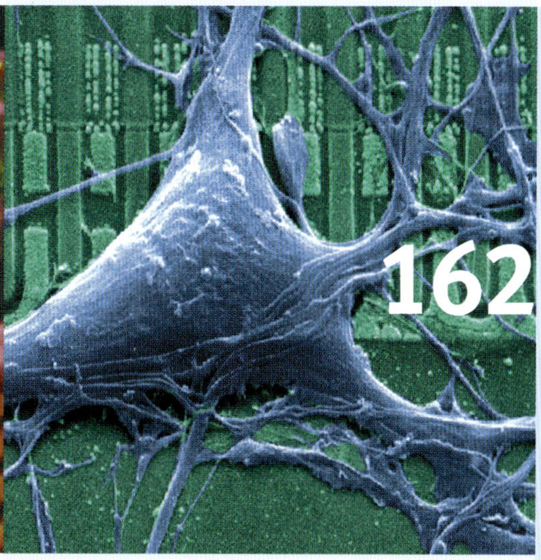

Die Welt hinter den Dingen

138 Ausflug zur Erde

144 Natur mit Ordnungssinn

148 Bilderrätsel: Was steckt dahinter?

150 Intelligente Materialien

156 Wissenschaft der Sinne

Physik und Leben

164 Lebendige Materie

166 Strahlen auf Rezept

172 Moleküle des Lebens

178 Physik in der Zelle

184 Was ist Leben?

Energie
aber wie?

Am Anfang war das Feuer

Glaubt man den alten Griechen, so war es der sagenhafte Prometheus, der der Menschheit das Feuer brachte. Er entzündete dazu einen Stängel des mythischen Riesenfenchels am Wagen des Sonnengottes Helios. Es ist kein Zufall, dass die Menschen früher der brennenden Glut göttliche Eigenschaften zusprachen. Sie kannten Feuer meist als Folge „himmlischer" Naturereignisse. Vor allem Gewitter konnten mit Blitzeinschlägen verheerende Brände auslösen. Archäologische Funde beweisen, dass schon Frühmenschen wie Homo erectus das Feuer vor vielen Hunderttausend Jahren nutzten. Sie sammelten dazu die Glutreste natürlicher Brände ein. Später lernten unsere Vorfahren, wie sie selbst Feuer anzünden konnten. Die Neandertaler verwendeten dazu bereits vor über 40.000 Jahren Feuerstein, Eisenkies und Zunderschwamm. Ein ähnliches Feuerzeug steckte auch im Gepäck von Ötzi, der 5.000 Jahre alten Gletschermumie aus den Alpen. Das Feuermachen war ein entscheidender Schritt in der Menschheitsgeschichte. Denn die Menschen erwarben so die Fähigkeit, Energie gezielt zu nutzen.

Heute wissen wir, dass die Energie, die Blitzen und Gewittern innewohnt, tatsächlich von „Helios" kommt. Antriebskraft ist nämlich die Sonne, deren Energie in Form elektromagnetischer Strahlung auf unseren Planeten gelangt. Elektromagnetische Strahlung, zu der auch das Licht gehört, ist pure Energie. Diese Einsicht verdanken wir genialen Forschern wie dem Briten James Maxwell (1831 - 1879), Max Planck (1858 - 1947) und Albert Einstein (1879 - 1955). Mit rund 300.000 Kilometern pro Sekunde flitzt diese Strahlung durch das All. Die Strecke von der Sonne zur Erde überbrückt sie so in gerade mal acht Minuten.

Hier eingetroffen treibt die Energie der Sonne nicht nur gewöhnliche Gewitter, sondern auch gewaltige Wirbelstürme an. In der Hurrikan-Saison (im Atlantik beispielsweise von Anfang Juni bis Ende November) heizt sie das Meer in Äquatornähe mächtig auf. Dabei verdunsten gigantische Wassermengen. Für diesen Phasenübergang vom flüssigen Wasser in den gasförmigen Wasserdampf „tanken" die Wassermoleküle kräftig Wärmeenergie aus der Sonne, um der Bindung im flüssigen Wasser zu entkommen. Sind sie erst einmal frei, transportieren sie die umgewandelte Sonnenenergie zusammen mit der aufsteigenden Warmluft in riesigen Mengen in die Atmosphäre. In einigen Kilometern Höhe wird es jedoch so kalt, dass die Moleküle wieder zu Wassertropfen kondensieren. Im Prinzip passiert das Gleiche beim Kochen, wenn sich Wasser am Topfdeckel niederschlägt.

⇠ Erste Erfahrungen mit dem Feuer sammelten die Urmenschen vermutlich durch Busch- und Waldbrände, die ein Blitzschlag entzündete. Bild: PhotoDisc

⇢ Im Laufe der Zeit lernten unsere Vorfahren die Kunst des Feuermachens: Sie nahmen dazu Feuerstein, um aus Eisenkies (auch Pyrit genannt) glühende Funken herauszuschlagen, die sie mit Zunderschwamm auffingen. Mit trockenem Gras und vorsichtigem Pusten, konnten sie dann die Glut entfachen. Bild: Gunter Schöbel, Pfahlbaumuseum Unteruhldingen

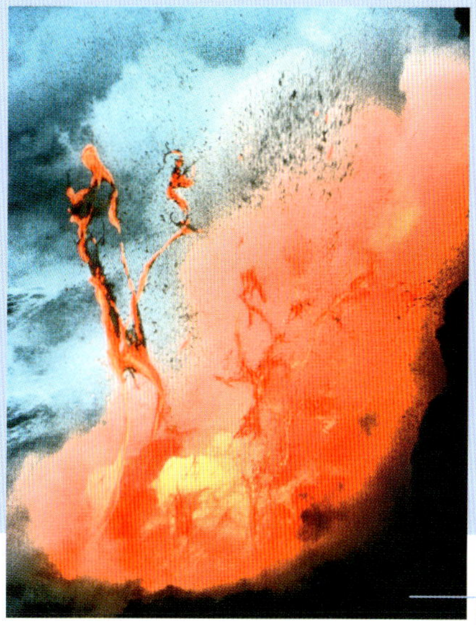

⇢ Brodelende Lava ist Zeichen der Hitze im Inneren der Erde. Weniger offensichtlich ist die Erdwärme außerhalb vulkanischer Regionen. Aber auch dort steigt die Temperatur, je tiefer man ins Erdreich vordringt: im Mittel um 3 °C pro 100 Meter. Bild: PhotoDisc

INFO

KALORIEN & CO.

Wie alle physikalischen Größen, kann man auch die Energie quantitativ vermessen. Die zugehörige Maßeinheit heißt *Joule*, benannt nach James Prescott Joule (1818 - 1889). Der englische Naturforscher untersuchte seinerzeit, wie kräftiges Rühren Wasser durch Reibung erwärmt. Doch ähnlich wie sich eine Entfernung wahlweise in Kilometern oder Meilen ausdrücken lässt, so gibt auch für die Energie diverse Maßeinheiten. Der Energiegehalt von Lebensmitteln beispielsweise wird traditionell in Kalorien angegeben. Per Definition ist eine *Kalorie* jene Wärmemenge, die man einem Gramm Wasser zuführen muss, um dessen Temperatur um ein Grad Celsius (konkret: von 14,5 °C auf 15,5 °C) zu erhöhen. Ingenieure wiederum rechnen in *Wattsekunden* (Ws) und *Kilowattstunden* (kWh). Die verschiedenen Einheiten hängen folgendermaßen zusammen:

1 Kalorie = 4,187 Joule

1 Joule = 1 Ws = $0{,}278 \times 10^{-6}$ kWh

Gebräuchlich sind außerdem *Kilojoule* und *Kilokalorie*. Tausend Joule sind ein Kilojoule, tausend Kalorien eine Kilokalorie.

So entstehen Regenschauer. Doch woher kommt der Wind? Die Kondensation zu Wassertröpfchen setzt die Energie, die bei der Verdampfung aufgenommen wurde, wieder frei und bringt Fahrt in die Luftmoleküle. Anfangs entstehen viele kleine Brisen, die schließlich zu einem Sturm anschwellen. Wenn das Meereswasser auf mindestens 27 Grad Celsius aufgeheizt ist, kann er zu einem echten Hurrikan anwachsen. Sie haben Windgeschwindigkeiten ab 120 Kilometern pro Stunde.

Der Wind – und damit umgewandelte Sonnenenergie – spielt auch eine wichtige Rolle bei der Entstehung von Blitzen. Für ihre elektrische Energie sorgen wahrscheinlich starke Aufwinde in den Gewitterwolken. Die Luftmoleküle reiben sich dort kräftig an Wassertröpfchen und Eispartikeln, die sich dabei elektrisch aufladen – wie beim Reiben eines Gummistabs mit einem Katzenfell. Während die positiv geladenen Tropfen nach unten fallen, bleiben die negativ geladenen Eispartikel oben in der Wolke. Mit wachsender Distanz steigt die elektrische Spannung zwischen Eis und Wasser. Schließlich entlädt sie sich in Blitzen. Wind und Niederschläge sind also umgewandelte Sonnenenergie.

Auch das Leben basiert fast ausschließlich auf solarer Energie, denn Pflanzen setzen die Strahlung der Sonne durch Photosynthese in biochemisch verwertbare Energie um. Sie produzieren dabei energiereiche Biomasse, die Mensch und Tier ernährt. Nebenbei reichern sie die Atmosphäre mit lebensnotwendigem Sauerstoff an.

Energie ist also etwas, das sich permanent von einer Form in eine andere umwandelt. Richtig fassbar ist sie nicht. Ihre Auswirkungen sind uns trotzdem vertraut. Denn Energie befähigt Lebewesen und Maschinen zur Arbeit – sei es Radfahren, das Stemmen eines Gewichts oder das Antreiben eines Motors. Außerdem können wir Energie in verschiedenen Formen wahrnehmen, etwa als Wärme, Wind, Schall, Bewegung oder Elektrizität. Die Kernenergie hingegen ist eine Energieform, die sich unseren Sinnen entzieht. In der Natur macht sie sich gleichwohl als Wärme aus dem Erdinneren bemerkbar. Diese speist sich nämlich größtenteils aus dem Zerfall radioaktiver Elemente.

Die natürlichen Energiekreisläufe brachten Physiker Mitte des 19. Jahrhunderts auf eine fundamentale Erkenntnis. Hermann von Helmholtz (1821 - 1894) formulierte sie im berühmten Energieerhaltungssatz. Nach diesem muss die Energiemenge in einem

ZICK-ZACK:
Mikroskopisch betrachtet ist Wärme unregelmäßige Teilchenbewegung. Luftmoleküle beispielsweise flitzen mit zunehmender Temperatur immer schneller umher und stoßen dabei ständig aneinander, so wie die Kugeln beim Billiardspiel. Auch Wassermoleküle bewegen sich hektischer, steigt die Temperatur. Haben sie genug Energie getankt, lösen sie sich aus dem Verband des flüssigen Wassers: Dampf steigt auf. Bild: pixelio.de

INFO

Bei Spannweiten von 100 Metern und mehr leisten moderne Windkraftwerke bis zu fünf Megawatt. Bild: Multibrid

Energieformen

Potentiell 70 kg schwerer Springer auf dem 10-Meter-Turm: 7 Kilojoule. Bild: PhotoDisc

Kinetisch 1.000 kg schwerer Mittelklassewagen mit 64 km/h (Crashtest nach Euro-NCAP-Norm): 160 Kilojoule. Bild: ADAC

Chemisch 100 g Braunkohle oder Schokolade (1 Tafel): 2.000 Kilojoule. Bild: iserundschmidt

perfekt isolierten System immer gleich bleiben. Sie kann sich nur von einer Form in eine andere umwandeln. Energie kann also weder aus dem Nichts heraus entstehen, noch einfach verschwinden. Deshalb scheitert jeder Versuch, ein Perpetuum mobile (lateinisch für „ewig in Bewegung") zu konstruieren. Keine Maschine kann andauernd Arbeit verrichten, ohne dafür Energie in irgendeiner Weise aufzunehmen. Insbesondere kann sie nicht Energie aus dem Nichts herbeizaubern.

Verbrauchen wir Öl, Erdgas oder Strom, sprechen wir auch von Energieverbrauch. Nach dem Energieerhaltungssatz ist diese Bezeichnung eigentlich falsch, denn Energie verschwindet nicht. Wir wandeln sie lediglich von einer für uns nutzbaren Form in eine andere Form um, die uns technisch nicht mehr zugänglich ist. Schlussendlich ist das immer Wärmeenergie, die an die Umwelt verloren geht. Ein Teil davon strahlt unser Planet in den Weltraum ab.

Wärme kann transportiert werden, wie schon der Wasserkreislauf in der Atmosphäre zeigt. Mit dem Wärmetransport eng verknüpft ist eine Änderung der Temperatur. Denn von einem heißeren Objekt fließt so lange Wärme ins kältere Objekt, bis beide exakt dieselbe Temperatur haben. Deshalb schmilzt im Sommer unser leckeres Eis auch im Schatten. Die Luftmoleküle nämlich transportieren so lange Wärme ins Eis, bis es zu Fruchtwasser zerläuft und sich danach auf Umgebungstemperatur aufwärmt.

Technisch nutzbare Energieformen gibt es viele. Ein Beispiel ist der Wind, also strömende Luftmoleküle. Einen Teil dieser Bewegungsenergie, die auch kinetische Energie heißt, kann ihnen ein Windrad entziehen. Nach dem Passieren seiner Flügel strömt die Luft langsamer. Dafür hat das Windrad Bewegungsenergie (Rotationsenergie) aufgenommen, denn nach dem Energieerhaltungssatz muss die Gesamtenergie des Systems aus Wind und Windrad ja gleich bleiben. Damit kann es einen elektrischen Generator antreiben, der aus der Energie des Windes schließlich Strom erzeugt.

Ein anderer Speicher für physikalische Energie ist ein hoch gelegener Stausee, der das Schmelzwasser aus den Bergen für ein Wasserkraftwerk sammelt. Hoch droben hat das Wasser im Erdschwerefeld eine höhere potentielle Energie als im Tal. Wenn es durch Rohrleitungen hinunter stürzt, wird aus der potentiellen Energie Bewegungsenergie. Damit setzt der Wasserstrom die Kraftwerksturbinen in Bewegung.

Ein Motor dagegen zapft chemische Energie an: Benzin enthält in seinen molekularen Verbindungen viel Energie. Es ist, bezogen auf sein Volumen, einer unserer chemischen Energiespeicher mit der höchsten Dichte – noch besser als Schokolade oder Butter. Durch Verbrennen mit Sauerstoff (Oxida-

Bei 100 km/h schluckt der Luftwiderstand etwa 2/3 der Motorleistung eines Mittelklasse-Wagens. Mit Hilfe des Windkanals können die Strömungsverhältnisse optimiert werden. Bild: DaimlerChrysler

Angesichts knapper Ressourcen werden Öl und Gas nicht nur Land, sondern auch auf See gefördert. Die dafür genutzten Bohrinseln sind riesig: Die abgebildete „Troll" würde mit 472 m Gesamthöhe sogar den Eiffelturm überragen. Inzwischen ist sie vor der norwegischen Küste verankert, wo ihre Stelzen unter Wasser liegen. Bild: Statoil

Atomar 100 g Kernbrennstoff (3-prozentig angereichertes Uran): 200 Millionen Kilojoule. Bild: Electricité de France

Elektromagnetisch Energie, die die Sonne pro Sekunden abstrahlt: 380 Trilliarden Kilojoule (Trilliarde = 10^{21}). Bild: NASA/ESA

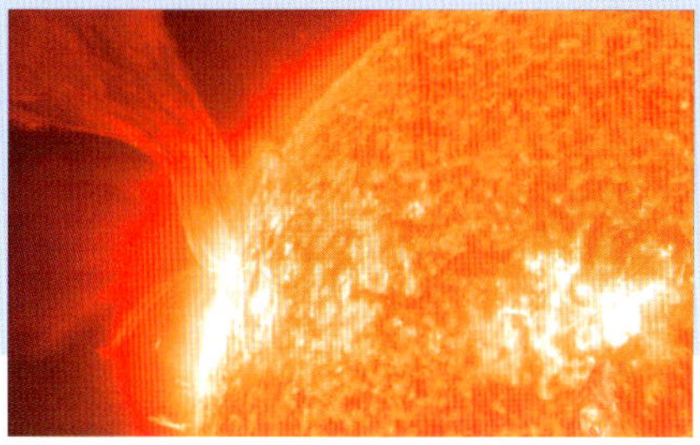

tion) wird die gespeicherte Energie als Wärme frei. Verbrennungsmotoren können einen Teil dieser Wärmeenergie in mechanische Arbeit, also etwa Vortrieb, umwandeln.

Wenn Motoren oder Muskeln Arbeit verrichten, kommt die „Leistung" ins Spiel. Ähnlich wie die Geschwindigkeit darüber Auskunft gibt, in welcher Zeitspanne eine Strecke zurückgelegt wird, so beschreibt die Leistung, wie viel Arbeit pro Zeiteinheit verrichtet wird; die Leistung gibt also insbesondere an, wie schnell Energie umgesetzt wird. Bei Autos spricht man dann von den berühmten Pferdestärken, die heute allerdings in Watt oder Kilowatt (kW) gemessen werden (1 PS = 0,735 kW). Schaffen ein Muskel oder eine Maschine ein Joule pro Sekunde, so leisten sie ein Watt. Erreicht man bei einem Belastungstest auf dem Fahrradtrainer 200 Watt, ist man kerngesund. Geht einem schon bei 50 Watt die Puste aus – man leistet dann so viel wie eine gewöhnliche Glühbirne –, dann wird es Zeit, Sport zu machen.

Selbst der effizienteste Motor kann die Wärmeenergie aus der Verbrennung leider nicht komplett in Arbeit umsetzen. Ein großer Anteil geht als nutzlose Abwärme an die Umwelt verloren. Je mehr Nutzarbeit eine Maschine aus der zugeführten Wärmemenge gewinnt, desto höher ist ihr Wirkungsgrad. Ideal wären natürlich hundert Prozent Wirkungsgrad. Damit würden Autos oder Motorräder die Verbrennungswärme des Benzins komplett in Vortrieb verwandeln. Und der Auspuff bliebe kalt. Leider verdirbt dieses Gedankenspiel ein physikalischer Erfahrungssatz. Dieser geht insbesondere auf den Franzosen Sadi Carnot (1796 - 1832) zurück. Nach diesem „Zweiten Hauptsatz der Thermodynamik" bleibt die Umwandlung von Wärme in Arbeit immer begrenzt. Das macht es beispielsweise unmöglich, ein Schiff zu bauen, das dem Meerwasser Wärme entzieht und mit dieser Energie seinen Motor antreibt.

INFO

AUFGERIEBEN

Ohne Reibung wäre Autofahren deutlich sparsamer, als es auf unseren Straßen der Fall ist. Ein 1.000 kg schweres Mittelklasse-Auto enthält bei einer Geschwindigkeit von 100 km/h rund 400 Kilojoule an Bewegungsenergie. Diese Energie müsste der Wagen im Idealfall nur einmal, nämlich zur Beschleunigen aufbringen. Danach könnte er ewig weiterrollen. In der Realität jedoch vernichtet die Reibung ständig Bewegungsenergie, die der Motor nachliefern muss. Dabei dominieren die Rollreibung der Reifen und die Luftreibung. Wenn ein typisches Mittelklasse-Auto eine Minute lang 100 km/h fährt, muss der Motor rund 250 Kilojoule an Arbeit verrichten, um den Rollreibungsverlust auszugleichen. Für die Überwindung des Luftwiderstands braucht der Motor weitere 500 Kilojoule. Die Reibung im Getriebe frisst nochmals 15 Prozent der Antriebsleistung (Frontantrieb). In der Summe muss der Motor während der 60 Sekunden also gut 850 Kilojoule aufbringen, um 100 km/h Dauergeschwindigkeit zu halten. Dies entspricht einer Leistung von 15 Kilowatt bzw. 20 PS. Für Tempo 200 sind dagegen fast 90 Kilowatt nötig.
Mit diesen Zahlen lässt sich der Kraftstoffverbrauch abschätzen: Moderne Benzinmotoren haben einen Wirkungsgrad von ungefähr 30 Prozent. Beim Betrieb gehen somit 70 Prozent der im Benzin chemisch gespeicherten Energie verloren. Mithin steht von den rund 30.000 Kilojoule, die ein Liter Benzin (reines n-Oktan) enthält, effektiv auch nur gut ein Drittel zur Verfügung. Für einen 100 km/h schnellen Mittelklassewagen folgt daraus ein Verbrauch von gut 5 Litern auf 100 Kilometern – bei doppelter Geschwindigkeit würde er dafür rund 16 Liter schlucken!

Energiefabriken

Loderndes Feuer war für unsere Vorfahren das Sinnbild für Energie. Heute denken wir dabei nicht nur an Wärme, sondern auch an den Strom aus der Steckdose. Die Elektrizität kommt größtenteils aus Kraftwerken, während Wärme hierzulande meist in den eigenen vier Wänden produziert wird. Dazu verbrennt die Heizungsanlage im heimischen Keller, in der Gastherme oder dem Kamin fossile Brennstoffe oder Holz. Mitunter kommt auch die Wärme von weither, doch Fernheizungsnetze sind in Deutschland weniger verbreitet als in anderen Ländern. Solche Netze transportieren Wärme, die in Kraftwerken als Nebenprodukt der Stromerzeugung entsteht, im dort erhitzten Wasser oder Wasserdampf bis zum Verbraucher. Diese Kombination aus Stromerzeugung und Nutzung der Abwärme heißt „Kraft-Wärme-Kopplung". Weil solche Kraftwerke ihre Abwärme nicht einfach in die Umgebung emittieren, sind sie besonders effizient.

Heute decken fossile Brennstoffe, also Kohle, Erdöl und Erdgas fast achtzig Prozent des weltweiten Bedarfs an Primärenergie. In Deutschland ist es ähnlich. Zur Primärenergie zählen alle Energieträger, die direkt nutzbar sind. Ein Teil wird weiter zu Endenergieträgern veredelt. Erdöl wird zum Beispiel zu Benzin, Diesel und Kerosin (Flugbenzin) verarbeitet. Elektrischer Strom zählt ebenfalls zu den Endenergieträgern und wird aus unterschiedlichsten Primärenergieträgern hergestellt. Hierzulande beruht die Stromversorgung wesentlich auf Kernenergie und Kohle.

Fossile Brennstoffe sind uralte Biomasse. In ihr ist über Jahrmillionen gesammelte Sonnenenergie chemisch gespeichert, bei Kohle sogar im reinen Kohlenstoff. In Erdöl und Erdgas steckt sie vor allem in der chemischen Bindung zwischen Kohlenstoff- und Wasserstoffatomen. Ein Beispiel ist Methan, der Hauptbestandteil von Erdgas: Wenn es mit Sauerstoff verbrennt, wird Energie frei, weil die Speicherenergie im Methan höher ist als in den Verbrennungsprodukten – also Kohlendioxid und Wasser. Dieses chemische Energiegefälle erinnert an das physikalische Gefälle, das Wasserturbinen antreibt. Die Verbrennung verwandelt die chemische Energie in Wärme, die direkt zum Heizen oder indirekt für Arbeit nutzbar ist. Der Preis dafür ist die Anreicherung der Atmosphäre mit dem Treibhausgas Kohlendioxid.

Auch Brennholz und Holzkohle gehören zu den wichtigen Primärenergieträgern. Bei ihrer Verbrennung geben sie genauso viel Kohlendioxid frei, wie sie durch das Wachstum der Pflanzen zuvor der Atmosphäre entzogen haben. Deshalb zählen Statistiker diese traditionelle Biomasse zu den erneuerbaren Energien. Das ist aber nur korrekt, wenn die Menschen nicht mehr verbrauchen als nachwächst. Ein Stück Brennholz enthält im Übrigen nur etwa

Heißes Plasma leuchtet im Inneren einer Testanlage zur Kernfusion. Bild: MPI für Plasmaphysik (IPP)

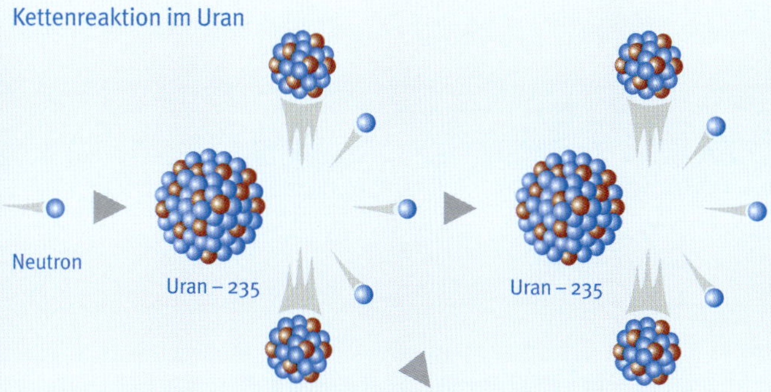

Kernkraftwerke leisten 1.000 Megawatt und mehr. Energie gewinnen sie aus einer Kettenreaktion, bei der Atomkerne durch Neutronen (besondere Kernteilchen) gespaltet werden. Bild: iserundschmidt

Braunkohle zählt hierzulande zu den wichtigsten Energieträgern. Abgebaut wird sie mittels riesiger Schaufelradbagger. Bild: RWE

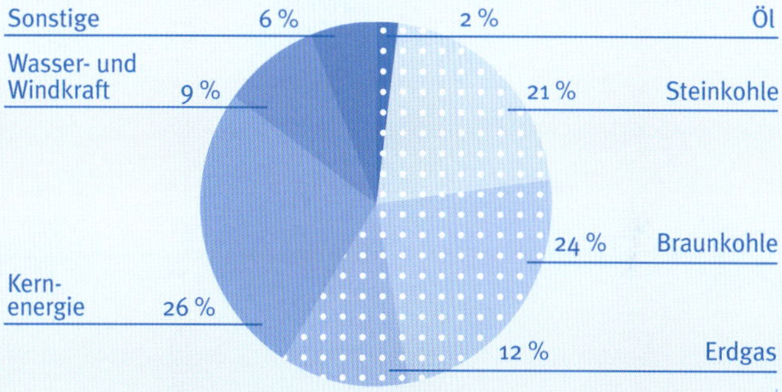

Stromerzeugung in Deutschland (Quelle: AG Energiebilanzen, 2006), fossile Brennstoffe sind mit einem Punktmuster markiert.

Strom und Wasser aus einer Hand: Das Gas- und Dampfkraftwerk in Shuweihat am Persischen Golf liefert 1.500 Megawatt (1 Megawatt = 1 Millionen Watt) an elektrischer Leistung und ist mit einer Meerwasserentsalzungsanlage gekoppelt, die täglich bis zu 450 Millionen Liter Trinkwasser bereitstellt. Bild: Siemens

halb so viel Energie wie ein Stück Steinkohle gleichen Gewichts.

Uran, Brennstoff für Kernkraftwerke, zählt auch zu den wichtigen, nicht erneuerbaren Primärenergieträgern. Von diesem Metall gibt es verschiedene Sorten wie U-238 und U-235. Übliche Kernreaktoren spalten U-235. Davon enthalten Uranerze gerade einmal 0,7 Prozent. Viel zu wenig, um eine Kettenreaktion zu starten. Kernreaktoren benötigen deshalb „angereichertes" Uran. Diese Form der Aufbereitung steigert den Anteil von U-235 auf drei bis fünf Prozent.

Die Kernspaltung setzt gewaltige Energiemengen aus den Bindungskräften der Atomkerne frei. Um den jährlichen Bedarf einer Millionenstadt an elektrischer Energie zu decken, muss ein Kohlekraftwerk über zwei Millionen Tonnen Steinkohle verbrennen. Ein Kernkraftwerk benötigt im Vergleich dazu weitaus weniger Material: von dreiprozentig angereichertem Uran etwa 30 Tonnen. Kernenergie ist in Deutschland die wichtigste Stromquelle. Dennoch ist sie umstritten, weil bei einem schweren Störfall Radioaktivität in die Umwelt gelangen kann. Zudem bleibt ein Teil des Abfalls, der beim Betrieb eines Kernkraftwerks entsteht, sehr lange radioaktiv. Für seine „Endlagerung" muss er deshalb über viele Jahrtausende sicher verwahrt werden. Deshalb muss die Gesellschaft diese Risiken gegen den Vorteil abwägen, dass solche Kraftwerke unter dem Strich sehr wenig Treibhausgase produzieren – selbst wenn man die komplette Abfolge von der Kernbrennstoffproduktion bis zum „fertigen" Atomstrom berücksichtigt.

Die Kernfusion speist sich ebenfalls aus den Bindungskräften der Atomkerne. Dieser Prozess setzt noch weit mehr Energie frei als die Kernspaltung und bringt damit unsere Sonne zum Leuchten In ihrem Inneren verschmelzen die Atomkerne von Wasserstoff – bei enormem Druck und 15 Millionen Grad Temperatur – zu Heliumkernen. In künftigen Fusionsreaktoren soll eine ähnliche Reaktion ablaufen. Das geschieht in einem über 100 Millionen Grad heißen, elektrisch geladenem Gas, einem Plasma. Bei der Fusion wird eine gewaltige Energiemenge frei: Ein Kilogramm Wasserstoff liefert etwa so viel nutzbare Wärmeenergie wie das Verbrennen von tausend Tonnen Kohle! Allerdings werden Fusionskraftwerke kaum vor 2050 ans Netz gehen, denn sie benötigen noch viel Forschungs- und Entwicklungsarbeit. Ein Schritt auf diesem Weg ist der internationale Testreaktor ITER im südfranzösischen Cadarache. Er soll um 2016 den Betrieb aufnehmen und erstmals zehnmal mehr Fusionsenergie erzeugen, als er für sein heißes Plasma verbraucht.

Kein heißer, sondern ein dynamischer Energieträger ist das Wasser. Die Wasserkraft

⇠ Dampfturbine und Turbinenschaufeln aus nächster Nähe. Bild: Siemens

⇣ Kreislauf in einem dampfbetriebenen Kraftwerk: Eine Wärmequelle erzeugt Dampf unter hohem Druck, der eine Turbine antreibt. Im Anschluss wird der Wasserdampf abgekühlt und kondensiert zu Wasser. Dieses wird zurück zum Dampferzeuger geleitet. Bild: iserundschmidt

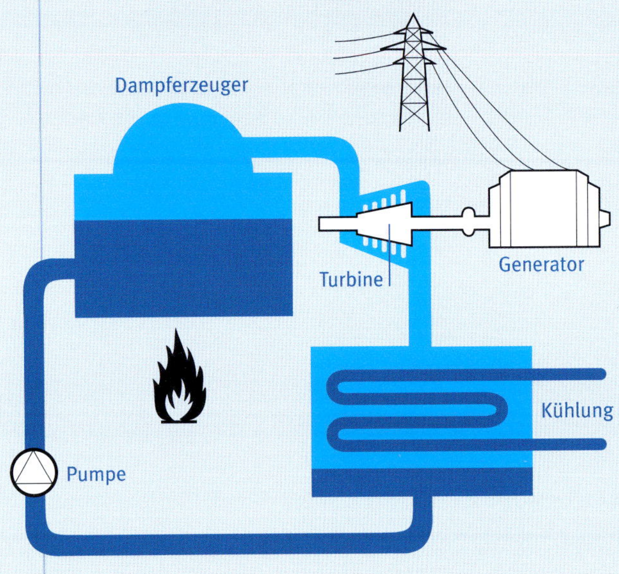

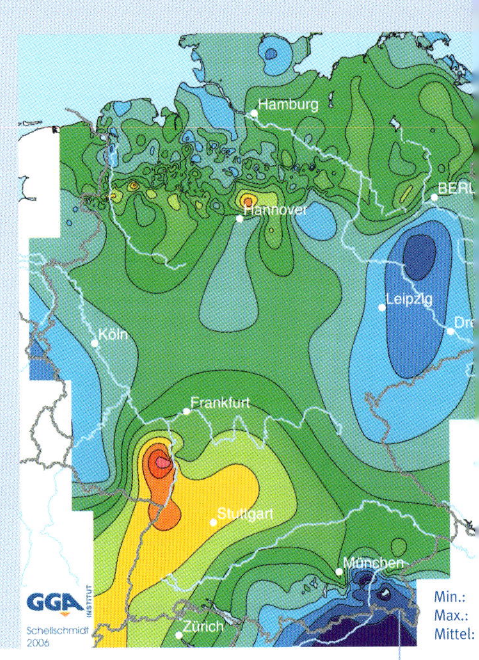

hat zwar nur einen Anteil von zwei Prozent am globalen Primärenergieverbrauch, denn sie liefert keine Wärme. Dafür kommen weltweit rund 16 Prozent des elektrischen Stroms aus Wasserkraftwerken, was sogar die Leistung der Kernkraft übertrifft. So ist Wasserkraft bislang die einzige erneuerbare Energiequelle, die global gesehen nennenswert zur Stromproduktion beiträgt.

Erneuerbare Energieträger werden weltweit immer mehr genutzt. Ingesamt betrachtet ist ihr Beitrag jedoch noch gering. Immerhin stammen in Deutschland zurzeit rund 12 Prozent des Stroms aus erneuerbaren Energiequellen. Die Hauptproduzenten sind Wind- und Wasserkraft.

Die effiziente Nutzung erneuerbarer Energieträger erfordert oft anspruchsvolle Techniken, von denen manche erst im Entwicklungsstadium sind. Langfristig haben sie gegenüber den fossilen Brennstoffen nicht nur den Vorteil, dass sie den Ausstoß an Treibhausgasen senken. Sie sind vor allem praktisch unbegrenzt vorhanden. Die wichtigste, regenerative Quelle ist Sonnenenergie. In umgewandelter Form steckt sie in der Biomasse, der Wasserkraft, Windkraft und den vom Wind angetriebenen Meereswellen, deren Energie Wellenkraftwerke anzapfen können. Enormes Potential bietet zudem die geothermale Wärme aus der Tiefe. Sie ist zum Teil dort seit der Entstehung der Erde gespeichert. Der größere Anteil stammt aus dem Zerfall radioaktiver Elemente, die in der Erdkruste natürlich vorkommen. Eine dritte, exotisch anmutende Quelle erneuerbarer Energie ist der Mond. Er sorgt für die Wasserströme von Ebbe und Flut. Gezeitenkraftwerke können sie dort nutzen, wo ein großer Tidenhub auftritt.

Um auf die verschiedenen Energieformen zugreifen zu können, haben die Menschen im Laufe der Jahrhunderte immer komplexere, mehrstufige Techniken entwickelt. Sie schreiben damit die Geschichte fort, die sie einst mit der Nutzung des Feuers begannen, denn die meisten Prozesse erzeugen zunächst einmal Wärme. Das gilt für die Verbrennung fossiler Energieträger ebenso wie für Kernspaltung, Geo- und auch Solarthermie. In Kraftwerken erhitzt diese Wärme meist Wasser zu Dampf, der nun als „Arbeitsmedium" dient – so wie bei alten Dampflokomotiven. Auch in einem Automotor steht am Anfang die Wärme. Sein Arbeitsmedium ist jedoch kein Dampf, sondern heißes Verbrennungsgas.

Aus dem heißen Arbeitsmedium müssen diese Techniken in der nächsten Stufe nutzbare Arbeit gewinnen. In Kraftwerken treibt diese dann Stromgeneratoren an, bei Fahrzeugen erzeugt sie Vortrieb. Alle Maschinen, die diesen Schritt leisten, heißen Wärmekraftmaschinen. Ihre Wirkungsweise lässt sich als Kreisprozess beschreiben. Das gilt für historische Dampfmaschinen genauso wie für moderne Dampfturbinen, Gasturbinen und Explosionsmotoren. Solche Ma-

↞ Varianten der Solarthermie: Bei Turm-Anlagen (1. Bild links) wird die Sonnenstrahlung von Spiegeln auf einen Turm gerichtet, bei Kraftwerken mit Parabolrinnen-Kollektoren (2. Bild links) auf ein Rohr fokussiert, das oberhalb der Kollektoren verläuft. In beiden Fällen wird letztendlich Dampf erzeugt. Bilder: DLR

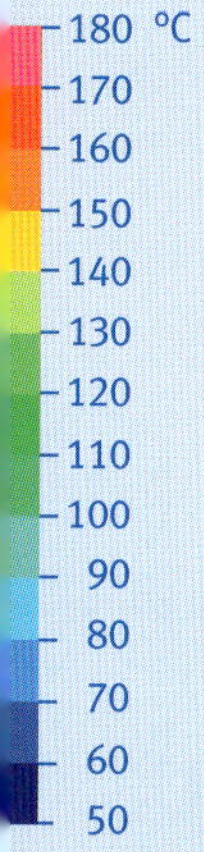

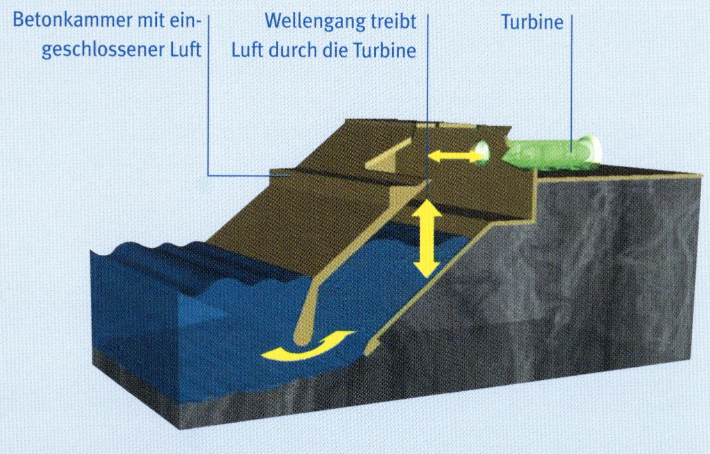

↞ Temperaturen in Deutschlands Untergrund in einer Tiefe von 3 km: Am wärmsten ist es unterhalb von Niedersachsen und an der Grenze zwischen Rheinland-Pfalz und Baden-Württemberg mit Spitzenwerten um 180 °C. Bild: GGA, Hannover

↟ Das Wellenkraftwerk auf der schottischen Insel Islay bringt es auf 0,5 Megawatt Leistung. Dessen Herzstück – eine röhrenartige Turbine – wird vom Luftstrom angetrieben, den der Wellengang verursacht. Bild: Wavegen

schinen benötigen ein heißes Reservoir, aus dem das Arbeitsmedium zu Beginn des Zyklus Wärmeenergie aufnimmt. Dann expandiert das Arbeitsmedium, leistet mechanische Arbeit und kühlt dabei ab. Am Schluss überträgt es seine Restwärme einem kalten Reservoir – bei Kraftwerken meist per Wasserkühlung. Je größer dieser Temperaturhub ist, desto höher ist der Wirkungsgrad der Wärmekraftmaschine. Deshalb arbeiten moderne Erdgas- oder Kohlekraftwerke mit 600 °C heißem Wasserdampf und einem Dampfdruck von 200 bar. Damit erreichen sie Wirkungsgrade von fast 40 Prozent.

Dampftechniken erzeugen ihre Verbrennungswärme außerhalb des eigentlichen Energieerzeugers, das unterscheidet sie von Verbrennungsmotoren und Strahlturbinen. In einem Kohlekraftwerk beispielweise erhitzt die Kohleverbrennung Wasserdampf, der die Schaufeln einer Turbine in Gang setzt. An der Kraftwerksturbine hängt ein elektrischer Generator, der die Rotationsenergie der Turbine in Strom umwandelt. Diese Generatoren funktionieren nach dem Dynamoprinzip, wie bei der Fahrradbeleuchtung. Beim Drahtesel induziert ein rotierender Magnet in einer Drahtspule einen elektrischen Strom. In großen Industriegeneratoren ruht umgekehrt der tonnenschwere Elektromagnet, dafür bewegt sich die leichtere Erregerspule. Auf diese Weise entsteht Wechselstrom.

Solarthermische Turmkraftwerke können mit ihrem Wirkungsgrad punkten. Sie sollen in Zukunft Arbeitstemperaturen bis zu 1.000 °C erreichen. Solche Kraftwerke sammeln mit großen Spiegelfeldern Sonnenlicht ein und fokussieren es wie ein riesiges Brennglas auf einen zentralen Turm. Geothermale Kraftwerke hingegen müssen mit einem geringeren Temperaturhub auskommen: für einen effektiven Betrieb benötigen sie über 150 °C heißes Thermalwasser. Dafür muss man außerhalb vulkanischer Gebiete – etwa in Mitteleuropa – Kilometer tief bohren.

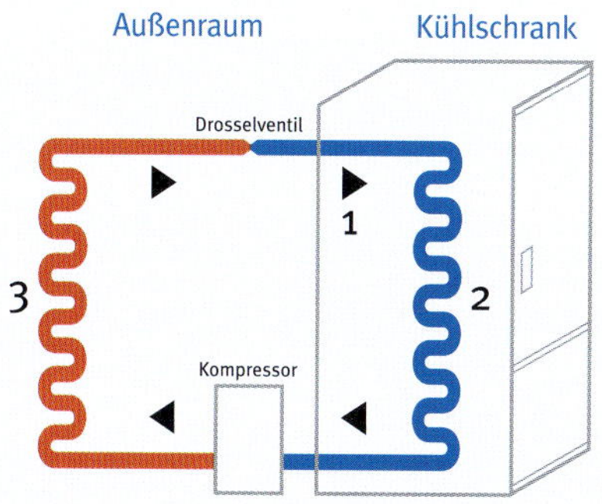

INFO

KÄLTEMASCHINEN

Während Wärmekraftmaschinen aus Wärme nutzbare Arbeit gewinnen, lässt sich mit Wärmepumpen unter Aufwendung von Arbeit Wärme transportieren. Damit lassen sich sogar Häuser heizen. Die nötige Wärme wird zum Beispiel dem Erdboden oder dem Grundwasser entnommen. Der Kühlschrank arbeitet ähnlich. Auch er transportiert Wärme: nämlich von seinem Inneren zu den Kühlrippen an der Außenseite. Dort wird sie an die Zimmerluft abgegeben. Transportmittel der Wärme ist ein Arbeitsmedium (sprich: Kühlmittel), das bei den üblichen Kompressor-Kühlschränken innerhalb eines geschlossenen Kreislaufs zirkuliert. Es wird dabei abwechselnd verdampft und verflüssigt. Beim Übergang in den dampfförmigen Zustand nimmt es Verdampfungswärme auf. Wenn sich das Kühlmittel verflüssigt, wird dieselbe Wärmemenge als Kondensationsenergie wieder frei. Technisch funktioniert das folgendermaßen: Über eine Rohrleitung gelangt das flüssige Kühlmittel ins Innere des Kühlschranks (1). Dort verdampft es und entzieht dem Kühlschrank Wärme (2). Im nächsten Schritt wird das nun gasförmige Kühlmittel abgesaugt, mit einem Kompressor verdichtet und in die Kühlschlangen an der Außenseite geleitet. Dort kondensiert es, wobei es Wärme an die Umgebung abgibt (3). Über ein Drosselventil, das den Druck reguliert, gelangt das jetzt wieder flüssige Kühlmittel ins Innere des Kühlschranks und der ganze Ablauf beginnt von neuem.

Auch Fahrzeugmotoren arbeiten bekanntermaßen mit Hitze, wozu sie ein Gemisch aus Luft und Benzindampf zur kontrollierten Explosion bringen. Dieselmotoren erreichen dabei höhere Temperaturen als benzingetriebene Ottomotoren, weil sie die angesaugte Luft stärker verdichten. Deswegen liegt ihr „thermischer" Wirkungsgrad mit 42 Prozent höher als beim Benziner mit nur

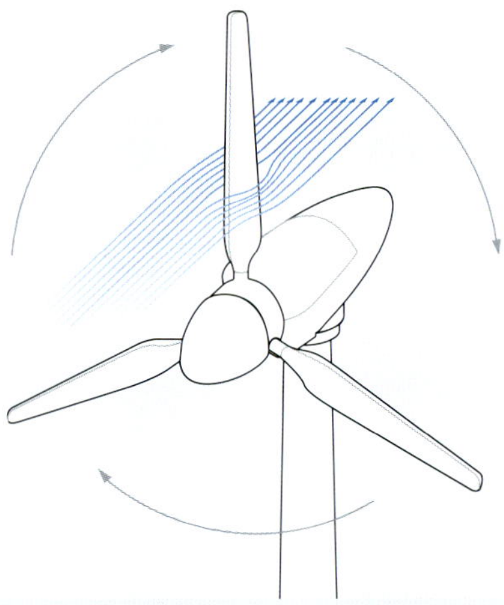

VOM WINDE VERWEHT...

INFO

Menschen nutzen Windenergie schon seit mindestens 4.000 Jahren. Die alten Windmühlen hatten flache, zum Wind schräg orientierte Flügel. Die Luftströmung drehte diese „Widerstandsläufer" wie eine simple Schraube. Bei modernen Anlagen sind die Flügel aerodynamisch geformt. Ihr gewölbtes Profil erzeugt wie ein Flugzeugflügel einen Auftrieb gegen die anströmende Luft: Der Flügel will regelrecht in sie hinein abheben. So entziehen diese „Auftriebsläufer" dem Wind erheblich mehr Energie.

Die Entwickler moderner Windenergieanlagen experimentierten mit ein-, zwei- und dreiblättrigen Rotoren. Je weniger Flügel eine Anlage hat, desto schneller muss der Flügel die durchströmte Fläche überstreichen, um aus dem Wind die gleiche Energie zu gewinnen. Dreiblättrige Rotoren können also langsamer laufen als einblättrige. Das bringt verschiedene Vorteile, weshalb sie heute dominieren. Sie sind wegen der geringeren Geschwindigkeit leiser und neigen weniger zu materialermüdenden Schwingungen. Zudem sind sie aerodynamisch besser zu beherrschen: Bei Windstärke 7 bis 8 erreichen die großen Dreiflügler schon Blattspitzengeschwindigkeiten bis zu 300 km/h. Um sie optimal zur Geschwindigkeit des anströmenden Windes einzustellen, sind die Flügel heutiger Windräder meist über Getriebe drehbar.

Ob ein Windrad für Drehungen rechtsherum oder linksherum gebaut ist, ist im Prinzip natürlich egal. Die Industrie hat sich heute auf „Rechtsrum" geeinigt. Sie müsste sonst viele Hightech-Teile doppelt produzieren, was viel teurer wäre. Bild: HowStuffWorks.com

↑ 5-Megawatt-Windrad vor der schottischen Küste. Der Rotordurchmesser beträgt 126 m. Ähnlich große Windräder werden zurzeit vor der Küste Borkums in Stellung gebracht. Dort entsteht unter dem Namen „alpha ventus" Deutschlands erster Offshore-Windpark. Bild: REpower Systems

36 Prozent. Allerdings senken Reibungsverluste in der Motormechanik den Wirkungsgrad: Ein moderner Diesel kann daher nur 36 Prozent der Verbrennungswärme aus dem Sprit in Vortrieb umsetzen, ein Ottomotor lediglich 31 Prozent.

Anders als Wärmekraftmaschinen funktionieren Wasser- und Windkraftanlagen, ohne dass zuerst Hitze erzeugt werden muss. Sie verwandeln die Bewegungsenergie des Windes oder strömenden Wassers direkt in Rotationsenergie, ohne Umweg über die Wärme. So verzaubern moderne Wasserturbinen-Generatoren über achtzig Prozent der Strömungsenergie des Wassers in elektrische Energie. Solche traumhaften Wirkungsgrade bleiben Wärmekraftmaschinen verschlossen.

Auch Solarzellen verwandeln Sonnenlicht direkt in elektrischen Strom. Das macht sie attraktiv. Fängt eine photovoltaische Zelle ein Lichtquant ein, dann schlägt dieses Photon ein Elektron aus dem Verbund der Atome heraus. Das befreite Elektron hinterlässt in dem atomaren Kristallgitter einen leeren Platz. Dieses „Loch" kann ebenfalls von Atom zu Atom hüpfen und trägt wie das freie Elektron zum elektrischen Strom bei. Allerdings funktioniert das nur, wenn das Lichtquant dem Elektron genügend Energie mitgibt. Solarzellen sind nämlich aus Halbleitermaterial gefertigt und diese weisen eine energetische Verbotszone auf, die das Elektron mit Hilfe der Lichtenergie überspringen muss. Erreicht es das erlaubte Energiestockwerk, dann geht es zu wie auf wie auf einer 2-spurigen Straße mit Gegenverkehr: Die Elektronen fließen in eine Richtung, die Löcher in die entgegen gesetzte Richtung.

Aus diesem Gegenverkehr gewinnt die Zelle elektrische Energie. Allerdings haben die Elektronen und Löcher keinen eigenen Antrieb – anders als die Autos auf der Straße. Das übernimmt ein elektrisches

⇡ Bei Leipzig steht der zurzeit weltweit größte Solarpark mit Dünnschicht-Solarzellen. Die Anlage „Rote Jahne“ leistet 6 Megawatt und ist so groß wie elf Fußballfelder. Bild: Juwi

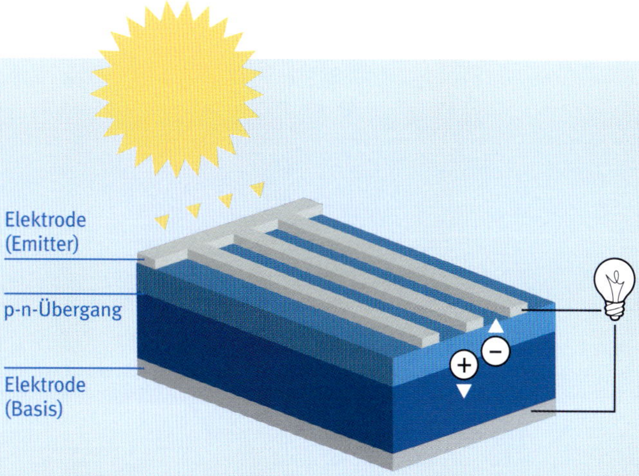

⇡ Funktionsprinzip einer Solarzelle: Licht erzeugt in dem Schichtmaterial eine Ladungstrennung. Über Elektroden an Ober- und Unterseite wird der Strom abgeführt. Bild: iserundschmidt

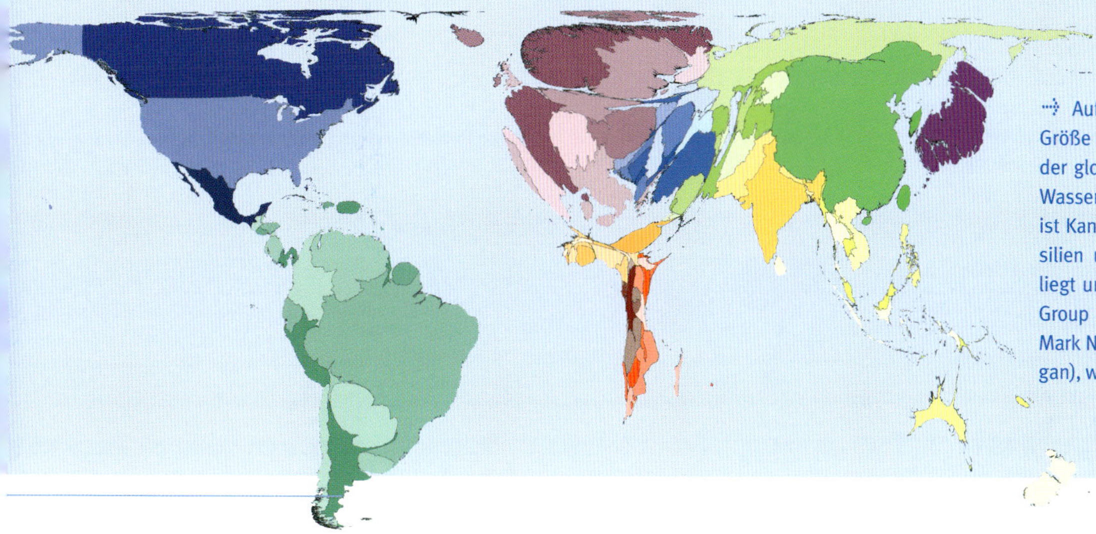

⇢ Auf dieser Karte spiegelt die Größe der Länder deren Anteil an der globalen Stromproduktion aus Wasserkraft wieder. Spitzenreiter ist Kanada, gefolgt von China, Brasilien und den USA. Deutschland liegt um Platz 20. Bild: 2006 SASI Group (University of Sheffield) and Mark Newman (University of Michigan), www.worldmapper.org

Feld. Es zieht die negativ geladenen Elektronen an das eine Ende der Zelle, zu einem elektrischen Kontakt namens „Emitter“. Die positiv geladenen Löcher treibt es dagegen zum „Basis“-Kontakt am anderen Ende. Dieses elektrische Feld wird der Zelle nicht von außen übergestülpt, es ist – bedingt durch den Fertigungsprozess – im Material bereits vorhanden. Dafür sorgen die verschiedenen Halbleitermaterialien, aus denen eine Solarzelle besteht. Sie bilden einen „p-n-Übergang“. Dieser wirkt wie ein Ventil, das die positiven und negativen Ladungen voneinander trennt. Schließt man nun einen Verbraucher an, dann fließt durch diesen Strom, angetrieben von der eingefangenen Sonnenergie. Eine Solarzelle funktioniert folglich nach dem gegensätzlichen Prinzip einer Leuchtdiode, die umgekehrt elektrischen Strom in Lichtquanten verwandelt.

Zum kleinen Einmaleins der Solarzelle gehören noch die „direkten“ und „indirekten“ Halbleiter. Direkte Halbleiter wie Galliumarsenid funktionieren so wie eben beschrieben. Bei Silizium jedoch müssen neben den geschluckten Lichtquanten noch die Schwingungen der Atome im Kristall mithelfen, um das Elektron auf die erlaubte Energiestufe zu hieven. Deshalb ist Silizium ein indirekter Halbleiter und eigentlich ein ungünstiges Material für die Photovoltaik. Nur amorphes, glasartiges Dünnschicht-Silizium ist ein direkter Halbleiter.

Heutige Solarzellen – die meisten basieren auf Silizium – können bis zu 20 Prozent der Sonnenergie in elektrische Energie umwandeln. Den Rekord halten spezielle Zellen mit einer „Lupe“, die das Sonnenlicht konzentriert. Ihr Wirkungsgrad liegt bei fast 40 Prozent.

Allerdings verschlechtern die heute noch dominierenden Herstellungstechniken die Energiebilanz für Solarzellen. Denn bei der Produktion werden große Blöcke aus geschmolzenem Silizium gegossen, was viel Energie frisst. Diese werden in Scheiben zersägt, wobei viel Material und damit nochmals wertvolle Energie verpulvert wird. Deshalb produzieren solche Zellen während ihrer Lebenszeit nur etwa siebenmal so viel Energie, wie ihre Herstellung kostete. Bei großen Windenergie-Anlagen indessen kann der Ertrag an gewonnener Energie den Faktor 50 erreichen, sehr langlebige Wasserkraftwerke können im Laufe ihres Betriebs gar das 250-fache an Energie produzieren, wie für ihre Herstellung einst nötig war. Solarzellen werden daher nur durch neue Herstellungstechniken konkurrenzfähig und umweltfreundlich. Dies zeigen zum Beispiel dünne, photovoltaisch aktive Schichten auf Glas. Solche Dünnschicht-Solarzellen sind mittlerweile auf dem Markt.

Mit der Photovoltaik können wir die Sonnenenergie also direkt anzapfen. Doch wie entsteht das Sonnenfeuer?

Infografik

Energiespender

Ohne Sonne kein Leben. Ohne ihre Energie keine Photosynthese, kein flüssiges Wasser und keine lauen Sommerabende. Dabei erzeugt unser Heimatstern bereits seit fast fünf Milliarden Jahren mithilfe der einfachsten aller thermonuklearen Kernfusionen Energie: der Verschmelzung von Wasserstoff zu Helium. Für schätzungsweise weitere fünf Milliarden Rekordsommer reichen die Brennstoff-Reserven im Sonneninnersten noch, danach ist der Ofen endgültig aus.

Alles beginnt mit Wasserstoff, dem häufigsten chemischen Element des Universums. Während bei uns z. B. Wasserstoffautos die molekulare Variante H_2 im Tank haben, nutzt die Sonne den auf der Erde nicht vorkommenden atomaren Wasserstoff ^{1}H, bzw. dessen durch hohe Umgebungstemperaturen vom Elektron befreiten Atomkern. Dieser besteht aus einem einzelnen Proton – die 1 im Kürzel ^{1}H.

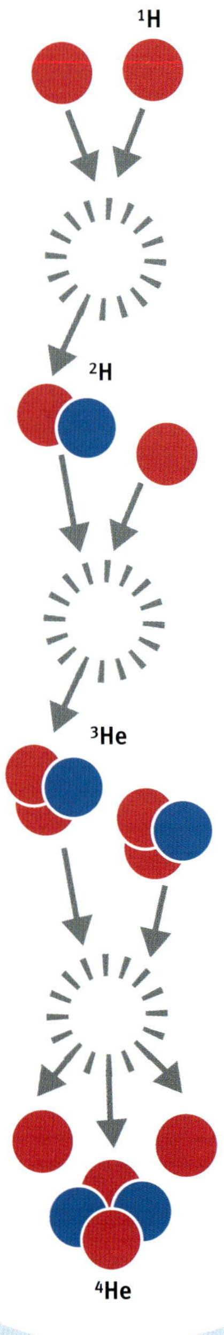

Im ersten Schritt entsteht aus zwei Protonen ein Deuteron – der Kern des Wasserstoff-Isotops Deuterium. Isotop bezeichnet dabei ein Element mit gleicher Protonen-, aber unterschiedlicher Neutronenzahl im Kern. Im Falle des Deuterons ^{2}H bilden Proton (rot) und Neutron (blau) den Kern. Dabei wird eines der ursprünglich beteiligten Protonen in ein Neutron verwandelt.

Im zweiten Schritt verschmelzen Deuteron und Proton zum Kern des Helium-Isotops ^{3}He. Danach folgt im dritten Schritt die Fusion des ^{4}He; Nebenprodukt sind zwei Protonen. ^{4}He wird auf der Erde beim Alphazerfall verschiedener radioaktiver Elemente wie zum Beispiel Uran gebildet wird.

Bei jedem Fusionsschritt muss die Sonne gegen abstoßende Kräfte ankämpfen, die sich gegen die Verschmelzung der Atomkerne stemmen. Diese Kräfte bestimmen die Wahrscheinlichkeit, mit der der jeweilige Fusionsprozess abläuft. So fusioniert ein Proton mit einem anderen im Schnitt nur alle 14 Milliarden Jahre. Wäre dieser erste und wichtigste Prozess nur etwas wahrscheinlicher, würde der Wasserstoff so schnell umgewandelt, dass unsere Sonne vermutlich längst ausgebrannt wäre.

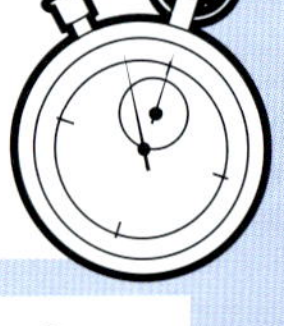

Den Grünen Punkt gibt es seit 1991, Sterne kennen das Recycling-Prinzip schon etwas länger. Alle ihre Elemente, ob unverarbeiteter Wasserstoff oder Endprodukte wie z. B. Kohlenstoff, werden mit dem Sternentod wieder in den Weltraum geblasen und so nicht nur Baustoff für neue Planeten, sondern auch Fusionstreibstoff für zukünftige Sternengenerationen. Die Sängerin Joni Mitchell hatte also Recht, als sie 1969 sang: „We are stardust; we are golden. We are billion-year-old carbon."

Während der Wasserstoff-Fusion werden neben „Positronen" u. a. auch „Neutrinos" erzeugt. Diese können das heiße Sonnenplasma fast ungehindert durchqueren. Für Forscher bieten die Teilchen damit einen unverbauten Einblick ins ansonsten verborgene Sonnenzentrum.

Die Wasserstoff-Fusion ist keine einspurige Straße – nach der Erzeugung der ^{3}He-Kerne gibt es drei Möglichkeiten, um zum ^{4}He zu gelangen. Während auf der Hauptroute nur Helium-Isotope zu finden sind, entstehen auf den Nebenpfaden, die beide zunächst über die Bildung von Beryllium laufen, weitaus schwerere Zwischenprodukte wie etwa das Lithium-Isotop ^{7}Li.

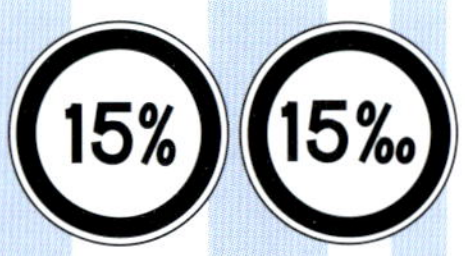

Für den Weg über die Isotope der Elemente Beryllium und Lithium entscheiden sich 15 Prozent aller ^{3}Helium-Kerne, für den Weg über die Isotope von Beryllium und Bor lediglich 0,015 Prozent.

Albert Einstein ist überall, sogar im Innersten der Sonne. Hier werden in jeder Sekunde 564 Millionen Tonnen Wasserstoff zu 560 Millionen Tonnen Helium verarbeitet. Der Grund für die Diskrepanz zwischen beiden Werten ist der so genannte „Massendefekt": Die verschmelzenden Wasserstoffkerne haben zusammengenommen eine etwas größere Masse als der aus ihnen hervorgehende Heliumkern. Glück für uns, denn die „übrig gebliebenen" vier Millionen Tonnen werden gemäß Einsteins berühmter Formel $E=mc^2$ in lebenswichtige Sonnenenergie umgewandelt.

Grafik und Text: Timo Meyer, Melina Diener
Wissensch. Beratung: PD Dr. Horst Fichtner, Uni Bochum

Unsere Sonne ist uneinholbare Nr. 1 unter den Energiefabriken: Um die gleiche Energiemenge umzusetzen wie die Sonne sekündlich in ihrem Kern, müssten alle 438 Kernreaktoren der Erde 32 Millionen Jahre lang auf Hochtouren laufen.

Chromosphäre und Korona

Photosphäre

Konvektionszone

Strahlungszone

Kern

1 Mio °C

5.500 °C

500.000 °C

15 Mio °C

Im verhältnismäßig kleinen Sonnenkern lagert nicht nur mehr als die Hälfte der gesamten Sonnenmasse, sondern auch der eigentliche Fusionsreaktor. Rekordverdächtige 15 Millionen Grad, 200 Milliarden bar Druck und eine Dichte, 14mal höher als die von Blei, schaffen hier die Voraussetzungen, um die sich eigentlich abstoßenden Atomkerne miteinander zu verschmelzen und damit 99 Prozent der Sonnenenergie zu erzeugen.

Nachdem die Energie im Kern erzeugt wurde, tritt sie bei Kilometer 174.000 in einen Bereich ein, den sie in Form elektromagnetischer Strahlung durchquert. Dies geschieht keineswegs geradlinig, sondern im Zick-Zack-Kurs. Die einzelnen Energiepakete, die „Photonen", werden an den Ionen des Sonnenplasmas gestreut, d. h. absorbiert und wieder emittiert – manchmal sogar wieder zurück in Richtung Kern.

Nach dem Hindernisparcours der Strahlungszone sind 556.000 Kilometer vom Sonnenzentrum entfernt die Temperaturen soweit abgesunken, dass Photonen dauerhaft vom Gas aufgenommen werden können. Konvektion – Heißes steigt auf, Kaltes sinkt ab – transportiert die Energie über die letzten hunderttausend Kilometer bis an den Rand der Photosphäre. Vom Kern bis zu dieser Schicht, die wir als Sonnenoberfläche wahrnehmen, braucht die Energie im Schnitt einige hunderttausend Jahre.

Die Sonne, fällt nur deshalb nicht einfach unter ihrem eigenen Gewicht zusammen, weil Gas- und Strahlungsdruck den Sternenkörper entgegen der Gravitationskraft von innen her aufblasen und so stabilisieren.

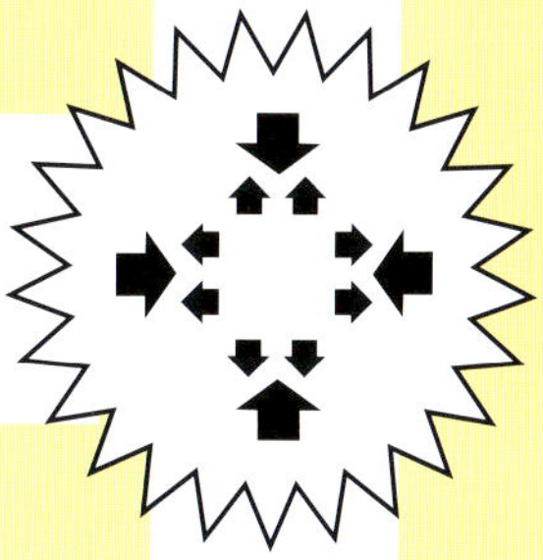

Die Gesamtmasse der Sonne, 333.000mal größer als die der Erde, teilt sich in 75 Prozent Wasserstoff, 23 Prozent Helium und 2 Prozent schwererer Elemente. Die einzelnen Anteile spiegeln neben dem Einfluss der Kernfusion vor allem die Originalmischung jener Gaswolke wieder, aus der unser Heimatstern einst entstand. Im Kern haben sich die Massenanteile fusionsbedingt bereits verschoben: Hier stellt Helium mittlerweile die Mehrheit.

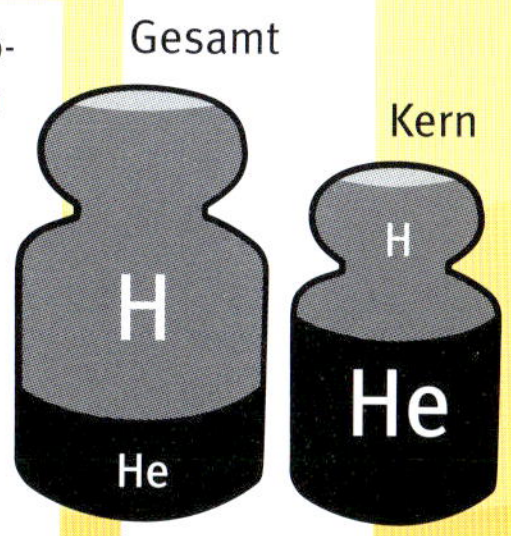

Bei der Nutzung des Massendefekts gilt: Kernenergie gewinnt man, wenn man sich bei der Synthese neuer Elemente in Richtung Eisen bewegt, entweder durch die Verschmelzung leichterer oder durch die Spaltung schwererer Kerne. Die Fusion von Atomkernen, die schwerer sind als ^{56}Fe (Fe = lat. ferrum, Eisen), würde keine Energie liefern, sondern verbrauchen.

Jahrhunderttausende lang ist die Energie durchschnittlich vom Kern der Sonne bis zu ihrer Oberfläche unterwegs. Dann jedoch geht alles ganz schnell. Die in jeder Sekunde und von jedem Quadratmeter unseres Heimatsterns abgestrahlten 63.000 Kilojoule Energie benötigen dank Lichtgeschwindigkeit nur einen vergleichsweise kurzen Augenblick für den Weg durchs Sonnensystem – 4 Stunden bis zum Neptun, 43 Minuten bis zum Jupiter und etwas mehr als 8 Minuten bis zu uns.

Lebenskraft

Wie produzieren Lebewesen Wärme? Dies fragte sich Hermann von Helmholtz (1821 - 1894), dem wir den Energieerhaltungsatz verdanken. Als Quelle vermutete er völlig zurecht die Muskeln. Warmblüter halten zwar ihre Körpertemperatur auch ohne Muskelarbeit stabil, dafür sorgt ihr Stoffwechsel mit seinem hohen Grundumsatz. Bei einem siebzig Kilogramm schweren Erwachsenen, der regungslos daliegt, sind das immerhin 80 Watt Dauerleistung. Legen die Muskeln aber richtig los, erzeugen sie zusätzliche Wärme. Dem Körper droht ein Hitzekollaps. Er vermeidet ihn, indem er sich durch verdunstenden Schweiß Abkühlung verschafft.

Muskeln haben einen Wirkungsgrad von maximal 25 Prozent, deshalb werden sie bei Tätigkeit warm. Dabei fließen rund 75 Prozent der umgesetzten Energie in ungenutzte Wärme. Ein Sportler, der ein 100-Kilogramm-Gewicht auf zwei Meter Höhe stemmt, verrichtet rein physikalisch etwa 2 Kilojoule Arbeit, um die Anziehungskraft der Erde zu überwinden. Seine Muskulatur braucht dafür rund das Vierfache, also 8 Kilojoule. Dreiviertel davon sind Abwärme, die der Körper loswerden muss. Radsportlern hilft da der Fahrtwind. Profis kommen auf durchschnittlich 240 bis 280 Watt Dauerleistung an den Pedalen. Bei explosiven Sprints mobilisieren sie kurzzeitig bis zu 1,6 Kilojoule pro Sekunde, also 1,6 Kilowatt oder gut zwei PS.

Um ihren Stoffwechsel in Gang zu halten, sind alle Lebewesen auf Nahrungsmittel angewiesen. Denn sie enthalten energiereiche Fette, Eiweiße und Kohlenhydrate. Manche Nahrungsmittel sind echte „Kalorienbomben". Beispiel Schokolade: Eine übliche Tafel (100 Gramm) hat einen Energiegehalt von über zwei Millionen Joule. Einmal verspeist, muss man sich ganz schön anstrengen, um diese Energieladung wieder loszuwerden. Wer entsprechend trainiert ist, kann es mit Gewichtheben versuchen: Um eine Schokoladentafel abzuarbeiten, muss man theoretisch betrachtet 100 Kilogramm 250 Mal auf zwei Meter Höhe anheben.

Nicht ganz so energiereich wie die fetthaltige Schokolade sind die im Fleisch enthaltenen Proteine (Eiweiße). Sie liefern etwa so viel Energie wie Kohlenhydrate und halb so viel wie Fett. Fleischfresser stehen übrigens am Ende der Nahrungskette, denn alle energiehaltigen Nährstoffe haben ihren Ursprung in den Pflanzen. So stammt das Steak auf unserem Teller von einem Rind, das sich einst von Gras ernährte und dabei gespeicherte Sonnenenergie aufnahm. Die Pflanzen haben nämlich im Laufe der Evolution eine besondere Gabe entwickelt: sie decken ihren Energiebedarf mit Hilfe des Lichts. Dazu nehmen sie Kohlendioxid und Wasser auf, durch einen biochemischen Prozess – der Photosynthese – produzieren sie daraus Sauerstoff und Traubenzucker

Sportler haben ganz individuelle Vorlieben, um während eines Wettkampfs bei Kräften zu bleiben. Beliebt bei Marathonläufern ist die energiereiche Banane. Sportphysiologen sehen diese Gewohnheit jedoch mit Skepsis, weil die Nährstoffe der Banane nur langsam ins Blut gelangen. Bild: picture-alliance/dpa

Die großen Pflanzenfresser von einst lebten auf „Sparflamme“: Der Umsatz eines ruhenden, 40 Tonnen schweren Brachiosaurus wird auf gerade mal 10 Watt veranschlagt. Bild: Museum für Naturkunde der Humboldt-Universität zu Berlin

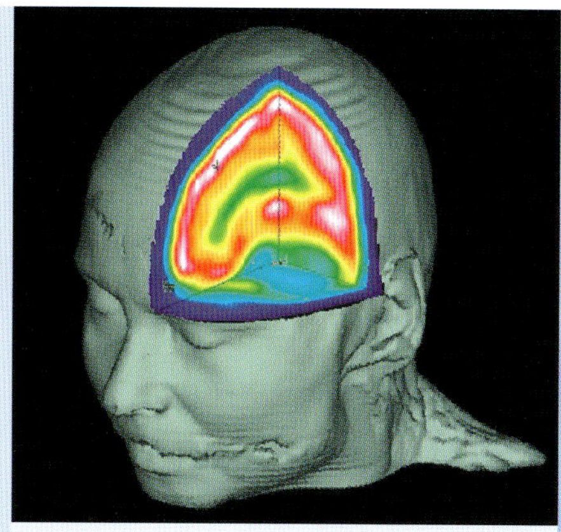

Eine Kombination tomographischer Aufnahmen zeigt Aktivitätsmuster des Gehirns. Regionen mit besonders hohem Stoffwechsel erscheinen rot und weiß. Bild: Uwe Pietrzyk, FZ Jülich

Pflanzenzellen unter dem Mikroskop: Ort der Photosynthese sind die rundlichen Chloroplasten. Sie sind einige Mikrometer (μm) groß, wie man anhand des eingeblendeten Maßstabs erkennt. Bild: Hans-Ulrich Koop, LMU München

INFO

ENERGIE FÜR DEN „DENKMUSKEL“

Wenn die gut hundert Milliarden Nervenzellen in unserem Kopf so richtig feuern, zum Beispiel beim Lesen dieses Textes, dann fressen sie ordentlich Energie. Bei Erwachsenen macht das Gehirn zwar nur ein Fünfzigstel des Körpergewichts aus, beansprucht aber ein Fünftel des gesamten Energieumsatzes. Das entspricht einer Dauerleistung von etwa 20 Watt. Wir haben eine kleine Glühbirne auf den Schultern.

Das Gehirn verlangt auch biologisches Superbenzin, nämlich reinen Traubenzucker. Den verbrennt es mit Sauerstoff, was pro verbrauchtem Glucose-Molekül bis zu 38 energiereiche ATP-Moleküle liefert. Abfallprodukte sind Kohlendioxid und Wasser.

Experimente haben gezeigt, dass die kurzzeitige Zufuhr von reinem Sauerstoff und Glucose die Leistung des Gehirns steigern kann. Probanden konnten dann schneller Rechenaufgaben lösen als Vergleichsgruppen ohne „Doping“, und sie konnten sich längere Wortreihen merken.

(Glucose). Die dafür notwendige Energie entnehmen die Pflanzen dem Sonnenlicht. Den Sauerstoff entlassen sie in die Luft, die Glucose dient als Energievorrat.

Eine Schlüsselrolle im Stoffwechsel sämtlicher Lebewesen spielt im Übrigen ein Molekül mit dem Namen Adenosintriphosphat (ATP). Es ist der universelle „Biosprit“, der die Zellen aller pflanzlicher und auch aller tierischer Organismen mit Energie versorgt. Das ATP wird nach Bedarf aus Glucose und anderen Energiespeichern gewonnen. Täglich zirkulieren mindestens 50 Kilogramm ATP durch unseren Körper, einzelne ATP-Moleküle werden dabei unzählige Male verbraucht, recycled und wiederverwertet.

Menschen und Tiere müssen aus ihrer Nahrung mindestens so viel Energie freisetzen, wie sie zur Nahrungssuche wieder verbrauchen. Hinzu kommt die Energie, die alle lebensnotwendigen Stoffwechselvorgänge in Gang hält. Deshalb kann man mit einer solchen Energiebilanz das Verhalten von Landraubtieren verblüffend gut erklären. Forscher errechneten, dass es für Jäger mit einem Körpergewicht unter 20 Kilogramm günstiger ist, lange unterwegs zu sein und viele kleinere Beutetiere zu fangen. So verhält sich ein Fuchs. Schwerere Raubtiere müssen dagegen für ihre Energiebilanz große Beutetiere erlegen. Und sie brauchen auch ausgedehnte, energiesparende Ruhephasen. In dieses Muster passen Löwen perfekt. Sobald warmblütige Fleischfresser mehr als eine Tonne wiegen, wird ihre Energiebilanz ungünstig, weshalb Löwen nie die Größe von Elefanten erreichen. Tatsächlich wiegen Eisbärenmännchen, die schwersten heute existierenden Landraubtiere, etwa 800 Kilogramm – ganz selten bis zu einer Tonne. Nur die größten Raubsaurier erreichten einst bis zu neun Tonnen Gewicht, weil sie einen langsamen Stoffwechsel hatten. Ebenfalls sparsam dürften pflanzenfressende Riesensaurier gelebt haben: Brachiosaurus, das größte Landtier, von dem ein vollständiges Skelett existiert, war bis zu 13 Meter hoch und begnügte sich Schätzungen zufolge mit einer Tagesration von 890 Kilojoule (213 Kilokalorien). Umgerechnet auf 24 Stunden entspricht dies einer durchschnittlichen Leistungszufuhr von 10 Watt. Das ist nur ein Achtel des menschlichen Grundbedarfs.

Kraftpakete

Naht der Winter, entpuppen sich manche Tiere als wahre Überlebenskünstler: Eichhörnchen sammeln Nüsse und sonstige Kalorienbomben für die kommenden Monate, Bären wiederum futtern sich eine Speckschicht auf die Rippen, von der sie während der kalten Jahreszeit zehren können. Ähnliches tun Menschen, wenn sie im Sommer den Tank der Ölheizung auffüllen oder im Keller Brennholz stapeln. Was mit dem Einlagern fossiler Brennstofe so einfach erscheint, ist in technischer Hinsicht eine Herausforderung. Wie die Erzeugung von Energie ist nämlich auch deren Speicherung ein uraltes Problem, das erst im Laufe der Zeit die Batterie und andere Erfindungen hervorbrachte. Dahinter steckt immer dieselbe Idee: Man speichert Energie in Zeiten ihres Überflusses und setzt sie bei Knappheit wieder frei.

Nach diesem Prinzip funktionieren neben Batterien auch Akkumulatoren („Akkus"). Diese Kraftpakate sind aus unserem Leben nicht mehr wegzudenken. Akkus kann man wieder aufladen, Batterien geben ihre Energie jedoch nur einmal ab. Der Bleiakkumulator wurde Mitte des 19. Jahrhunderts entwickelt und findet sich noch heute unter jeder Motorhaube. Allerdings kostet es viel Sprit, dieses schwere Gerät, das nur für den Startvorgang benötigt wird, ständig mitzuschleppen. Ingenieure forschen deshalb schon lange an einem Ersatz. Doch bis heute ist der Bleiakku nahezu konkurrenzlos, denn nur er erzeugt die kräftigen Stromstöße von einigen hundert Ampére, die zum Anlassen eines Motors nötig sind.

Akkus und Batterien liefern Strom – und damit elektrische Energie – durch elektrochemische Reaktionen. Deshalb heißen sie auch elektrochemische Zellen. Sie besitzen immer zwei Anschlüsse (Elektroden), einen Plus-Pol (Anode) und einen Minus-Pol (Kathode). Die Materialien dieser Elektroden befähigen diese Zellen, Energie zu speichern und Strom freizusetzen. Bei einem geladenen Bleiakku besteht zum Beispiel der Minus-Pol aus reinem Blei, einem eifrigen Elektronenspender. Die Plus-Elektrode hingegen ist in diesem Zustand mit Bleioxid umhüllt, einem gierigeren Elektronenfresser. Beide Elektroden sind zudem in eine Mischung aus Schwefelsäure und Wasser getaucht – dem Elektrolyten.

Dreht man den Zündschlüssel, so schickt der Minus-Pol elektrischen Strom über dicke Anschlusskabel auf die Reise zum Plus-Pol, wobei die Elektronen unterwegs im Anlasser harte Arbeit leisten müssen. Gleichzeitig laufen an beiden Elektroden elektrochemische Reaktionen ab. Dabei entsteht Wasser, das die Elektrolytlösung nach und nach verdünnt. Deshalb lässt sich aus ihrer Säurekonzentration der Ladezustand des Bleiakkus ablesen. Solche Zellen erreichen nominell rund 2 Volt Spannung,

⇠ Was aussieht wie ein italienischer Sportwagen, ist tatsächlich ein amerikanisches Fabrikat. Das elektrisch betriebene Cabrio erreicht knapp 210 km/h Spitzengeschwindigkeit. Die Energie dazu liefern Lithium-Ionen-Akkus. Bild: Tesla Motors

Speichermedien im Vergleich:
Dieselbe Energiemenge wie 50 Liter Benzin enthalten:

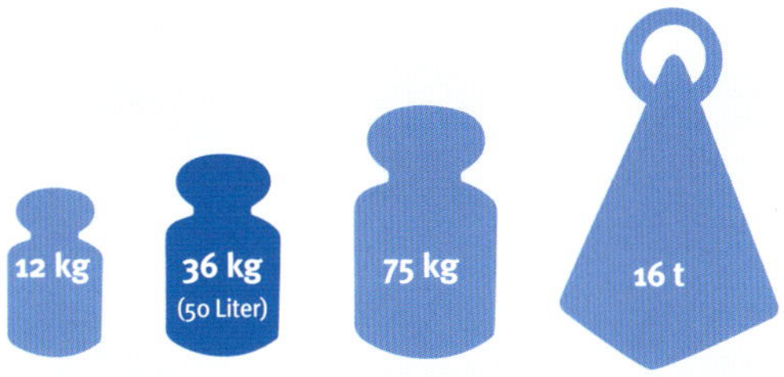

Wasserstoff (flüssig)	Benzin (n-Oktan)	Methanol	Bleiakku (mit Gehäuse)
40*	13,33*	6,37*	0,03*

Je mehr Energie ein Treibstoff pro Kilogramm speichern kann, umso leichter ist das zugehörige Fahrzeug.
*Energiedichte in kWh/kg

⇡ Brennstoffzellen-Autos tanken je nach Modell Wasserstoffgas unter hohem Druck (einige Hundert bar) oder ultrakalten, flüssigen Wasserstoff (minus 253 Grad Celsius). Die Tankkupplung für das Wasserstoffgas ähnelt einer üblichen Zapfpistole. Bild: Clean Energy Partnership (CEP)

⇣ Radioisotopen-Generatoren, wie sie Raumsonde „Cassini“ mitführt, verwandeln die Wärme, die beim radioaktiven Zerfall von Plutonium freigesetzt wird, in elektrischen Strom. Das Foto zeigt die Sonde vor dem Start. Bild: NASA

⇣ Die Brennstoffzellen an Bord der Raumfähre produzieren Wasser und Strom. Dabei anfallende, überschüssige Wärme wird über „Radiatoren“ (links und rechts des Laderaums) in den Weltraum abgestrahlt. Bild: NASA

sechs von ihnen ergeben zusammengeschaltet eine übliche 12-Volt-„Autobatterie“ (die eigentlich ein Akku ist). Beim Laden eines Akkus wird der Entladeprozess einfach umgedreht und neue Energie in die Zellen gepumpt. Autobatterien erreichen einen Energiegehalt von rund 2 Millionen Joule, was etwa 0,6 kWh entspricht. Die Energiedichte liegt bei etwa 0,03 kWh pro Kilogramm.

Viel leichtgewichtigter als der Bleiakku ist ein moderner Lithium-Ionen-Akku, der gut dreimal so viel Energie pro Kilogramm aufnehmen kann. In kleiner Ausführung findet man ihn in Handys, Notebooks und MP3-Spielern. Aber auch Elektroautos könnte er zu einer erfolgreichen Zukunft verhelfen. Viele Hersteller liebäugeln allerdings mit einer anderen Technik: Sie setzen auf Elektrofahrzeuge, die nicht mit Akkus, sondern per Brennstoffzellen angetrieben werden – diese wandeln die chemische Energie aus der Reaktion von Wasserstoff und Sauerstoff direkt in Strom um.

Neben diesen chemischen Energiespeichern gibt es viele physikalische Energiespeicher. Eine Menge Energie steckt zum Beispiel in der Bindungskraft, die Atomkerne zusammenhält. Frei wird sie unter anderem beim radioaktiven Zerfall. Raumsonden, die für den Einsatz von Sonnensegeln zu weit von der Sonne entfernt sind, nutzen diese Zerfallswärme zur Stromversorgung. Ein solches Aggregat versorgt zum Beispiel die Saturn-Sonde „Cassini“ und die Sonde „New Horizons“, die derzeit zum Pluto am Rande des Sonnensystems unterwegs ist.

Wind und Wellen speichern dagegen Bewegungsenergie, die ursprünglich als Wärme von der Sonne geliefert wurde. Bei Gezeitenkraftwerken nutzt man Energie, die in der anziehenden Gravitationskraft

INFO

MOBILER WASSERSTOFF

Mit der energiereichen Kombination aus Wasserstoff und Sauerstoff werden unter anderem Raketen angetrieben. Die Haupttriebwerke des Space Shuttle beispielsweise verbrennen davon während der knapp neunminütigen Startphase fast zwei Millionen Liter. Genügsamer sind Aggregate, die aus der Reaktion von Wasserstoff mit Sauerstoff elektrische Energie (Strom) gewinnen. Die Geschichte solcher Brennstoffzellen reicht bis ins 19. Jahrhundert zurück. Gekoppelt an einen Elektromotor werden sie heutzutage als Antriebsquelle für Busse und PKWs erprobt. Bislang ist die kostspielige Fahrzeugtechnik jedoch nicht reif für den Massenmarkt. Auch die Abhängigkeit vom Wasserstoff ist ein Problem. Einerseits fehlt ein Tankstellennetz. Andererseits muss Wasserstoff aufwändig hergestellt werden, da er in freier Form in der Natur nicht vorkommt. Einige Hersteller entwickeln daher Brennstoffzellen, die statt reinem Wasserstoff wasserstoffhaltige Substanzen wie Methanol verwerten.
In der Raumfahrt sind Brennstoffzellen seit langem Standard. Sie begleiteten die Astronauten zum Mond und versorgen auch die amerikanischen Raumfähren mit Strom. Während Brennstoffzellen-Fahrzeuge über 60 Kilowatt auf die Straße bringen, müssen die Astronauten allerdings mit 21 Kilowatt Durchschnittsleistung auskommen. Doch die Brennstoffzellen haben einen praktischen Nebeneffekt: außer Strom liefern sie Wasser und versorgen so die Crew mit Trinkwasser. Bei irdischen Fahrzeugen hingegen strömt dieses „Abfallprodukt“ ungenutzt durch den Auspuff.

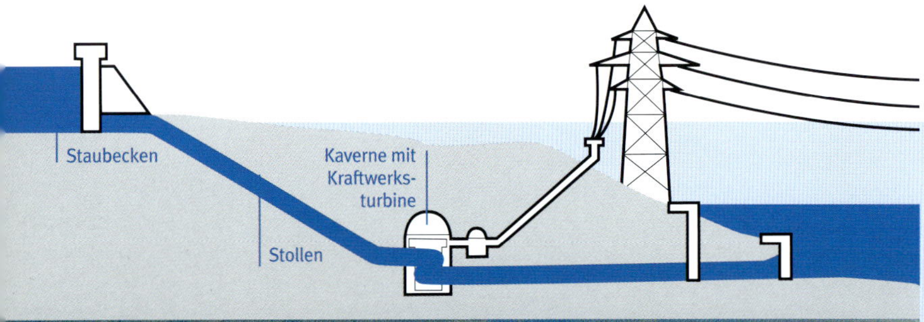

Das Pumpspeicher-Kraftwerk Goldisthal gehört zu den größten seiner Art in Europa. In lastschwachen Zeiten, wenn das Stromangebot größer ist als die Nachfrage, fördert es Wasser in ein hochgelegenes Staubecken (Foto). Bei Energiebedarf wird das Wasser über einen unterirdischen Stollen abgeleitet und setzt die Turbinen zur Stromproduktion in Gang. Bilder: Vattenfall/iserundschmidt

Um das öffentliche Netz zu schonen, produzieren Garchinger Forscher die für ihre Kernfusionsexperimente benötigten Stromstöße mit Hilfe von Drehzylindern (Bild links). Schwungräder sind jedoch keine Erfindung unserer Tage: Im 19. Jahrhundert lieferte das rechts abgebildete Modell Energie für das Walzen von Zinkblechen. Bilder: MPI für Plasmaphysik (IPP) & Friedrich Holtz/Sebastian Wenzler, Museum Zinkhütter Hof

zwischen Erde und Mond steckt. Und Pumpspeicher-Wasserkraftwerke wiederum fungieren wie gigantische „Akkus" im Stromnetz. Beim Speichern wandeln sie mit ihren Pumpen elektrische Energie in potentielle Energie, indem sie Wasser in ein Hochbecken befördern. Zur Stromproduktion lassen sie das Wasser wieder ins Tal ab. Dabei wird seine potentielle Energie zu Bewegungsenergie. Das strömende Nass setzt eine Turbine in Bewegung, die elektrische Energie produziert. Nach dieser Methode kann zum Beispiel das Kraftwerk Goldisthal (Thüringen) pro Beckenfüllung umgerechnet knapp dreißigausend Milliarden Joule an elektrischer Energie speichern. Das entspricht rund 8 Millionen Kilowattstunden: genug für eine Jahresversorgung von 1.300 deutschen Durchschnittsverbrauchern.

Komprimiertes Gas eignet sich ebenfalls als Speicher für potentielle Energie – wie bei einer zusammengedrückten Feder. Das nutzen Druckluftspeicher-Gasturbinen-Kraftwerke aus, die ebenfalls als „Akkus" im Stromnetz arbeiten. Sie pressen mit ihren elektrisch angetriebenen Turbinen Luft in große unterirdische Hohlräume – zum Beispiel Salzstöcke. Wird elektrische Energie gebraucht, dann lassen sie diese Druckluft durch ihre Turbinen abblasen und produzieren Strom. Ein weiterer Speicher für elektrische Energie ist der Schwungmassenspeicher, dessen Schwungrad dazu ein Elektromotor auf mehrere Zehntausend Umdrehungen pro Minute bringt. Dabei speichert das Rad viel Rotationsenergie, also Bewegungsenergie. Bricht das Stromnetz ein, dann arbeitet der Motor als Generator und macht in Milisekunden aus der Rotationsenergie einige Sekunden lang elektrischen Strom.

„Supraleitende" Spulen können ebenfalls Netzschwankungen ausgleichen. In ihnen kreist elektrischer Strom verlustfrei und damit nahezu ewig – bis er angezapft wird. Allerdings werden solche Speicher eher selten verwendet. Denn Spulen aus konventionellen Supraleitern müssen aufwändig gekühlt werden. Sie benötigen flüssiges Helium und das ist minus 269 Grad Celsius kalt. Hochtemperatur-Supraleiter hingegen erreichen höhere Speicherdichten und sparen Kühlkosten. Um sie zu betreiben, reicht flüssiger Stickstoff. Dieser ist minus 196 Grad Celsius kalt und wesentlich billiger als teures Helium. Allerdings

Der Airbus A380 kann inklusive Besatzung bis zu 873 Passagiere befördern. Diese müssen im Notfall innerhalb von 90 Sekunden von Bord, so die Vorschrift. Dies geschieht über aufblasbare Rutschen, die sich innerhalb von nur acht Sekunden entfalten. Elektrische Kondensatoren stellen dafür blitzschnell Energie bereit. Bild: Airbus Deutschland

sind Spulen aus Hochtemperatur-Supraleitern noch nicht ausgereift und sehr teuer.

Auch Kondensatoren eignen sich als Speicher. Sie nehmen elektrostatische Energie auf, wie wir sie vom elektrischen Schlag an der Türklinke kennen. Akkus fassen zwar pro Gewichtseinheit zehnmal mehr Energie als modernste Kondensatoren. Doch diese Ultracaps können Ströme blitzschnell abgeben und altern nicht so schnell. Deswegen liefern sie zum Beispiel im Airbus A380 im Ernstfall den Strom zum Ausfahren der Notrutschen.

Wärme lässt sich weitaus besser speichern als elektrische Energie. Das Speichermaterial muss dazu eine hohe „spezifische" Wärmekapazität haben, also pro Kilogramm besonders viel Wärme aufnehmen können. Wasser ist ein Paradebeispiel, deshalb eignet es sich als Füllung von Wärmflaschen oder Heizkreisläufen. Es gibt sogar riesige Heißwasserspeicher mit mehreren Tausend Kubikmetern Inhalt, die im Sommer überschüssige Wärme aufnehmen und im Winter wieder abgeben.

Noch trickreicher ist das Ausnutzen von Phasenübergängen, denn diese sind mit einem Energieumsatz verbunden. Die Umwandlung von fest in flüssig – etwa von Eis in Wasser – braucht Wärmeenergie, weil die Moleküle sich aus den engen Kristallbindungen herausarbeiten müssen. Beim Ausfrieren gibt die Flüssigkeit diese Wärme wieder ab. Handwärmer nutzen ein ähnliches Prinzip.

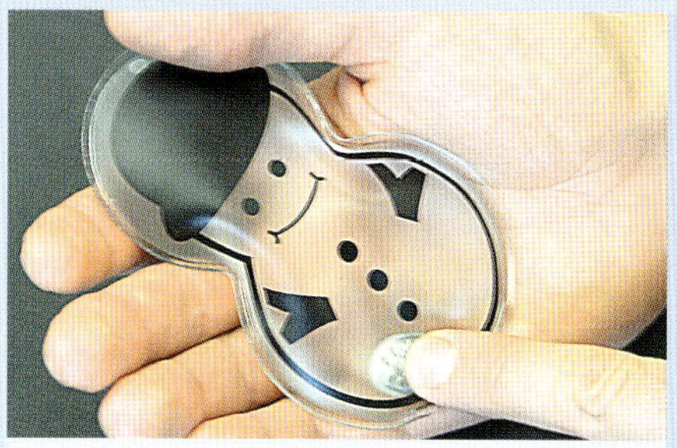

INFO

HITZE AUF „KNOPFDRUCK"

Handwärmer bestehen aus einem flüssigkeitsgefüllten Kunststoffbeutel, in dem ein Metallplättchen schwimmt. Knickt man dieses Plättchen wie einen Knackfrosch, wird die Flüssigkeit fest und bleibt etwa eine halbe Stunde lang warm. Um sich zu regenerieren, muss das Kissen ins heiße Wasserbad, wobei sich der Inhalt des Beutels wieder verflüssigt.

Des Beutels' Geheimnis ist ein Salz (meist Natriumacetat-Trihydrat), das in Wasser gelöst ist. Ist die Füllung flüssig und kalt, ist sie im Zustand einer „unterkühlten" Lösung: Die winzigen Bestandteile des Salzes (Ionen), die in der Lösung umhertreiben, würden ihre Bewegungsenergie gerne loswerden und sich zu starren Salzkristallen zusammenschließen. Um sich zu verfestigen, fehlt ihnen jedoch ein atomarer Angriffspunkt. Erst die frische Knickstelle am Metallplättchen liefert einen solchen Kristallisationskeim. Dort liegt nämlich die Oberfläche des Metalls aus geordneten Atomen offen, ohne von einer Oxidschicht überzogen zu sein. Sie bietet einen Startpunkt für das Wachstum der Salzkristalle. Beim Übergang von der Lösung zum Kristall erhitzt sich der Beutel.

Der Handwärmer beruht somit auf dem Wechselspiel zweier Phasen: Lösung und Kristall. Beim Auflösen im Wasserbad wird Lösungswärme zugeführt, bei der Verfestigung wird diese als Kristallisationswärme wieder frei.

Bild: iserundschmidt

Reiserouten

Am 4. Januar 1903 jagte bei 6.000 Volt Spannung ein tödlicher Stromstoß durch die arme Topsy. Die Elefantenkuh gehörte zu einem Zirkus auf der New Yorker Halbinsel Coney Island. Sie hatte drei Pfleger getötet und sollte daher eingeschläfert werden. Auf die makabre Idee, stattdessen elektrischen Strom einzusetzen, kam Thomas Edison (1847 - 1931) höchstpersönlich. Der berühmte Erfinder der Glühbirne ließ Topsys trauriges Ende sogar filmen. Diese Bilder setzte er im Propagandakrieg gegen seinen Konkurrenten George Westinghouse (1846 – 1914) ein. Der Film sollte den Amerikanern vor Augen führen, wie gefährlich Wechselstrom sei. Wechselstrom war nämlich Westinghouses Lösung für den rapide wachsenden Bedarf der USA an elektrischer Energie. Edison favorisierte dagegen Gleichstrom.

Die zentrale Figur in diesem Stromkrieg war Nikola Tesla (1856 - 1943). Der geniale Ingenieur aus dem österreichischen Kaiserreich hatte bei Edison gearbeitet. In dessen Labor erfand er den elektrischen Wechselstrom-Generator. Edison verkannte jedoch die Vorteile der komplexen Wechselstromtechnik, weshalb Tesla frustriert kündigte. In Westinghouse hingegen fand Tesla einen mächtigen Förderer, mit dem er das Wechselstromsystem in den USA durchsetzte.

Edison verlor diesen Stromkrieg, weil er die Physik nicht austricksen konnte. Bei seinem System verursachte der Leitungswiderstand schon auf kurzen Strecken hohe Übertragungsverluste. Die Kraftwerke mussten praktisch vor der Haustüre der Kunden stehen, damit diese noch genug Energie bekamen. Bei jeder Stromart verwandelt nämlich der elektrische Widerstand der Leitungen die Energie der fließenden Elektronen zum Teil in nutzlose Wärme. Und bei Edisons Verfahren war dieser Effekt besonders ausgeprägt.

Edisons Gleichstromsystem litt besonders unter der relativ geringen Spannung von 110 Volt. Soll elektrischer Strom eine bestimmte Energiemenge transportieren, dann braucht er bei niedriger Spannung eine entsprechend hohe Stromstärke. Bei hoher Spannung reicht umgekehrt eine geringe Stromstärke. Fließt wenig Strom, sind auch die Verluste durch den Leitungswiderstand klein. Ein Fernübertragungsnetz ist also umso effizienter, je höher seine Betriebsspannung ist. Hochspannung, wie sie etwa heutige Überlandleitungen verwenden, ist jedoch viel zu gefährlich für die

Überlandleitungen sind die Autobahnen des Stroms. Weite Teile des deutschen Stromnetzes, das rund 1,6 Millionen Kilometer umfasst, verlaufen jedoch unterirdisch. Bild: pixelio.de

Nächtliches Lichtermeer zeigt sich die Allgegenwart der Elektrizität. Bild: NASA/Goddard Space Flight Center, Scientific Visualization Studio

Per Seekabel bezieht die amerikanische Halbinsel Long Island Strom aus dem Netz von New Jersey. Die Hochspannungs-Gleichstrom-Leitung steht unter 500.000 Volt. Bild: Siemens

Hauselektrik. Deshalb müssen Umspannanlagen sie in der Nähe von Siedlungen in Niedrigspannung untersetzen. In Mitteleuropa sind es 220 Volt.

Zu Beginn des 20. Jahrhunderts musste allerdings erst noch eine Technik gefunden werden, die wie ein Getriebe Hochspannung in Niedrigspannung untersetzen kann – und umgekehrt. Für Gleichstrom gab es damals keine Lösung. Edison musste deshalb auf Niedrigspannung zurückgreifen, was hohe und damit verlustreiche Stromstärken bedingte. Für Wechselstrom hatte Tesla jedoch eine Apparatur parat, die auch heute in Umspannwerken zu finden ist: den Transformator. Dieser nutzt den physikalischen Effekt der Induktion, genau wie Generatoren und Elektromotoren. Im einfachsten Fall besteht der Transformator aus zwei Spulen, die um einen gemeinsamen Eisenkern gewickelt sind. Fließt durch die erste Spule ein Wechselstrom, dann induziert dessen schwingendes Magnetfeld in der zweiten Spule ebenfalls einen Wechselstrom. Hat diese zum Beispiel doppelt so viele Wicklungen wie die erste Spule, verdoppelt sich in ihr die Spannung. Die Stärke des in ihr erregten Stroms halbiert sich dagegen. Also über- oder untersetzt der „Trafo" Wechselspannungen genau im Verhältnis der Wicklungszahlen seiner Spulen.

Genauso durchläuft der Strom heutzutage diverse Spannungsstufen auf seinem Weg vom Kraftwerk zum Verbraucher, wobei er nach Bedarf hoch- und runtertransformiert wird. Am Ende stehen unter anderem Industrie, Bahnverkehr sowie die heimische Steckdose. Dorthin gelangt der Strom über ein Geflecht von Wechselspannungsleitungen, die elektrische Energie über weite Entfernungen transportieren. Diese Netze arbeiten bei sehr hohen Spannungen. In Deutschland sind es streckenweise 380.000 Volt, in den USA sogar 765.000 Volt. Allerdings leiden auch sie unter Übertragungsverlusten. Wechselstrom verhält sich nämlich ziemlich komplex: Er induziert unerwünschte „Blindströme", die Energie wegfressen. Im deutschen Netz gehen etwa 4,5 Prozent der elektrischen Energie auf dem Weg vom Kraftwerk zum Verbraucher verloren.

Gleichstromnetze, die bei Spannungen bis zu einer Million Volt arbeiten, haben wesentlich geringere Verluste. Und inzwischen gibt es Techniken, die Gleichströme von niedriger in hohe Spannung und zurück

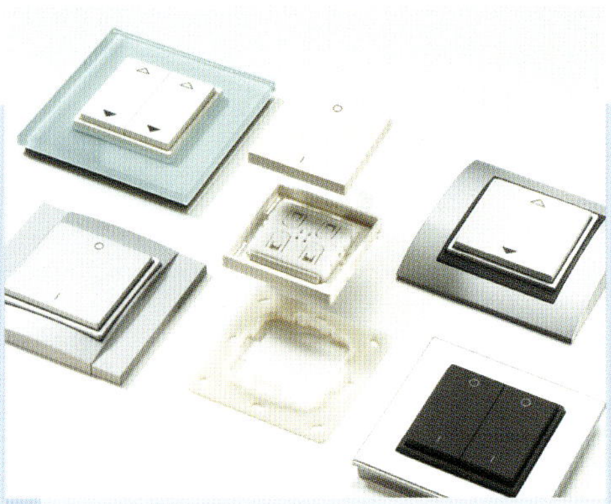

Funkschalter liefern Energie auf Tastendruck. Weil sie ohne Stromkabel auskommen, lassen sie sich an Wänden oder sonst wo beliebig platzieren. Bild: EnOcean

Innenleben eines Hochtemperatur-Supraleiter-Kabels. Inklusive der verschiedenen Lagen und Ummantelungen ist es etwa so dick wie ein Unterschenkel. Bild: Nexans

Mit einem rund 60 Meter hohen Sendemast, dem „Wardenclyffe-Tower" auf Long Island, wollte Nikola Tesla Energie über weite Entfernungen übertragen – drahtlos und eventuell sogar weltweit. Das Bauwerk blieb jedoch unvollendet. Und aus heutiger Sicht sprechen auch physikalische Gründe gegen Teslas Vision. Bild: Tesla Society Schweiz

INFO

TSCHÜSS, BATTERIE!

Oft erleben wir, dass der Akku des Handys schon wieder leer ist. Das „Ernten" von Energie aus der Umwelt könnte solche Probleme lösen. Praktisch überall gibt es mechanische Schwingungen, Wärme oder chemische Energie als Quellen kleiner Energiemengen. Geeignete Energiewandler können sie anzapfen.

Ein MP3-Spieler könnte zum Beispiel seine elektrische Energie aus Körperwärme gewinnen. Ein Thermogenerator würde sie direkt in Strom umwandeln. Der Generator nutzt die Tatsache aus, dass gute elektrische Leiter auch Wärme gut transportieren. Elektronen strömen deshalb zum kalten Ende des Thermogenerators, für dessen Kühlung könnten die Kopfhörerleitungen sorgen. Dort sammeln sich die Elektronen, während das warme Ende des Generators an Elektronen verarmt. Die so entstehende elektrische Spannung wird also durch Körperwärme angetrieben.

Eine andere pfiffige Idee ist das Ernten mechanischer Energie. Es gibt Funkschalter, die aus dem Fingerdruck Energie für ihr Funksignal gewinnen. Bei älteren Modellen wandeln Piezokristalle den mechanischen Druck in Strom um. Neuere Modelle sind kompakter gebaut und arbeiten nach dem Induktionsprinzip: Durch betätigen des Schalters wird ein elektrischer Spannungsstoß verursacht.

Das Ernten von Energie wird umso interessanter, je mehr Mikrochips verschiedenste Gegenstände „intelligent" machen. Ein Beispiel sind mit elektronischen Etiketten versehene Verpackungen, die Informationen über den Inhalt gespeichert haben. Eine Energieversorgung ohne Batterien wäre auch ideal für medizinische Implantate, etwa für Herzschrittmacher. Viele Ideen sind aber noch Zukunftsmusik.

umwandeln können. Sie basieren auf besonderen Halbleiter-Bauelementen, sogenannten Thyristoren. Die Hochspannungs-Gleichstromübertragung eignet sich sehr gut für die unterseeischen Kabel, die Windenergie-Anlagen auf dem Meer mit dem Land verbinden. Weltweit sind zwar auch an Land erst wenige Übertragungsstrecken in Betrieb. Doch das könnte sich ändern, wenn sonnenreiche Länder in Nordafrika große Mengen an Solarstrom produzieren und nach Europa verkaufen. Das wäre Edisons später Triumph.

Die idealen Stromtransporter sind „Supraleiter". Entsprechend gekühlt, leiten sie den Strom völlig verlustfrei. „Hochtemperatur-Supraleiter" werden mit minus 196 Grad kaltem flüssigem Stickstoff betrieben, einem verhältnismäßig billigen Kühlmittel. Entsprechende Hochspannungskabel sind schon auf dem Markt. Demnächst soll eine 610 Meter lange Trasse die New Yorker Halbinsel Long Island versorgen. Sie hat eine Betriebsspannung von 138.000 Volt. Noch sind supraleitende Kabel sehr teuer. Sie können sich aber bei großen Metropolen rechnen, weil sie besser in die überfüllten Versorgungsschächte passen. Konventionelle Kabel haben nämlich größere Querschnitte. Außerdem produzieren sie viel Abwärme, die die Schächte stark aufheizen kann.

Besonders elegant wäre die drahtlose Übertragung von Energie, von der schon Nikola Tesla träumte. Elektromagnetische Wellen haben jedoch den Nachteil, dass sie ihre Energie breit in den Raum verteilen, anstatt sie gezielt zum Empfänger zu bringen. Das

⇡ Ferne Vision: Eine Raumstation verwandelt Sonnenlicht in elektrische Energie und schickt diese in Gestalt gebündelter Mikrowellen zur Erde. Bild: NASA

⇣ Bei einem Labor-Experiment lenkt ein intensiver (unsichtbarer) Laserstrahl einen ansonsten umherzuckenden Blitz in eine vorbestimmte Bahn. Bild: Kamil Stelmaszczyk, FU Berlin

Bündeln der Strahlung, etwa von Mikrowellen, löst dieses Problem. Einige Wissenschaftler träumen davon, Energie per Mikrowellen aus dem Himmel zur Erde schicken: Sie käme von riesigen Solarkraftwerken in der Erdumlaufbahn.

Eine andere Form gebündelter, elektromagnetischer Strahlen ist Laserlicht. Laser können vor allem auf kurze Distanz enorm viel Energie übertragen. Industrielaser schneiden so problemlos zentimeterdicke Metallplatten. Physiker haben Anlagen mit Leistungen im Petawatt-Bereich (1 Petawatt = 1.000.000.000.000.000 Watt) entwickelt. Sie übersteigen die Leistung des gesamten Kraftwerksparks eines Industrielandes – allerdings nur für wenige Augenblicke. Ihre Lichtpulse blitzen nämlich nur für Bruchteile einer Billionstel Sekunden auf.

Derartige Laseranlagen dienen der Grundlagenforschung. Sie können zum Beispiel Atome zertrümmern oder ihre Kerne wie im Sonneninneren verschmelzen lassen. Starke Laserstrahlen kommen in Luft allerdings nicht weit, denn sie zerreißen förmlich die Luftmoleküle. Die elektrisch geladenen Molekültrümmer entziehen dann dem Licht seine Energie. Atmosphärenphysiker jedoch sind begeistert: Mit Laserkanonen wollen sie elektrische geladene „Plasmakanäle" durch die Luft in Gewitterwolken schießen, dort gezielt Blitze auslösen und diese durch die Kanäle ableiten. Solche Anlagen könnten Gebäude mit empfindlichen Elektroanlagen, wie Krankenhäuser oder Flughäfen, vor Blitzeinschlag schützen.

Energie – aber wie?

s tun gegen den Klimawandel?

Fast 80 Prozent des weltweiten Energieverbrauchs werden heutzutage aus der Verbrennung fossiler Brennstoffe gedeckt. Dadurch gelangten im Laufe der Zeit immer größere Mengen des Treibhausgases Kohlendioxid (CO_2) in die Luft: Nach dem aktuellen Klimareport der Vereinten Nationen ist der CO_2-Gehalt der Atmosphäre zwischen den Jahren 1750 und 2005 um 35 Prozent gestiegen. Außerdem ist es in den vergangenen 100 Jahren um 0,74 °C wärmer geworden. Tendenz steigend. Für Wissenschaftler belegen diese und weitere Erkenntnisse, wie das Abschmelzen der Gletscher, dass der mit unserem Lebenswandel verbundene CO_2-Ausstoß die Atmosphäre aufheizt. Natürliche Phänomene können die Fülle der Beobachtungen nämlich nicht erklären.

Der Temperaturzunahme von 0,74 °C ist nur scheinbar gering, denn unser Klima reagiert auch auf kleine Änderungen äußerst sensibel. Wie sich die „globale Erwärmung" weiter entwickelt, hängt allerdings davon ab, wie die Menschheit ihren Energiekonsum von nun an gestaltet. Nach Ansicht von Experten muss der Anstieg bis zum Jahr 2100 auf 2 °C begrenzt werden. Ansonsten müssten sich Menschen, Tiere und Pflanzen auf einschneidende Veränderungen des Klimas einstellen. Was tun? Drei Meinungen:

Prof. Dr. Mojib Latif leitet den Forschungsbereich „Ozeanzirkulation und Klimadynamik" am Leibniz-Institut für Meereswissenschaften an der Universität Kiel

Der globale Klimawandel ist eine Realität. Die Erde erwärmt sich, das Eis schmilzt, der Meeresspiegel steigt und die Wetterextreme nehmen zu. Diese Tendenzen werden sich wegen der Trägheit des Klimas in den kommenden Jahrzehnten fortsetzen. Falls keine Klimaschutz-Maßnahmen ergriffen werden, kann die Temperatur bis 2100 um weitere vier Grad ansteigen, eine in der Menschheitsgeschichte einmalig rasante Klimaänderung. Neben den klimatischen Problemen besteht auch die Gefahr der Versauerung der Weltmeere, da ungefähr 30 - 40 Prozent des von uns Menschen in die Atmosphäre entlassenen Treibhausgases Kohlendioxid von den Meeren aufgenommen werden. Dies dämpft zwar einerseits die globale Erwärmung, kann aber andererseits zu unabsehbaren Folgen für das Leben im Meer führen, bis hin zu einem Kollaps ganzer Ökosysteme. Um die gravierenden klimatischen und ökologischen Auswirkungen des globalen Klimawandels auf einem „ungefährlichen" Niveau zu stabilisieren, müsste der Ausstoß der Treibhausgase, insbesondere des Kohlendioxid, um etwa 80 Prozent bis 2100 gesenkt werden. Dies ist nur durch einen strukturellen Umbau der Weltwirtschaft in Richtung der erneuerbaren Energien (Sonnenenergie, Erdwärme, Wasser- und Windkraft, etc.) möglich.

Der menschlich verursachte Klimawandel ist die größte Bedrohung und zugleich Herausforderung, vor der die Menschheit je gestanden hat. Die größten Gefahren gehen von extremen Klimaereignissen aus, wie sehr starke Niederschläge, häufige und intensive Hurrikane und Tornados und von extrem heißen Sommern aus. Welche desaströse Auswirkungen ein intensiver Hurrikan haben kann, hat uns im Jahre 2005 die Katastrophe von New Orleans gezeigt. Aber auch Überflutungen, ausgelöst durch Niederschläge oder einem Meeresspiegelanstieg führen zu volkswirtschaftlichen Schäden. Ein nahezu ungebremster Klimawandel führt zu enormen volkswirtschaftlichen Schäden, welche eine weltweite Rezession auslösen können.

Daher ist es notwendig, die Treibhausgase zu vermindern. Dies muss sowohl durch den verstärkten Einsatz CO_2 freier Energietechniken geschehen als auch durch die Verminderung anderer Treibhausgase, wie Methan und Lachgas. Letzteres kann in erster Linie durch veränderte landwirtschaftliche Anbaumethoden – zum Beispiel Reisanbau und Viehzucht – geschehen. Die künftigen Energietechniken müssen vor allem CO_2 frei sein. Es ist notwendig, dass wir künftig eine möglichst breite Palette an CO_2 freien Energietechniken einsetzen – wie erneuerbare Energien, Verbesserung der Energieeffizienz, alternative Antriebsstoffe wie zum Beispiel Wasserstoff, CO_2 arme Kohlekraftwerke und, als Übergangstechnik, Atomenergie. Zudem können in der Zukunft weitere, heute noch unbekannte Techniken, eine Rolle spielen, wie zum Beispiel die Kernfusion. Daher ist es aus heutiger Sicht besonders wichtig, möglichst viele klimaschonende Energietechniken zu erforschen und zum Einsatz zu bringen – wir benötigen nichts weniger als eine Energierevolution.

Prof. Dr. Claudia Kemfert leitet die Abteilung „Energie, Verkehr, Umwelt" am Deutschen Institut für Wirtschaftsforschung in Berlin

Der Klimawandel kommt langsam und sicher auf die Welt zugewandelt und wird sie sehr verändern. Schon heute gibt es mehr heiße Sommer und schlimmere Wirbelstürme als früher. Die Pflanzen und die Tiere haben begonnen, sich anzupassen, früher im Jahr zu kommen oder auch auszuwandern.

Wenn aber die Klimaveränderungen zu schnell gehen, so dass die Pflanzen und Tiere ihre neuen Lebensbedingungen nicht finden können, werden sie großen Schaden nehmen, denn die belebte Natur braucht für die Anpassung an neue Lebensbedingungen Zeit. Schaden für die belebte Natur ist auch Schaden für den Menschen, abhängig wie er ist für seine Nahrung und sein Wohlergehen. Der Temperaturanstieg darf bis zum Ende des Jahrhunderts nicht über zwei Grad Celsius hinausgehen.

Prof. Dr. Walter Blum ist Vorsitzender des „Arbeitskreises Energie" der Deutschen Physikalischen Gesellschaft

Für die Energieversorgung müssen wir weltweit alle Mittel einsetzen, das jährliche Kohlendioxid aus der Verbrennung bis zur Mitte des Jahrhunderts zu halbieren. Wind, Sonne und Uran sind geeignete Energiequellen, das zu schaffen. Wir können auch mit weniger Energie auskommen, wenn genügend in die Spartechniken investiert wird. Außerdem müssen wir auf gute Ideen und neue Erfindungen hofffen, um das Zwei-Grad-Ziel bis zum Ende des Jahrhunderts nicht zu verfehlen.

Fotos: privat, Hintergrund: EUMETSAT

Wellen
Welten

Mit Hightech die Ohren spitzen

Verkehrslärm, Klingeltöne, Radiocharts – Schall umtost uns fast pausenlos.
Und nicht nur Sound Designer wissen, wie wichtig die Dichtewellen für uns sind. Stoßen sie einmal auf taube Ohren, muss digitale Technik ran.

Als junger Mann plagten Ludwig van Beethoven zuerst pfeifende Ohrgeräusche. Später hörte er nicht mehr, wenn Besucher an seine Tür klopften. Die zunehmende Taubheit schnitt ihn von der Außenwelt ab, mit der er bald nur noch über Briefe verkehrte. Und über seine Musik. Verzweifelt sah man den Komponisten in späten Jahren über die Tasten seines Klaviers geneigt, auf die er mit aller Gewalt einhämmerte und schrie: „Ich höre nichts, nichts!"

Schwerhörigkeit kann für Betroffene zur Qual werden und in eine mehr oder weniger ausgeprägte akustische Isolation führen. Beethovens Leidensgenossen des 21. Jahrhunderts können jedoch auf technische Hilfe hoffen. Moderne Hörgeräte ermöglichen ihnen, an Gesprächen teilzunehmen, sich im Straßenverkehr sicher zu bewegen oder Veranstaltungen zu besuchen, von denen sie sonst ausgeschlossen wären. Bevor wir uns allerdings den künstlichen Hörhilfen zuwenden, zunächst noch ein Blick auf die natürlichen Schallempfänger des Menschen.

Unsere Ohren verwandeln die Luftdruckschwankungen einer eintreffenden Schallwelle über mehrere Einzelschritte in elektrische Signale. Erste Station ist die Ohrmuschel, über die die Wellen in den Gehörgang und weiter zum Trommelfell gelangen. Diese Membran ist nicht glatt gespannt, sondern wie ein Trichter geformt. Sie kann die Luftschwingungen nicht direkt an die Lymphflüssigkeit des Innenohrs übertragen, weil sonst fast der gesamte Schall an der Grenzfläche reflektiert würde wie an einer Schallschutzmauer. Die Weiterleitung der Vibrationen übernehmen daher zunächst drei winzige, miteinander verkoppelte Knöchelchen: der ans Trommelfell angewachsene „Amboss", der „Hammer" und der nur 3 Milligramm leichte „Steigbügel". Letzterer besitzt an seinem Ende ein winziges Plättchen, das an der Hörschnecke des Innenohrs anliegt und auf das nun die gesamte Kraft der aufgefangenen Druckwelle wirkt. Der Schalldruck am Innenohr ist dadurch erheblich höher als der Druck, der das

↞ Digitale Hörsysteme – bei der neuesten Generation können linkes und rechtes Hörgerät miteinander kommunizieren und sich so zeitgleich und automatisch auf neue Hörsituationen einstellen. (Bild: Siemens-Pressebild)

↟ (Bild: picture-alliance/ dpa)

↡ Der Quotient aus der Geschwindigkeit v einer Welle und ihrer Frequenz f ergibt ihre Wellenlänge L (in Formelsprache $L = v / f$) – die Distanz zwischen zwei Wellenpunkten, die die gleiche Auslenkung sowie Bewegungsrichtung haben. Hier einige ausgewählte Beispiele zu diesem Kapitel.

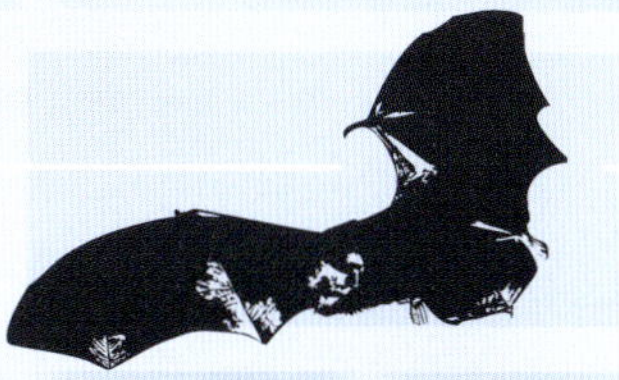

4 mm

Ultraschallruf der „Großen Hufeisennase" (Rhinolophus ferrumequinum)

8 - 25 cm

Körperschallwellen, die bei einem Crash durch die Autokarosserie laufen

3 m

Brummen marokkanischer Sanddünen

größere Trommelfell in Schwingung versetzt – der ursprüngliche Wert wächst während der Weiterleitung entlang der Gehörknöchelchenkette um das 22fache.

Diese ausgeklügelte Verstärkung macht unser Ohr zu einem sehr empfindlichen Sinnensorgan. Das lauteste, gerade noch erträgliche Geräusch ist mehr als eine Million Mal lauter als die leisesten wahrnehmbaren Töne. Die Verstärkung wird an den jeweiligen Schallpegel angepasst. Das gesunde Ohr spricht bei 0 bis 20 Dezibel an, Kühlschranksummen liegt bei 40 und eine typische Unterhaltung bei 50 Dezibel. Menschen mit hochgradigem Hörverlust registrieren den Schall jedoch erst oberhalb von 60 bis 90 Dezibel, wobei der letzte Wert bereits dem Lärmpegel direkt an einer Autobahn entspricht.

Auch die Spanne der hörbaren Frequenzen ist groß. Beim gesunden Ohr liegt sie im Schnitt zwischen 20 und 20.000 Hertz. Das Innenohr zerlegt dieses „Schallspektrum" in seine verschiedenen Frequenzen. Die akustischen Schwingungen der Lymphflüssigkeit reizen eine Membran und die Haar-Sinneszellen entlang der Gehörschnecke. Die Abschnitte der Membran und die Haarzellen, die die hohen Frequenzen registrieren, sitzen am Eingang der Schnecke. Tiefe Töne erregen dagegen das Ende der Schneckenwindung. So ist jeder Frequenz – ähnlich wie auf einer Tonleiter – ein bestimmter Platz in unserem Hörorgan zugeordnet.

Im Alter sinkt die Leistungsfähigkeit des menschlichen Gehörs. Vor allem höhere Töne, auf die das Gehör sehr rasch an-

INFO

ANPFIFF

Ein gellender Pfiff – Startsignal für die Reise durch die „WellenWelten" und so manches Fußballmatch. Im Kampf des Schiedsrichters mit der Schwerhörigkeit der Spieler hat sich die kleine Trillerpfeife besonders bewährt. Aber warum?

Wenn scharfer Wind eine Häuserecke trifft, pfeift er eigenartig. Es bilden sich Luftwirbel, die sich in zufälligen Zeitabständen von der Kante lösen. Auch bei Trillerpfeifen oder Flöten bläst man eine Schneide an. Um den erhofften Ton zu treffen, muss das Ablösen der Wirbel auf die Länge des Instruments abgestimmt sein.

Schauen wir zunächst ins Rohr einer Blockflöte, in dem sich die Druckschwankungen der Luft ausbreiten. Sie werden an den Enden reflektiert, hin- und zurücklaufende Schwingungen können sich zu stehenden Wellen überlagern: den Eigenschwingungen des Instruments. Eine kurze Flöte erlaubt nur kleine Wellenlängen und hohe Töne, ein drei bis vier Meter langes Alphorn schallt tief.

Es sind vor allem die tiefen Töne, die beim Flötenunterricht Probleme bereiten. Man darf sie nur anhauchen. Pustet man zu stark, kommen plötzlich störende Obertöne ins Spiel. Bei hohen Tönen passiert das nicht so leicht. Man kann in das isolierte Mundstück einer Blockflöte oder in eine Trillerpfeife lautstark hineinblasen, ohne dass sich der Ton in ein Gemisch von Frequenzen auflöst. Oder aber man überbläst das Instrument bewusst, wenn die Tonhöhe keine entscheidende Rolle spielt.

Um noch mehr aus den kleinen Trillerpfeifen herauszuholen, gibt es einige Tricks. Ein eingebautes Kügelchen etwa lässt die ausgestoßenen Schallwellen fluktuieren: das berühmte Trillern. Oder man verzichtet auf die Kugel und baut mehrere Kammern ein, die gleich mehrere Töne auf einmal erzeugen. Diese markerschütternden Dissonanzen moderner Schiedsrichterpfeifen garantieren die nötige Aufmerksamkeit angepfiffener Spieler.

Für Schallwellen gilt in Luft ein Tempolimit von 1.180 km/h, allerdings nicht für die dazugehörigen Lärmquellen. So können manche ihren eigenen Krach durchaus „überholen“: Sobald ein Düsenjet nicht mehr steht (1), sondern in Bewegung ist, drängen sich die Wellenfronten vor ihm immer mehr zusammen, während sie hinter ihm zusehends auflockern (2) – „Doppler-Effekt“ genannt. Bei Erreichen der Schallgeschwindigkeit laufen die Wellen zur Schallmauer auf (3), bei noch höherem Tempo fallen sie als Machkegel hinter dem Jet zurück (4) und erzeugen am Boden den berüchtigten Überschallknall. (Grafik: iserundschmidt)

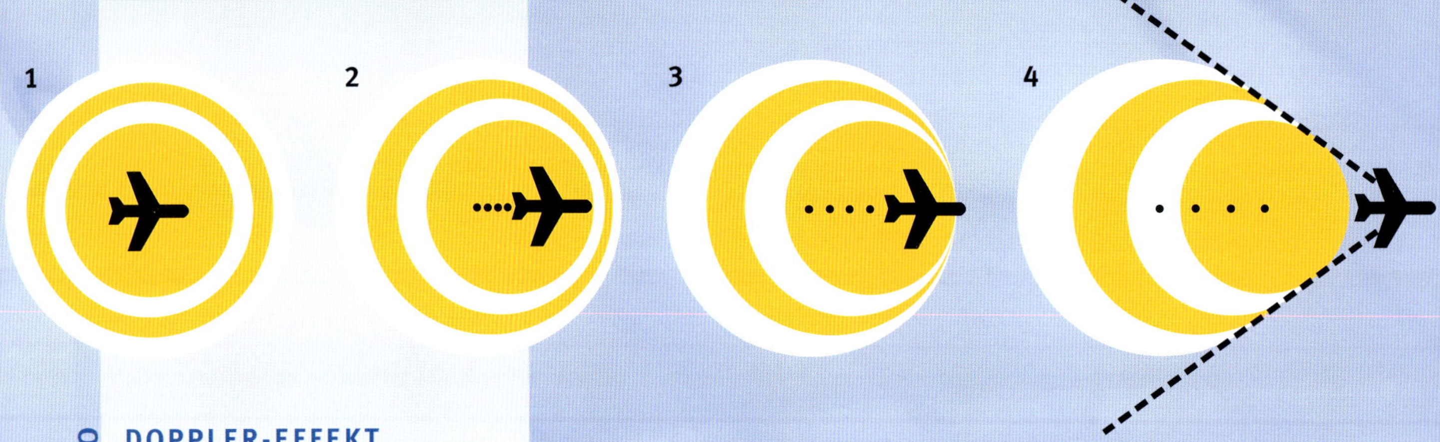

INFO

DOPPLER-EFFEKT

Christian Doppler wurde 1803 in Salzburg geboren. In einem Haus zwischen dem Wohnhaus von Wolfgang Amadeus Mozart und dem Geburtshaus Herbert von Karajans. Kein Wunder also, dass Dopplers Forschungen 1845 durch ein Konzert berühmt wurden: Mehrere Trompeter stellten sich auf einen Eisenbahnzug und spielten während der Fahrt zuvor verabredete Töne. Was die Zuhörer an den Gleisen damals wahrnahmen, kennen wir vom vorbeirasenden Martinshorn eines Krankenwagens: den „Doppler-Effekt“. Nähert sich eine Schallquelle, steigt die Frequenz der heranwogenden Schallwellen an, weil diese in schnellerer Folge ans Ohr des Zuhörers geworfen werden. Die Sirene klingt höher als normal. In dem Moment, in dem diese den Hörer passiert, schlägt die Tonhöhe um. Jetzt werden die Wellen durch die Bewegung der Quelle gedehnt.

Der Doppler-Effekt tritt nicht nur bei Schall auf, sondern bei Wellen jeglicher Art. Mediziner kommen durch reflektierte Ultraschallwellen, die am fließenden Blut oder den schnappenden Herzklappen dopplerverschoben werden, Herzfehlern auf die Spur. Und Astronomen nutzen die Frequenzverschiebung des Lichts sich entfernender Galaxien, um die Lebensgeschichte des Universums zu rekonstruieren.

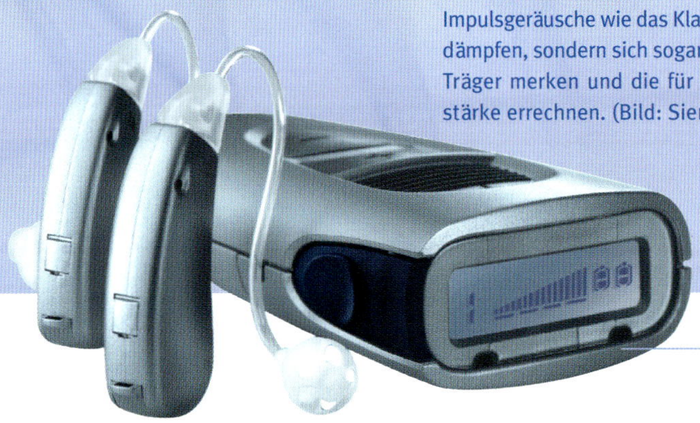

Mikrochips verleihen diesen Hörgeräten ein Gedächtnis. So können sie nicht nur erstmals Impulsgeräusche wie das Klackern von Absätzen dämpfen, sondern sich sogar die Vorlieben ihrer Träger merken und die für sie optimale Lautstärke errechnen. (Bild: Siemens-Pressebild)

sprechen muss, lassen sich dann immer schlechter registrieren. Eine Tatsache, die jugendliche Handynutzer in den USA hat aufhorchen lassen. Sie nutzen Klingeltöne mit extrem hohen Frequenzen um 17.000 Hertz, um unbemerkt von den älteren Lehrkräften auch im Unterricht simsen zu können. Übrigens nicht die erste technische Anwendung: So beschallt eine Sicherheitsfirma aus Großbritannien Gebäude mit dem kurzwelligen Dauerfiepen, um die meist jüngeren Graffiti-Sprayer von einladend weißen Hauswänden fernzuhalten.

Wie schnell die obere Frequenzgrenze sinkt, ist von Mensch zu Mensch verschieden. Nicht nur Straßenlärm oder Diskobeats, sondern auch Stoffwechselerkrankungen und Durchblutungsstörungen können die Haar-Sinneszellen im Innenohr nachhaltig schädigen. Die Betroffenen hören laute Töne genauso gut wie Normalhörende, leises Sprechen allerdings nicht. Anstatt alle Signale gleichermaßen zu verstärken, muss eine Hörhilfe daher den Schall in Abhängigkeit von der Frequenz heraufsetzen und dabei zwischen leisen und lauten Tönen unterscheiden.

Genau hier setzen die digitalen Hörgeräte an. Seit 1996 gibt es die winzigen Hightech-Apparate. Die Mikrofone, die den Schall aufzeichnen, der Audioprozessor, der ihn nach Frequenzen unterteilt verarbeitet, und der Lautsprecher, der das Ausgangssignal in den Gehörgang leitet, sie alle sitzen auf engstem Raum beieinander. Inklusive der Stromversorgung nehmen alle Komponenten so wenig Platz ein, dass die Geräte im oder hinter dem

Sichtbare Schallmauer: Am Heck dieses Jets kondensiert in der Schockwelle des Überschallknalls Wasser aus und bildet kurzzeitig eine Wolke. Grund für den „Wolkenscheibeneffekt“: Beim Überschallflug folgt der Schockfront des Machkegels eine schmale Unterdruckzone, die die wasserdampfgeschwängerte Luft beim Durchflug für Sekundenbruchteile abkühlt. (Bild: Jonathan Chandler, U.S. Navy)

Als ob die Techno-Gruppe „Dune“ es geahnt hätte – Sanddünen können singen. Reiben Milliarden von Sandkörnern aneinander, etwa wenn eine Düne wandert, können niederfrequente Schallwellen entstehen, die dem Brummen eines Propellerflugzeugs ähneln und in ihrer Tonhöhe sogar von Land zu Land unterschiedlich sind. (Bild: Claudia Oly)

Ohr getragen werden können. Sie eliminieren Störgeräusche und verarbeiten die aufgenommenen akustischen Signale je nach Art und Grad der Schwerhörigkeit und der aktuellen Hörsituation.

Die Entwicklung digitaler Hörgeräte hat in den vergangenen Jahren ungeheuer von der Miniaturisierung in der Chipindustrie profitiert. Ebenso rasant wie die Leistung der Heim-PCs steigt die Leistung der winzigen Audioprozessoren und damit auch die bei der digitalen Signalverarbeitung anfallende Datenmenge. Um den Speicherbedarf nicht ins Uferlose wachsen zu lassen, bedienen sich die Hörgeräte-Entwickler ähnlicher Tricks wie die Musikindustrie: Sie verzichten auf alles, was vom Gehör sowieso nicht wahrgenommen wird. Auf CDs werden grundsätzlich keine Frequenzen gespeichert, die oberhalb der menschlichen Hörgrenze liegen, und das MP3-Verfahren berücksichtigt von vorneherein nur die Musikanteile, die für das Hörerlebnis relevant sind.

Vor der Datensammlung steht jedoch zunächst einmal die möglichst ungestörte Datenerfassung. Das Hörgerät zerlegt die Eingangssignale zunächst in ihre verschiedenen Frequenzen. Diese Kanäle lassen sich einzeln verstärken. Oder teilweise ausblenden. So unterdrücken Filter das Eigenrauschen der Mikrofone. Das unangenehme Pfeifen der Geräte, wenn der vom Lautsprecher erzeugte und in den Ohrkanal gelangende Schall von den Mikrofonen noch einmal aufgenommen und erneut verstärkt wird, stellt da schon höhere Ansprüche an die Technik. Weil die

(Bild: Sarah Jane, Flickr.com)

INFO

HEILIGER BIMBAM

Jede Glocke hat ihren eigenen Klang. Der Klöppel versetzt sie in die Schwingungen, die für ihre Form, ihre Größe sowie die Zusammensetzung ihres Materials charakteristisch sind. Diese Abhängigkeiten machen es schwierig, den Klang vor dem Gießen genau zu berechnen. Wie schwierig, das zeigt sich am Beispiel der neuen Dresdner Frauenkirche: Sechs der insgesamt sieben für das wieder aufgebaute Gotteshaus neu angefertigten Glockenkörper mussten nach dem ersten Guss noch einmal eingeschmolzen werden. Zu massive Verzierungen hatten bei der Klangprobe zu deutlichen Misstönen geführt.

Je größer die Glocke, desto tiefer ist die Tonlage ihres Geläuts, bestehend aus einem Grundton und einer ganzen Fülle von Obertönen. Das lautmalerische „Bimbam“ gibt es dabei wirklich, Ergebnis von Dopplereffekt und dem nach unten geöffneten Klangkörper. Die Schallabstrahlung der Glocke muss man sich dabei vorstellen wie den Lichtkegel eines hin und her pendelnden Deckenstrahlers:

„Bim“ – die Glocke schwingt in unsere Richtung und wirft uns das gesamte Klangspektrum inklusive Klöppelgeräusche entgegen. Durch die auf uns zukommende Schallquelle gelangen die Schallwellen mit erhöhter Frequenz zu uns. „Bam“ – die Schallkeule schwingt in die andere Richtung und überlässt unseren Ohren den an Obertönen ärmeren Sound ohne Klöppelgeräusche. Außerdem erreichen uns die Schallwellen durch das Wegpendeln der Glocke jetzt mit niedrigerer Frequenz, ganz wie bei der Sirene eines davonfahrenden Krankenwagens. Nur dass im Falle des Geläuts die Unterschiede nur für Messinstrumente hörbar sind. Für das menschliche Gehör gilt: Eine große Glocke macht „Bambam“, eine kleine „Bimbim“.

(Bild: BMW)

⇢ Schallwellen sind Druckwellen, und genau diese Eigenschaft machen sich Techniker der Europäischen Weltraumorganisation ESA zunutze, wenn sie Satelliten einem „Akustik-Test“ unterziehen. Mit bis zu 144 dB – absolut tödlich für einen Menschen – setzen sie hier das Automatische Transferfahrzeug „Jules Verne“ den gleichen Vibrationen aus, die es auch in den ersten Minuten nach dem Start an der Spitze der Ariane-5-Trägerrakete verkraften muss. (Bild: ESA - Anneke Le Floc'h)

⇢ Wellen unterteilt man in zwei verschiedene Typen: Bei den „Transversalwellen“ (oben) erfolgt die Schwingung bzw. Störung des Mediums quer zur Ausbreitungsrichtung. Prominente Vertreter dieser Gruppe sind Wasser- und Lichtwellen. Bei den „Longitudinalwellen“ (unten) hingegen erfolgt die Schwingung bzw. Störung des Mediums in Ausbreitungsrichtung der Welle. Mitglied dieser Gruppe: der Schall. (Grafik: iserundschmidt)

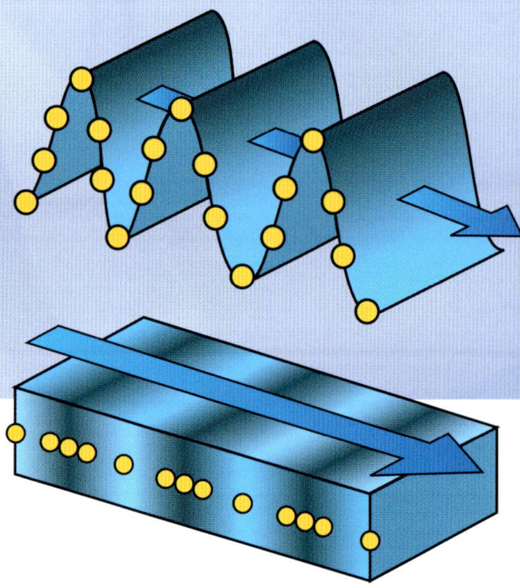

INFO

AUFHORCHEN, WENN'S KRACHT

In Luft rasen Schallwellen mit über 1100 km/h dahin, in Stahl und Blech erreichen sie leicht den 15fachen Wert. Genau dies haben sich Ingenieure zunutze gemacht, um Autos extrem reaktionsschnelle Sicherheitssysteme zu verpassen.

Im Ernstfall – noch ehe der Airbag gezündet und die Gurte gestrafft werden – bleiben den Unfallsensoren nur Sekundenbruchteile, um die Schwere eines Crashs zu erfassen. Bisher verantwortlich für die Frühwarnung: Systeme in der Stoßstange, die Verformungen erkennen und Drucksensoren in der B-Säule, die die Intensität eines Seitenaufpralls erfassen. Tatkräftige Unterstützung kommt jetzt von einem neuen Sensor der Firma Siemens. Dieser kann die Stärke eines Unfalls „hören“, und das doppelt so schnell wie alle bisherigen Systeme.

Dazu lauscht der Crash Impact Sound Sensor den Körperschallwellen, die beim Verformen der Karosserie in der Atomstruktur des Stahls entstehen und die je nach Unfallart und -schwere ganz unterschiedliche Frequenzspektren mit Maximalfrequenzen bis zu 16 Kilohertz ergeben. Dieses „Crash“-Geräusch liefert zusammen mit Beschleunigungssignalen ein rasches Bild vom Unfallgeschehen. Von der ersten Berührung mit dem Hindernis bis zum Scharfschalten aller Sicherheitssysteme vergehen so gerade einmal 15 Millisekunden.

elektronischen Bauteile so dicht beieinander liegen, lässt sich eine solche Rückkopplung, auch bekannt aus Konzerten und Festreden, nur schwer vermeiden.

Das Pfeifen tritt zwar nur bei bestimmten Frequenzen auf. Leider ist die Rückkopplungsfrequenz jedoch nicht immer gleich. Sie kann sich verschieben, wenn man das Hörgerät neu aufsetzt oder einen Telefonhörer ans Ohr hält. Spezielle „adaptive Filter“ passen sich dieser Verschiebung an. Sie erzeugen dasselbe Rückkopplungssignal noch einmal – allerdings in Gegenphase. Überlagert man beide Signale, löschen sie sich aus und das störende Pfeifen wird unterdrückt. Ein Prinzip, nach dem man nicht nur die pfeifenden Rückkopplungen winziger Hörgeräte, sondern in Zukunft auch den Krach sehr viel größerer Maschinen stumm schalten will.

Die häufigsten Störlaute kommen allerdings nicht aus dem Hörgerät selbst, sondern z.B. als Nachbargespräche aus der direkten Umgebung. Da man sich bei Unterhaltungen dem Gesprächspartner meist zuwendet, sind Richtmikrofone hier besonders geeignet, von hinten oder der Seite kommende Nebengeräusche zu unterdrücken. In modernen Hörgeräten haben trotz der geringen Abmessungen bis zu drei Einzelmikrofone Platz, deren Eingangssignale miteinander verglichen werden können. So lässt sich die Empfindlichkeit für die verschiedenen Raumrichtungen kontinuierlich regeln. Schwierig ist dies vor allem bei Veranstaltungen,

⇢ Wasserfledermaus auf Jagd (Bild: Dietmar Nill/linnea images)

⇣ Nicht nur Fernseher, sondern auch Motoren kann man in Zukunft vielleicht per Knopfdruck leiser stellen. Forscher arbeiten bereits heute an einer „Lärmdimmung", bei der die für die Schallwellen verantwortlichen Schwingungen mit künstlich erzeugten Gegenschwingungen gedämpft werden. So verstummt die abgebildete Stimmgabel nach dem Anschlagen sofort, da aufgeklebte Piezokeramiken die angeregte Schwingung blitzschnell erfasst und das passende Gegensignal in die Gabel eingeleitet haben. (Bild: Fraunhofer Institut für Betriebsfestigkeit und Systemzuverlässigkeit LBF)

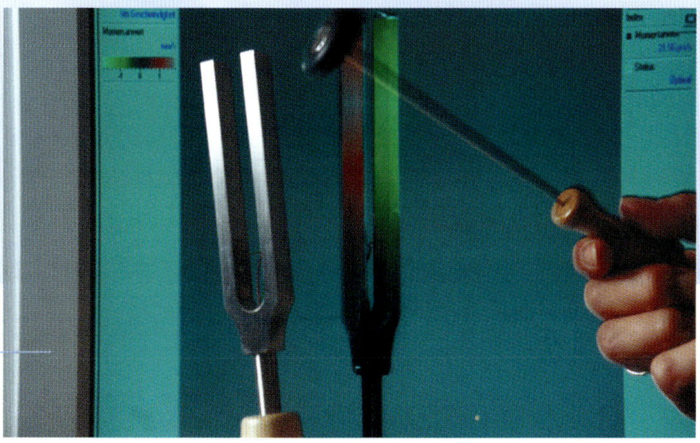

wo viele Personen durcheinander reden und es darum geht, den jeweiligen Sprecher herauszuhören – „Cocktail-Party-Effekt" genannt. Er ermöglicht es, anvisierte Geräusche bis zu dreimal lauter als den Umgebungslärm wahrzunehmen und ist eng mit der Geräuschortung verknüpft. Hat das Gehör eine Schallquelle nämlich erst einmal lokalisiert, kann es diese von störenden Einflüssen aus dem restlichen Umfeld unterscheiden. Daher funktioniert der „Cocktail-Party-Effekt" nur in Stereo. Menschen mit nur einem funktionstüchtigen Ohr oder Hörgerät gelingt die selektive Wahrnehmung deutlich schlechter.

Für Schwerhörige sind daher zwei Hörgeräte in der Regel besser als eins. Wenn der Schall sowohl am rechten als auch am linken Ohr der Schädigung entsprechend verstärkt wird, kommt dies dem Sprachverständnis, dem Richtungshören und der Raumwahrnehmung zugute. Deutsche Ingenieure haben aus diesem Grund 2004 ein System auf den Markt gebracht, bei dem linkes und rechtes Hörgerät über Funk miteinander in Verbindung stehen. Beide Komponenten tauschen Informationen über die jeweiligen Höreindrücke aus, die manchmal stark voneinander abweichen können, etwa weil der eigene Kopf den Schall nach einer Seite hin abschattet. Zwei unabhängige Hörhilfen arbeiten auf diese Weise wie ein einheitliches, binaurales Empfängersystem – fast so wie zwei gesunde Ohren.

INFO

ECHOORTUNG DER FLEDERMÄUSE

Sie schlafen am Tag und fliegen los, wenn es dunkel wird. Licht brauchen sie nicht, denn sie sehen mit den Ohren. Ihr außergewöhnliches Ortungssystem hat die Fledermäuse berühmt gemacht. Sie stoßen Ultraschalllaute aus, deren Wellenfronten an Objekten der Umgebung reflektiert werden und den Tieren als Echo einen akustischen Raumeindruck vermitteln. Abstand, Größe und Gestalt von Hindernissen und Beutetieren haben sie daher auch bei Nachtflügen „vor Ohren".

Die Fledermaus hört nur kleine Ausschnitte aus der Umgebung. Einem mit einer blinkenden Taschenlampe ausgerüsteten Nachtwanderer vergleichbar, wirft sie gerichtete Signale in den Raum. Fliegt sie über ein freies Feld, sendet sie nur wenige Peilgeräusche aus, bei Annäherung an die Beute deutlich mehr. Manche Arten rufen immer mit derselben Frequenz, andere senken die Tonhöhe gegen Ende des Signals oder geben ein breit gefächertes Lautspektrum von sich. Die Fledermäuse, deren Jagdhorn in den höchsten Tönen bläst, fangen die kleinsten Insekten. Denn in einer schnell schwingenden Schallwelle machen sich auch winzige Insekten als Störungen bemerkbar. Langsam schwingende Wellen gehen über solche Hindernisse fast ungestört hinweg.

Die aufgefangenen Echos sind ungeheuer schwach. Selbst bei großen Beutetieren wie Fröschen sind sie bis zu 1000mal leiser als das Ausgangssignal. Um die reflektierten Wellen möglichst gut wahrnehmen zu können, nutzen Fledermäuse unter anderem den Dopplereffekt: So wie die Tonhöhe einer sich nähernden Polizeisirene ansteigt, erhöht sich auch die Frequenz des Echos infolge der eigenen Flugbewegung der Tiere. Die Fledermaus moduliert die Frequenz ihrer Ortungsrufe bei der Jagd gerade so, dass nicht das Rufsignal, sondern das Echo im eigenen Hör-Optimum liegt. So kann sie selbst die Frequenzänderung eines in ihrer Richtung hin und her schwingenden Insektenflügels unterscheiden.

Welle der Zerstörung

**Manche Ozeanwellen verschlucken ganze Supertanker, andere branden mit der Energie einer Atombombe ins Landesinnere.
Gegen ihre Entstehung ist kein Kraut gewachsen, gegen ihre Zerstörungswut schon. Man muss nur rechtzeitig wissen, dass die Woge kommt.**

26. Dezember 2004, 7:58 Uhr Ortszeit: In den Ozeantiefen vor Sumatra startet eine Wellenfront, die wenig später weltweit zum Inbegriff des Schreckens wird. „Tsunamis" hatten schon in der Vergangenheit Küsten verheert. Trotzdem konnten nur wenige Menschen die Vorzeichen ihres Kommens richtig deuten. Selbst Einheimische folgten an jenem zweiten Weihnachtstag aus Neugier der zurückweichenden Uferlinie, anstatt vor der heranrollenden Flutwelle ins Landesinnere zu flüchten. Bald darauf überfluteten meterhohe Wellen, ausgelöst durch das zweitheftigste jemals gemessene Erdbeben, die Küstengebiete. Insgesamt kamen durch den Tsunami mehr als 230.000 Menschen ums Leben, etwa 1,8 Millionen wurden obdachlos.

Bereits eine Viertelstunde nach dem Beben überrollten die Flutwellen Sumatra. Hier waren die Verwüstungen am schlimmsten. In einigen Gegenden drang das Wasser kilometerweit ins Landesinnere vor. Anderthalb Stunden später erreichte der Tsunami Thailand und Sri Lanka und noch eine Stunde später Indien. Auch dort riss er Zehntausende in den Tod. Selbst im fernen Ostafrika kamen sieben Stunden nach dem Beben noch 300 Menschen in der Flut ums Leben.

Im Sundagraben vor Indonesien sind starke Erdbeben keine Seltenheit. Dort verläuft die Nahtstelle zweier Erdplatten: Die Indisch-Australische-Platte taucht langsam unter die Eurasische Platte ab. Zwar nur mit einer Geschwindigkeit von sechs Zentimetern pro Jahr. Verhaken sich die verkeilten Blöcke aber ineinander, bauen sich gewaltige Spannungen auf, die sich irgendwann schlagartig entladen können. Das geschah auch im Dezember 2004, als die Eurasische Platte plötzlich nach vorne rückte und die Erde erzittern ließ. Das Beben erreichte eine Stärke von 9,3 auf der Richter-Skala. Noch 10.000 Kilometer entfernt in Europa registrierten die Seismographen des in Potsdam entwickelten Geofon-Messnetzes Bodenbewegungen von anderthalb Zentimetern, als die vom Sundabogen ausgehenden Stoßwellen elf

Ein Bruch des Seebodens im Indischen Ozean hob im Dezember 2004 mehr als 30 Kubikkilometer Wasser empor ... und durch den anschließenden Tsunami tonnenschwere Lastkähne und Kutter bis tief ins Landesinnere. Das ungewohnte Straßenbild stammt aus der Region um die Stadt Lhoknga, 40 km südwestlich von Banda Aceh an der Westküste Sumatras. (Bild: Ryan Schmidt)

Unterseeisches Wellenkraftwerk: Über die Anlage hinwegziehende Meereswogen stauchen die luftgefüllten Zylinder. Die Relativbewegung zwischen beweglichem Ober- und fest verankertem Unterteil wird mittels Generator direkt in elektrische Energie umgewandelt. (Bild: AWS Ocean Energy Ltd)

Der Quotient aus der Geschwindigkeit v einer Welle und ihrer Frequenz f ergibt ihre Wellenlänge L (in Formelsprache $L = v / f$) – die Distanz zwischen zwei Wellenpunkten, die die gleiche Auslenkung sowie Bewegungsrichtung haben. Hier einige ausgewählte Beispiele zu diesem Kapitel.

10 m

Normaler Seegang im Küstenbereich

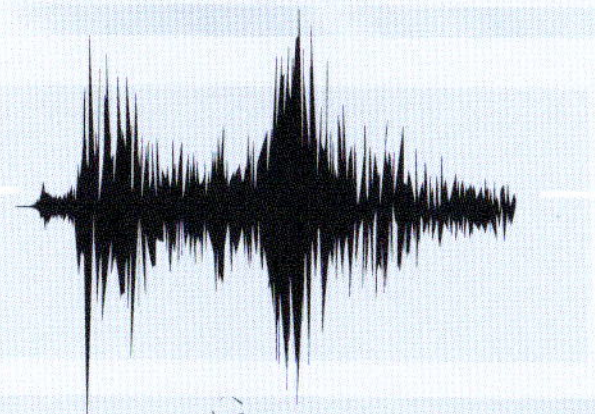

160 km

Primärwellen eines Erdbebens

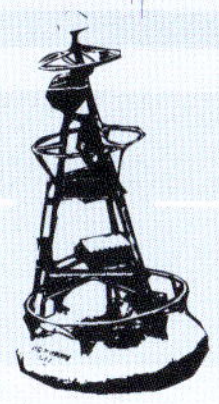

200 km

Tsunami auf hoher See bei einer Wassertiefe von 4.000 Metern

Minuten nach dem Beben einliefen. Das Messnetz analysierte die Daten automatisch und verbreitete zwei Minuten später eine Erdbebenmeldung im Internet.

Bei dem Beben riss die Erdkruste auf einer Länge von 1.200 Kilometern auf. Der Meeresboden wurde ruckartig angehoben, die Erdkruste um bis zu fünfzehn Meter versetzt. Entlang des Bruches bildeten sich Wellen, die sich nach allen Seiten hin ausbreiteten. Mit katastrophalen Folgen.

Anders als bei einem Sturm wird bei einem Tsunami nicht nur die Meeresoberfläche aufgewühlt, sondern unabhängig von der Meerestiefe werden alle Wassermoleküle vom Grund bis zur Oberfläche in Bewegung gebracht. Weil Wasser nicht komprimierbar ist, wird durch den plötzlichen vertikalen Versatz des Meeresbodens der gesamte darüber liegende Ozean angehoben – im Falle des Sumatra-Bebens eine etwa 5.000 Meter hohe Wassersäule um einige Dezimeter. In ihr steckt eine ungeheure potenzielle Energie, die mit der Flutwelle über viele 1.000 Kilometer zu den umliegenden Küsten transportiert wird.

Unterwegs geht von dieser Energie zunächst kaum etwas verloren. Bei Tiefen von mehreren Kilometern merkt der Tsunami die Reibungsverluste am Ozeanboden kaum. Da seine Geschwindigkeit und seine Wellenlänge proportional zur Quadratwurzel aus der Wassertiefe sind, ist er auf offenem Meer eher unscheinbar. Bei 5.000 Meter Wassertiefe rast der Tsunami mit der Reisegeschwindigkeit

INFO

ANATOMIE EINER WELLE

Zwei Kräfte liegen innerhalb einer Wasserwelle im Widerstreit. Die eine wird durch verdrängte Wassermoleküle ausgeübt und schiebt das Wasser in die Höhe. Die andere ist die Schwerkraft, die die Moleküle wieder nach unten zieht. Diese schwingen wie bei einer Pendelbewegung über die Ruhelage hinaus, senkrecht zur Ausbreitungsrichtung. Benachbarte Flüssigkeitsteilchen werden erneut verdrängt und bilden einen neuen, jetzt weiter außen liegenden Wellenberg. So wandert die Störung der Wasseroberfläche davon und ebbt erst ab, wenn die angreifenden Kräfte durch Reibung aufgezehrt sind.
Auch wenn es nicht so aussieht – der Wellenkamm schreitet zwar voran, die Wasserteilchen aber nicht. Sie bewegen sich auf geschlossenen, ortsfesten Kreisbahnen. Etwa so wie ein im Wellengang tanzendes Papierschiffchen, das mit jedem Wellenkamm nach oben und nach vorne getragen wird, nur um dann wieder nach unten ins Wellental zurückzufallen. Statt Wasser transportieren Ozeanwellen Energie. Genug, um in Form eines rasenden Tsunamis ganze Küstendörfer einzuebnen. Aber auch genug, um in den Wellenkraftwerken der Zukunft elektrische Energie en masse zu produzieren.

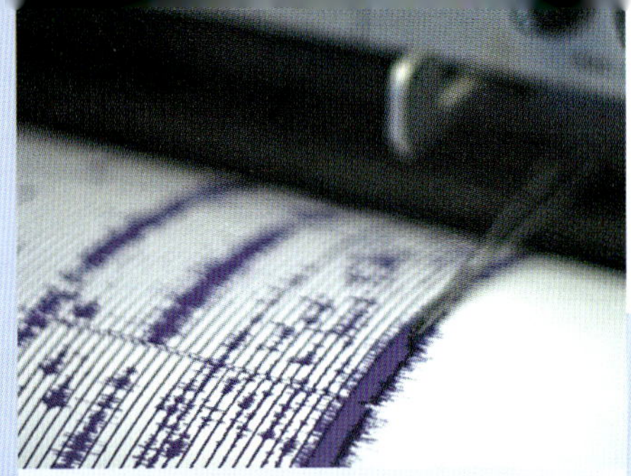

Seismograph am Johnston Ridge Observatory, US-Bundesstaat Washington. Das Gerät verzeichnet die seismische Aktivität des nur 8 Kilometer entfernten Vulkans Mount St. Helens. (Bild: Pixelkunst, Flickr.com)

INFO

BRANDUNG AUS DEM UNTERGRUND

Die Platten der Erdkruste bewegen sich langsam, nicht schneller als ein Fingernagel wächst. Die Erdbebenwellen, die sie anregen, wenn sie sich verhaken und wieder ruckartig befreien, sind ungleich schneller.

Seismische Wellen treten im Erdinneren als Kompressions- sowie Scherwellen auf, mit Frequenzen zwischen 0,1 und 30 Hz. Die Ersteren stauchen und strecken das Gestein und lassen die Teilchen wie beim Schall in Ausbreitungsrichtung schwingen. Sie sind mit 6 - 13,5 Kilometern pro Sekunde besonders schnell und werden auch Primärwellen (P-Wellen) genannt. Manche Tierarten können sie offenbar wahrnehmen – als Vorboten der nahenden Katastrophe. Die zweite Wellenart, auch Sekundär- oder S-Wellen genannt, ist nur halb so schnell und lenkt die Teilchen quer zur Ausbreitungsrichtung aus, ähnlich der Schwingungen des Lichts.

Während die Laufzeitunterschiede zwischen P- und S-Wellen eine Auskunft über die Lage des Erdbebenherds geben, gibt die Art, wie sie den Planeten durchlaufen, Auskunft über dessen Aufbau. Die Wellen werden auf ihrem Weg gebrochen, reflektiert und gebeugt. Dabei durchdringen S-Wellen lediglich feste Schichten, P-Wellen laufen auch durch den flüssigen, äußeren Kern unseres Planeten. Mit ihrer Hilfe können Forscher den ganzen Erdball durchleuchten, ähnlich einem Arzt, der das Innere des menschlichen Körpers mittels Ultraschall in einer Tomographie abbildet.

Erreichen die Wellen schließlich die Erdoberfläche, richten sie u. a. in Form der nach dem britischen Physiker Lord Rayleigh (1842 – 1919) benannten Rayleigh-Wellen große Zerstörungen an. Der Boden bewegt sich dabei ähnlich wie das Wasser in einer Meereswelle auf elliptischen Bahnen, spürbar als Rollen des Untergrunds. Bei starken Beben können die Oberflächenwellen sogar den gesamten Erdball umrunden. Und das mehrmals.

Vor Neptuns Launen ist auch das Mittelmeer nicht sicher. So verwüstete im Sommer 2006 eine rund drei Meter hohe Flutwelle den Hafen von Ciutadella auf der Ferieninsel Menorca. Zahlreiche Boote wurden dabei an Land gespült oder endeten auf dem Grund des Hafenbeckens. Solche „Rissagas“ gibt es auf Menorca immer wieder, historisch belegt seit dem 15. Jahrhundert. Auslöser sind keineswegs Seebeben, sondern Luftdruckschwankungen, die die Meeresoberfläche aufschaukeln. Weil die Wetterlage für das Phänomen verantwortlich ist, spricht man von einem „Meteotsunami“. (Bild: picture-alliance / dpa)

eines Jumbo Jets dahin, allerdings nur als „Hügelchen“ von einigen Dezimetern Höhe und langgestreckt auf eine Breite von 250 Kilometern.

In flacheren Küstengewässern jedoch wird der Tsunami zum Inferno. Geschwindigkeit und Wellenlänge nehmen zwar schnell ab, doch die Amplitude steigt rapide, weil die Reibung am Boden die Wassermoleküle festhält. Die zuvor flache Welle wird zur riesigen Wasserwand aufgestaucht – und alle Energie ist immer noch in ihr enthalten. Der Tsunami transportiert nun auch plötzlich Wasser, weil Teile der potenziellen Energie in Bewegungsenergie verwandelt werden. Eine mehrere Stockwerke hohe Riesenwoge schlägt an Land. Besonders tückisch: Wenn die Welle durch ein plötzliches Absinken des bebenden Meeresbodens erzeugt wurde, läuft das Wellental dem Wellenberg voraus. Erreicht ein solcher Tsunami die Küstenlinie, weicht das Wasser zunächst um bis zu mehrere hundert Meter zurück. In Unkenntnis laufen Neugierige auf die freigelegte Landzunge hinaus und damit geradewegs in ihr Unglück.

Gefährdet sind vor allem Häfen und spitz zulaufende Buchten, in die die Wellen hineinströmen – eine Tatsache, der die Flutwelle auch ihren Namen verdankt. „Tsunami“ steht für „Hafenwelle“ und ist eine Wortschöpfung japanischer Fischer, die bei ihrer Rückkehr in völlig zerstörte Heimatdörfer fälschlicherweise annahmen, die verheerende Flut hätte sich erst vor Ort gebildet. Schließlich war auf dem Ozean alles ruhig gewesen – den auf hoher See unter ihnen hindurchrollenden flachen Wellenberg hatten sie nicht bemerkt.

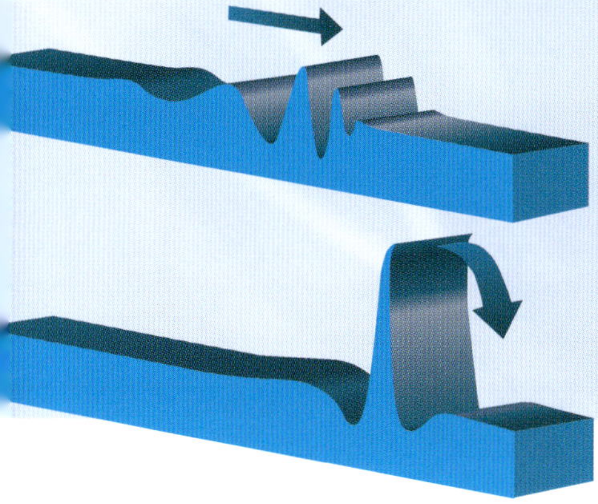

↑ Forscher der TU Berlin lassen Miniaturausgaben der „Freak Waves" zu Testzwecken auf einen Wellenbrecher krachen. Dazu schicken sie lange, schnelle Wellen langsam vorauslaufenden kurzen Wellenbergen hinterher. (Bild: Meerestechnik - Technische Universität Berlin)

← Monsterwelle als Summe vieler kleiner Wellenberge (1), die mit unterschiedlichen Geschwindigkeiten aufeinander auflaufen und sich für kurze Zeit zur haushohen Wasserwand addieren (2). (Grafik: iserundschmidt)

Das Ausmaß der Verwüstungen im Dezember 2004 brachte eine neue Diskussion darüber in Gang, wie Menschen in Küstengebieten vor Tsunamis gewarnt werden können. Im Gegensatz zum Pazifik gab es im Indischen Ozean bis dato keinerlei Vorkehrungen für eine derartige Naturkatastrophe. Deutschland sagte rasch seine Hilfe zu. Im März 2005 unterzeichneten Deutschland und Indonesien gemeinsam einen Vertrag über den Aufbau eines Tsunami-Warnsystems unter der Koordination der UNESCO. Es soll bis zum Jahr 2008 einsatzfähig sein, um 2010 vollständig an die indonesische Regierung übergeben werden zu können.

Zu den wesentlichen Komponenten dieses Frühwarnsystems gehören kontinuierliche Erdbebenmessungen. Seismische Primärwellen sind mit bis zu 13,5 Kilometern pro Sekunde schneller als jeder Tsunami und daher ein erstes deutliches Warnsignal. So gilt auch im Indischen Ozean: Sind genügend Seismometer in verschiedenen Abständen rund um den Sundabogen verteilt, kann man ein Beben dort binnen Minuten registrieren, seine ungefähre Stärke und die Lage des Epizentrums abschätzen. Weil aber nicht jedes starke Beben einen Tsunami verursacht, reichen Erdbebenmessungen alleine nicht aus.

Ein weiteres Alarmsignal sollen die Hafenwellen selbst liefern – und zwar auf hoher See. Entlang des Sundabogens setzen Forscher des GeoForschungsZentrum Potsdam dazu Sensoren am Meeresboden aus, die den Druck der auf ihnen lastenden Wassermassen registrieren können. In der Tiefe unempfindlich gegenüber dem „normalen" Seegang an der Oberfläche, sollen insgesamt zehn solcher Bodendrucksensoren den Durchgang möglicher Tsunamis aufzeich-

INFO

EIN MONSTER VON WELLE

Logbucheintrag des deutschen Kreuzfahrtschiffes „Bremen", 22.01.2001: „Unsere harmonische Seereise wird heute jäh unterbrochen: Um ca. 06.20 Uhr erlitten wir bei sehr schwerer See einen Seeschaden. Ein großer Brecher (Seeschlag) von ca. 35m Höhe zerstörte das Brückenfenster ..." Der Luxusliner war von einer so genannten Monsterwelle getroffen worden und trieb danach für mehr als eine halbe Stunde manövrierunfähig und mit vierzig Grad Schlagseite in der tobenden See.

Monsterwellen, auch „Freak Waves" genannt, erheben sich im Gegensatz zum Tsunami auf hoher See zu voller Größe. Sie treten einzeln auf wie die „Weiße Wand" und der „Kaventsmann" oder aber in Gruppen, den „drei Schwestern". Früher als bloße Einbildung abgetan, beschäftigen sie heute Forscherteams aus aller Welt, die die Entstehung der hochhaushohen Wellenberge entschlüsseln wollen. Verschiedene Geburtshelfer kommen in Frage: etwa das Auflaufen des Seegangs auf eine Meeresströmung wie im Agulhasstrom vor Südafrika oder auch das Aufsatteln unterschiedlich schneller Wellenberge. Bochumer Physiker konnten zeigen, dass bereits zwei Meereswogen, die sich vereinigen, vollkommen anderen Regeln folgen als die Einzelwellen – und sich so beispielsweise zu extrem hohen Wänden aufsteilen können.

Monsterwellen versenkten 1978 vermutlich das 263 Meter lange Containerschiff „München" und 1982 die Ölplattform „Ocean Ranger" vor Neufundland. An der Draupner-Plattform in der Nordsee wurde 1995 eine Monsterwelle von 25,6 Metern registriert, und der Satellit „Envisat" hat im Rahmen des EU-Forschungsprojekts „Maxwave" auf der Nord- wie auf der Südhalbkugel viele 20 oder 30 Meter hohe Wellen aufgezeichnet. „Freak Waves" sind keine Seltenheit und bergen größere Gefahren für Schiffe als lange gedacht. Als Seemannsgarn gelten sie jedenfalls schon lange nicht mehr.

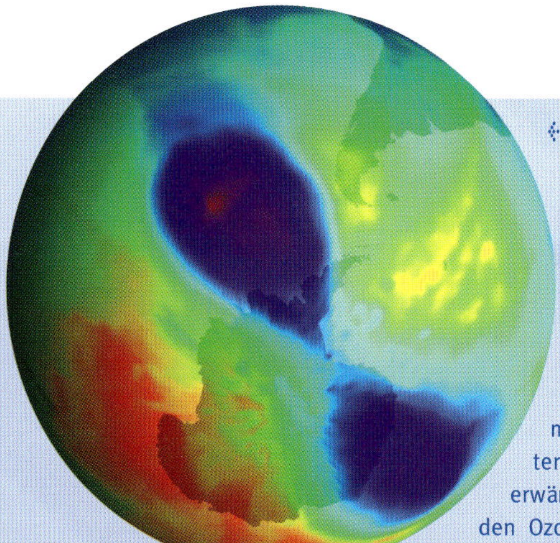

Rekordverdächtig klein erschien das antarktische Ozonloch dem NASA-Satelliten AURA im Herbst 2002. Verantwortlich für das Schrumpfen der Lücke waren so genannte planetare Wellen. Diese branden als extrem langwellige Druckschwankungen um den gesamten Erdball. Ihre Wellenkämme erstrecken sich mitunter über Dutzende von Kilometern bis in die Stratosphäre hinein, erwärmen diese und unterbinden dadurch den Ozonabbau. (Bild: Greg Shirah, NASA GSFC Scientific Visualization Studio, based on data from EPTOMS)

(Bild: Photocase.com)

INFO

RITT AUF DER WELLE

Der Wind weht aus allen möglichen Himmelsrichtungen, trotzdem laufen Wellen meist gerade an den Strand. Egal ob man sich an der Luv- oder Leeseite einer Insel aufhält, die Wellen treffen in der Regel parallel zur Uferlinie ein. Die Küste scheint eine geradezu magische Anziehungskraft auf das Wasser auszuüben.

Der wahre Grund ist allerdings weniger mystisch: Wenn Wellen ins flache Gewässer geraten, werden sie zur Küste hin gedreht. Der Meeresboden bremst sie. Am stärksten ist diese Abbremsung auf der dem Land zugewandten Seite der Welle. Das erlaubt dem landabgewandten Teil der Welle aufzuholen. Eine zunächst schräg einlaufende Woge dreht sich auf diese Weise so lange, bis der Wellenzug parallel zu den Tiefenlinien des Meeresbodens an die Küste brandet.

Steigt die Küste flach an, gibt die Welle ihre Energie nach und nach ab und trudelt langsam aus. Bei stärkerer Neigung rücken die Wellenkämme enger zusammen, die Welle türmt sich auf. Sie wird am Boden gebremst, während sie an der Oberfläche noch unbeeinflusst voranschreitet. Daher eilt der Kamm der Welle voraus, die sich schließlich überschlägt und bricht. An besonders steilen Kanten wie vor Hawaii oder Indonesien kommt es so zu den „Big Waves" – den 15 Meter hohen Träumen jedes Wellenreiters.

Riesenwellen als Kinostars. In James Camerons „The Abyss" werden sie als 300-Meter-Giganten von Außerirdischen erzeugt. Das ist natürlich reine Fantasie, vermittelt aber einen guten Eindruck von der Höhe realer „Megatsunamis", wie sie von Erdrutschen ausgelöst werden können. (THE ABYSS ©1989 Twentieth Century Fox Film Corporation. All Rights Reserved. "THE ABYSS" AVAILABLE TO OWN ON DVD. Photo courtesy of Twentieth Century Fox Home Entertainment LLC.)

nen. Jede Unterwassereinheit sendet die gesammelten Daten dann an eine schwimmende Boje. Im Regelfall alle zwei Minuten. Falls der Wasserstand allerdings mehrmals hintereinander einen Schwellenwert überschreitet, verkürzt sich der Zeittakt.

Die Bojen sind Relais- und Messstationen in einem. Sie sorgen für den reibungslosen Datenaustausch zwischen dem Messgerät am Ozeanboden und einem Satelliten, über den die Kommunikation mit dem Warnzentrum in Jakarta läuft. Gleichzeitig zeichnen sie meteorologische Daten wie den aktuellen Luftdruck und die Windgeschwindigkeit auf. Auf diese Weise soll ein Tsunami bereits während seiner Entstehung beobachtet werden, um wertvolle Minuten Vorwarnzeit zu gewinnen. Pegelstationen an vorgelagerten Inseln messen dann noch einmal die Höhe der Flutwellen, wenn diese schließlich den Küstenschelf erreicht haben.

Eine Tsunami-Warnung sollte möglichst präzise Informationen darüber beinhalten, welche Küstengebiete wie stark gefährdet sind. Dies lässt sich wegen der abwechslungsreichen Topografie des Ozeanbodens und der zerklüfteten Küstenlandschaft nicht auf die Schnelle ermitteln. Um für den Katastrophenfall gewappnet zu sein, modellieren Wissenschaftler daher die Ausbreitung der Tsunami-Wellen schon im Voraus für Hunderte potenzieller Erdbebenherde entlang des Sundabogens und für unterschiedliche Erdbebenstärken. Auch das deutsche Forschungsschiff „Sonne" hat zu diesem Zweck in den zurückliegenden Jahren weite Teile der Unterwasserlandschaft vor Indonesien ausgemessen.

⇠ Tsunami-Warnschilder an der Küste des US-Bundesstaats Oregon (Bild: snaperture, Flickr.com)

⇢ Diese Tsunami Modellierung zum Sumatra-Beben vom 26. Dezember 2004 zeigt die Flutwelle jeweils eine halbe, eine, zweieinhalb sowie vier Stunden nach ihrer Entstehung. Rote Flächen kennzeichnen in dieser Simulation bis zu 10 Meter hohe Wellenberge, blaue Flächen bis zu zwei Meter tiefe Wellentäler. Die Amplitude der Wellen ist hier stark überhöht dargestellt. (Bilder: A. Babeyko, Universität Frankfurt/Main; S. Sobolev, GeoForschungsZentrum Potsdam)

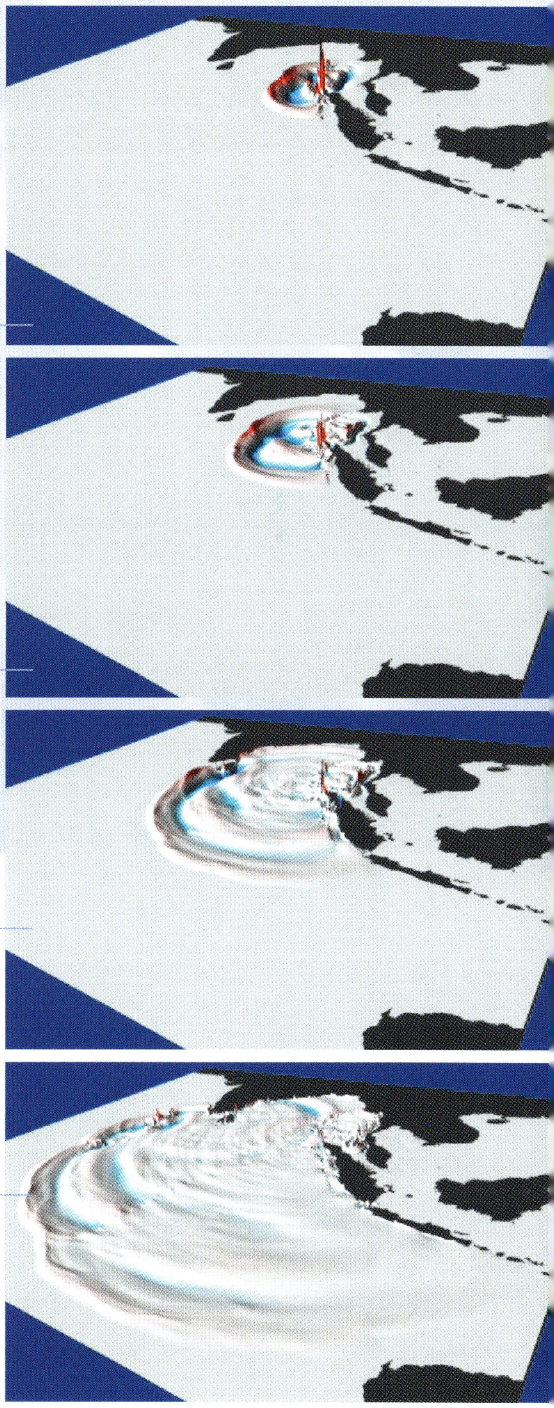

Im Falle eines Bebens können die Mitarbeiter der Warnzentren auf die Computersimulationen zugreifen, die mit den aktuellen Daten am besten übereinstimmen. Die Zeit ist allerdings denkbar knapp. Im Gegensatz zu Indien oder Thailand liegt Indonesien sehr nah am Sundabogen. Das nationale Lagezentrum in Jakarta muss eine verlässliche Tsunami-Warnung bereits innerhalb von etwa zehn Minuten nach dem Beben ausgeben, um die Bevölkerung in den nächstgelegenen Gebieten beizeiten alarmieren zu können. Als eine der größten Herausforderungen gilt dabei die Überbrückung der „letzten Meile" – die Weitergabe der Warnung vom Datenzentrum an Abertausende potenziell Betroffener. Viele Möglichkeiten sind denkbar: Sirenenalarm, Lautsprecherdurchsagen, sogar SMS. Institutionen wie beispielsweise das Deutsche Zentrum für Luft und Raumfahrt sollen hier beim Aufbau der entsprechenden Kommunikations- und Kommandostrukturen sowie bei der Ausbildung des Personals helfen.

Gerade weil Tsunamis so selten sind, ist es eine der vordringlichen Aufgaben, das Wissen um die Gefahr langfristig in der Bevölkerung zu verankern: über Schulen, Erwachsenenbildungsstätten und regelmäßige Evakuierungsübungen. Nur dann wird es bei künftigen Tsunamis möglich sein, Menschenleben mit der Unterstützung durch moderne Technik zu retten. In ferner Zukunft könnte die Tsunami-Frühwarnung dann durch eine kontinuierliche Überwachung der Meere mit Hilfe von Satelliten erleichtert werden.

Alles auf einer Wellenlänge

In der Küche erwärmen Mikrowellen das Essen, in der Kosmologie gewähren sie einen einzigartigen Blick in die Kindheit des Alls. Zwei Anwendungen, die eines gemeinsam haben: Sie sind beide Zufallsprodukte der Radartechnologie.

Fast jeder Superheld, der in den 1950er Jahren etwas auf sich hielt, hatte sie: Energiewellen speiende Strahlenkanonen. Wer hätte damals geahnt, dass nur wenige Jahrzehnte später fast jeder Durchschnittsbürger Geräte mit ähnlichen Fähigkeiten zuhause haben würde – und mit ihnen statt auf Superschurken auf Fertiggerichte zielen würde.

Der Mikrowellenofen, kurz Mikrowelle, hat unsere Nahrungsaufnahme wohl ebenso revolutioniert wie Gasherd und Backofen, wenn auch nach Meinung mancher Küchenchefs nicht unbedingt zum Besseren. Aber egal, was man von der Mikrowelle hält, ein technisches Wunderwerk ist sie allemal. Sie macht „Fast Food“ im wahrsten Sinne des Wortes. Und dabei wird nicht einmal das Geschirr heiß. Denn während ein normaler Umluftherd Wärme über erhitzte Luft ans Essen weitergibt, ist die Strahlung des Mikrowellenherds mit einer Frequenz von 2,45 Gigahertz so gewählt, dass sie in die Speisen eindringt und diese „von innen“ erwärmt. Der Legende nach entdeckte der amerikanische Ingenieur Percy Spencer dieses Prinzip im Jahre 1945 eher zufällig, als er beim Bau von Radaranlagen für die Firma Raytheon spürte, wie ein Schokoriegel in seiner Hosentasche schmolz. Spencer, der sich bereits als Erfinder einen Namen gemacht hatte, roch den Braten sofort. Ein Jahr später patentierte Raytheon den Mikrowellenherd.

In Lebensmitteln spricht vor allem Wasser auf die Mikrowellenstrahlen an. Der Grund: Die H_2O-Moleküle sind durch die Wellen der Mikrowelle besonders leicht in Erregung zu versetzen. Was das genau bedeutet, wird klar, wenn man sich die Flüssigkeitsteilchen einmal etwas genauer ansieht: Wassermoleküle sind kleine elektrische Dipole, im Grunde Miniaturausgaben der Stabantennen auf Fahrzeugen und Kofferradios. Sie besitzen einen negativen und einen positiven Pol, erzeugt durch die gemeinsame Elektronenwolke von Sauerstoff und Wasserstoff und permanent voneinander getrennt durch die gewinkelte

⇠ Keine Murmel-Sammlung, sondern unsere Erde durch Mikrowellen-Augen: Der „Microwave Limb Sounder" an Bord des NASA-Satelliten Aura misst die natürliche Mikrowellenstrahlung der Erdatmosphäre. Dadurch registriert er (von oben links im Uhrzeigersinn) neben der Verteilung von Salzsäure, Chlormonoxid, Ozon und Salpetersäure auch den Wasserdampfgehalt sowie die Temperatur der Lufthülle an der Grenze zwischen Troposphäre und Stratosphäre. (Bild: NASA/Goddard Space Flight Center Scientific Visualization Studio)

⇢ Simulation der von einer Dipolantenne abgestrahlten elektromagnetischen Wellen. Der Schnappschuss zeigt lediglich die Berg- und Talfahrt der elektrischen Feldstärke (rot: maximaler positiver Ausschlag, blau: maximaler negativer Ausschlag). (Bild: Prof. Dr.-Ing. T. Weiland - Technische Universität Darmstadt)

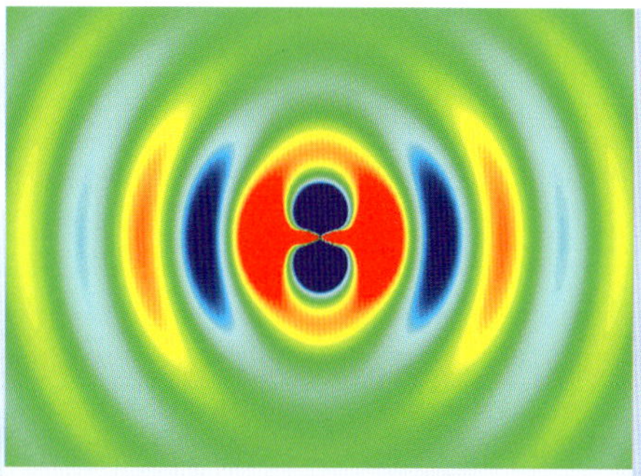

⇣ Der Quotient aus der Geschwindigkeit v einer Welle und ihrer Frequenz f ergibt ihre Wellenlänge L (in Formelsprache $L = v / f$) – die Distanz zwischen zwei Wellenpunkten, die die gleiche Auslenkung sowie Bewegungsrichtung haben. Hier einige ausgewählte Beispiele zu diesem Kapitel.

5,3 cm

Wetterradarwellen des Deutschen Wetterdienstes (DWD)

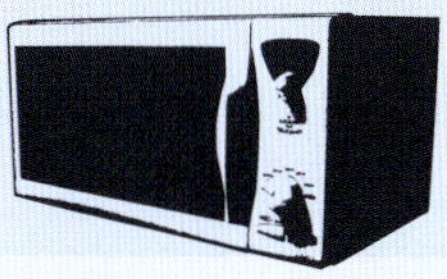

12 cm

Strahlung eines handelsüblichen Mikrowellenofens

7,5 m

Stabile „La Ola"

Anordnung der atomaren Molekülbausteine. Bringt man die kleinen Dipole nun in ein äußeres elektrisches Feld, richtet sich ihre Stabachse immer parallel zur Feldrichtung aus, ähnlich einer Kompassnadel im Erdmagnetfeld. Kehrt man die Richtung des elektrischen Feldes um, so folgen auch die kleinen Dipole und drehen sich um ihren Mittelpunkt in die neue Richtung. Im rasch wechselnden Strahlungsfeld der Mikrowelle kommen die Wassermoleküle daher so richtig in Bewegung. Dabei müssen sie auch noch ihre Teilchennachbarn zur Seite schubsen. Kaum auf dem Hinweg geht es bereits wieder zurück, die Drehungen sind auf diese Weise nie vollständig. Dieses Hin und Her kostet Kraft bzw. Energie, die aus dem Mikrowellenfeld entnommen wird. Wesentliches Resultat: Das Essen wird warm.

Ein Generator, auch „Magnetron" genannt, erzeugt die Mikrowellenstrahlen, über Antenne und Hohlleiter werden sie in den Garraum gebracht. Dieser wirkt wie ein Hohlraumresonator auf die Wellen: Die Metallwände reflektieren die Strahlung, hin und her laufende Wellen überlagern sich, und es bilden sich stehende Wellen aus. Die eingestrahlte Leistung ist dadurch nicht überall gleich. Um das Essen trotzdem gleichmäßig erhitzen zu können, hält man es in Bewegung und lässt es auf einem Teller rotieren.

Die Mikrowellen werden nicht nur an den metallischen Seitenwänden, sondern auch am vorderen Sichtfenster reflektiert, durch das man in das Gerät hineinschauen kann. Dazu ist das Fenster mit Metallpartikeln durchsetzt, die nur Millimeter

INFO

NEUE DEUTSCHE WELLE

Es war der deutsche Physiker Heinrich Hertz, der als erster elektromagnetische Wellen nachweisen konnte. Bereits in den Jahren 1887/88 erzeugte er eine Strahlung, die wir heute u. a. aus der Küche kennen: die Mikrowellen. Ihre Frequenz wie auch die aller anderen Wellenphänomene wird heute in der Einheit Hertz angegeben – Würdigung einer wahrhaft funkensprühenden Forschung.

Für seine Versuche benutzte Hertz einen geraden Metalldraht, so lang wie sein Unterarm und auf halber Strecke durch eine schmale Lücke von 1 cm unterbrochen. Beide Drahthälften, bestückt an ihren Enden mit zwei großen Metallkugeln, verband er mit einem Induktionsapparat, um sie dann elektrisch aufzuladen. War eine bestimmte Grenzmarke erreicht, sprang in der unterbrochenen Drahtmitte ein Funke über. Gleichzeitig wurde von gleicher Stelle aus eine elektromagnetische Welle in den Raum ausgesandt. Der „Hertz'sche Dipol" war geboren.

Hertz räumte seinen Hörsaal an der Technischen Hochschule Karlsruhe, entfernte Gaslampen und Zuleitungen, um die Wellen in einem möglichst störungsfreien Raum sichtbar zu machen. Er installierte eine Metallplatte an der gegenüberliegenden Hörsaalwand als Spiegel, um die dort reflektierten Wellen mit jenen vom Dipol abgestrahlten zu stehenden Wellen zu überlagern. In diesem eigentlich unsichtbaren Meer fischte Hertz mit einem speziellen Sensor – eine zum Ring gebogene Miniversion der „Sendeantenne" – nach sichtbaren Zeichen der Überlagerung, und fand sie. Immer wenn das Gerät auf einen der aufgesattelten Schwingungsbäuche des Wellenfeldes traf, schlug es Funken. Der Nachweis eines Prinzips, ohne das Radio, Handys, Fernsehen und Radar undenkbar wären.

↑ Galileo-Satellit aus Sicht eines Künstlers (Bild: ESA-J.Huart)

↓ Um Flugzeugen wie der abgebildeten B-2 „Spirit“ eine Tarnkappe gegen die Mikrowellen der Radarstrahlung aufzusetzen, werden sie u. a. mit speziellen Außenhäuten versehen. Diese absorbieren die Radarwellen anstatt sie zu reflektieren. Die Wellenenergie wird dabei – fast wie in einem Mikrowellenofen – einfach in Wärme umgewandelt. (Bild: SrA D. Myles Cullen, USAF)

auseinander liegen. Sichtbares Licht hat eine Wellenlänge von weniger als einem tausendstel Millimeter und gelangt ungehindert durch das Metallgitter. Die Mikrowellen mit etwa 12 Zentimetern Wellenlänge können hingegen nicht passieren.

Ganz dicht ist ein Mikrowellenherd, vor allem an der Tür, aber nie. Ausprobieren kann man dies mit einem weit verbreiteten „Mikrowellensensor“: dem Handy. Mobiltelefone sprechen auf ähnliche Wellenlängen wie Mikrowellenöfen an. Das D1-Netz arbeitet mit einer Frequenz von 900 Megahertz, also 33 Zentimetern Wellenlänge, das E-Netz mit 1,8 Gigahertz entsprechend 17 Zentimetern. Man könnte also erwarten, dass ein Mikrowellenherd auch die Handystrahlung gut abschirmt. Dies ist jedoch nicht der Fall. Bei gutem Empfang klingelt ein angewähltes Mobiltelefon selbst dann noch, wenn man es in eine Mikrowelle legt und die Tür verschließt. Dass der Ofen bei diesem Versuch besser ausgeschaltet sein sollte, versteht sich von selbst.

Verantwortungsvolle Aufgaben kommen den Mikrowellen auch abseits von Küche und Mobilfunk zu. So nutzt man sie zum Beispiel in der Radartechnik, um Autobahnraser dingfest zu machen oder um Flugzeuge und Schiffe aufzuspüren. Auch Erdbeobachtungssatelliten wie Envisat verfügen über leistungsfähige Radargeräte und Mikrowellensensoren, um zum Beispiel die Ausdehnung von Wüsten, Meereis oder Gletschern zu erfassen oder topographische Karten der Landoberfläche und des Ozeanbodens anzufertigen. Insbesondere lässt sich mit aktivem Radar der Abstand zwischen Satellit und Erdoberfläche zentimetergenau bestimmen. So registrierten neben Envisat auch der französisch-amerikanische Satellit Jason-1 und der amerikanische Satellit

INFO

WO BIN ICH?

Immer weniger Autofahrer nehmen eine Straßenkarte zur Hand. Stattdessen vertrauen sie auf Navigationssysteme und damit auf das mit Mikrowellen arbeitende Global-Positioning-System (GPS). Ein Empfänger auf der Erde kann dabei jederzeit Kontakt zu vier von insgesamt 24 GPS-Satelliten herstellen. Er bekommt Informationen über die Bahnkoordinaten und über die Zeit, zu der die Mikrowellensignale ausgesandt wurden. Laufen die Borduhr des Satelliten und die Empfängeruhr synchron, kann die Laufzeit des Signals und daraus die Distanz zum jeweiligen Satelliten bestimmt werden. Drei solche Entfernungsmessungen zu drei verschiedenen Satelliten liefern die eigene Position im Raum. In der Praxis sind die Uhren von Wanderern oder in Autos aber nicht genau genug, um die Laufzeiten mit der gewünschten Präzision zu berechnen. Ein viertes Satellitensignal macht dieses Defizit zum Teil wett.

Auch relativistische Effekte müssen beim GPS berücksichtigt werden. Weil nach Einsteins Spezieller Relativitätstheorie schnell bewegte Uhren langsamer gehen, geht auch die Atomuhr im Satelliten ein wenig nach. Gleichzeitig sorgt die Allgemeine Relativitätstheorie dafür, dass aufgrund der Erdanziehungskraft die Uhren in der Umlaufbahn schneller laufen. Leider heben sich beide Effekte nicht gegenseitig auf und würden daher bei Nichtbeachtung zu einer Abweichung des GPS um elf Kilometer pro Tag führen.

Neben dem amerikanischen System soll bis 2013 auch das europäische „Galileo“ mit 30 Satelliten einsatzbereit sein. Wenn alles wie geplant funktioniert, wird die Präzision des frei zugänglichen Satellitennavigationssystems dazu ausreichen, selbst die langsame Kontinentaldrift zu messen.

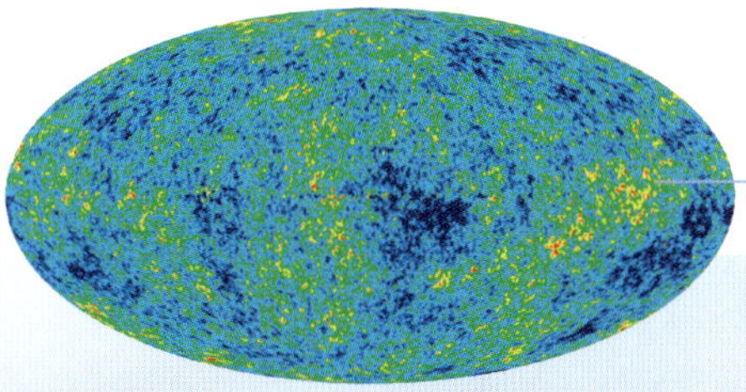

⇠ Der Mikrowellenhintergrund aus Sicht der Raumsonde WMAP. Farbunterschiede entsprechen Temperaturdifferenzen von weniger als einem tausendstel Grad Celsius. (Bild: NASA/WMAP Science Team)

⇠ Physik-Nobelpreisträger 2006 George F. Smoot (links) und John C. Mather. Die beiden Astrophysiker hatten mit dem 1989 gestarteten Satelliten COBE erstmals den kosmischen Mikrowellenhintergrund im Detail vermessen und so nicht nur die Temperatur, sondern auch die feinen Variationen des kosmischen Nachglühens bestimmt. (Bilder: picture-alliance/ dpa)

⇢ La Ola im Nürnberger Franken-Stadion, Fußball-Weltmeisterschaft 2006 (Bild: Dirk Paessler, Flickr.com)

⇠ Die stärkste Mikrowellenheizung der Welt heißt „Gyrotron". Im Bild: Eines von zehn Exemplaren, die mit jeweils dem Tausendfachen der Ausgangsleistung eines normalen Mikrowellenofens das Plasma des künftigen Fusionsreaktors W7-X auf beeindruckende 100 Millionen Grad Celsius aufheizen sollen – Zündtemperatur der Kernfusion. (Bild: Forschungszentrum Karlsruhe)

Geosat während des Tsunami im Indischen Ozean im Dezember 2004 die Änderung der Meeresspiegelhöhe vom Weltraum aus.

Und auch das All selbst hat in Sachen Mikrowellen so einiges zu bieten. 1964 testeten zwei Wissenschaftler der Bell Telephone Gesellschaft in den USA eine neue Antenne für Satellitenexperimente. Dabei stießen Arno Penzias und Robert Wilson auf ein seltsames Mikrowellensignal. Es variierte nicht, sondern traf aus allen Richtungen des Raumes mit gleicher Stärke ein. Spätere Messungen zeigten, dass sich das Signal über Wellenlängen zwischen einem Millimeter und zehn Zentimetern erstreckte und einer Strahlungstemperatur von 2,725 Kelvin entsprach – also knapp 270 Grad Minus.

Die eher zufällige Entdeckung entpuppte sich später als nobelpreiswürdige Sensation, gewährte sie doch einen direkten Einblick in die Kinderstube unseres Kosmos. Gerade einmal 400.000 Jahre waren seit dem Urknall vergangen, als die Strahlung freigesetzt wurde – das Nachglühen eines dichten, heißen Plasmas, welches den Kosmos ursprünglich ausfüllte. In ihm konnten sich keine Lichtteilchen ausbreiten, ohne sofort durch freie Elektronen und Atomkerne geblockt zu werden. Die Welt war undurchsichtig. Erst als sich das Universum auf etwa 3000 Kelvin abgekühlt hatte und sich die Elektronen mit Wasserstoff- und Heliumkernen zu Atomen verbanden, lichtete sich der Nebel und die Strahlung konnte entweichen. Seither ist sie mit der Expansion des Alls zunehmend abgekühlt und liegt heute – mehr als 13 Milliarden Jahre später – nur noch wenige Grad über dem absoluten Nullpunkt. Als „kosmischer Mikrowellenhintergrund" ist sie das Zeugnis einer wahrhaft feurigen Geburtsstunde.

INFO

WOGENDES PUBLIKUM

Spätestens seit der WM 1986 im mexikanischen Azteken-Stadion gehört sie zum Fußballspiel wie Fahnenmeer und Fangesänge: die „La Ola". Die Woge der Begeisterung hat seitdem nicht nur Fans, sondern auch Forscher erfasst. Anhand von Videoaufnahmen haben Wissenschaftler der TU Dresden und der Universität Budapest das Wellenphänomen analysiert. Sie wollten herausfinden, wie „La Ola", „die Welle", entsteht.

Den Anfang bildet eine kritische Masse von mindestens 25 bis 35 Personen, die sich gemeinsam unter Hochreißen der Arme von ihren Sitzen aufschwingen. Kleinere Zuschauergrüppchen sind dagegen nicht imstande, eine Stadionwelle ins Rollen zu bringen. Auch ein falsch gewählter Zeitpunkt kann die La Ola frühzeitig verebben lassen. Wenn man gebannt auf einen Elfmeter wartet, rückt das Verhalten des Sitznachbarn eher in den Hintergrund. Am besten eignen sich daher Phasen, in denen das Spiel unterbrochen ist oder ohne nennenswerte Torszenen dahinplätschert.

Wen die Stimmung im Stadion übrigens manchmal an kollektiven Wahnsinn erinnert, der liegt – zumindest was die La Ola angeht – gar nicht so weit daneben. Wissenschaftler beschreiben die Welle mit ähnlichen Modellen, mit denen sich auch Massenhysterien und Massenpaniken analysieren lassen. In der Simulation sind die Zuschauer leicht erregbare Einheiten, die auf äußere Reize hin aufspringen. So wandert die Welle von Sitz zu Sitz und rollt meist im Uhrzeigersinn mit ungefähr 45 km/h durch die Arena.

Die Welt in neuem Licht

Albert Einstein lieferte die Theorie, Theodore Maiman das erste funktionstüchtige Modell. Im Jahre 1960 begann der Siegeszug des Lasers durch Haushalte und Forschungslabore. Jetzt steht der nächste Quantensprung unmittelbar bevor.

In Salzkorngröße sitzen Laser in den Leseköpfen der Unterhaltungselektronik, im Kugelschreiberformat dienen sie im OP als Skalpell, und mit einigen Metern Länge schweißen sie Autokarosserien in robotischen Fertigungsstraßen. Was aber macht man mit einem Laser, der beeindruckende 3,4 Kilometer lang ist?

In Hamburg wird von 2007 an eine solch riesige Apparatur gebaut. Unter der Erde. Sechs Jahre wird es dauern, ehe am Ende des Tunnels brillantes Röntgenlicht aufblitzt. Die Wellenlänge der Strahlung soll nur Bruchteile eines Millionstel Millimeters betragen und Forschern einen Einblick in kleinste Strukturen gewähren: in molekulare Prozesse und lebende Zellen. Physiker und Chemiker möchten mit dem Röntgenlaser zerstörerische Korrosionsvorgänge auf Oberflächen verfolgen, Biologen und Mediziner die Sauerstoffaufnahme von Myoglobin, das die Versorgung unseres Muskelgewebes sicherstellt.

Egal ob als kilometerlanger Gigant oder als Däumling im heimischen CD-Laufwerk, Laser sind ganz besondere Lichtquellen. Im Unterschied zur herkömmlichen Glühbirne erzeugen sie einen einfarbigen, intensiven und gut gebündelten Lichtstrahl. Die Wellenlänge dieses Lichts ist dabei durch den Abstand der Energieniveaus der Atome im Lasermedium festgelegt. Durch das „Pumpen“ – der äußeren Zufuhr von Energie etwa durch eine gleißend helle Blitzlampe – werden Elektronen innerhalb der Atome auf höhere Energieniveaus angehoben. Bei der sogenannten „spontanen Emission“ fällt dann irgendeines dieser Elektronen plötzlich von einem höheren in einen niedrigeren Energiezustand zurück. Die dabei frei werdende Energie wird als Licht ausgesandt, dessen feste Wellenlänge gerade der Energiedifferenz zwischen den beiden betroffenen Niveaus entspricht. Damit die Lichtemission nicht wie bei einer Glühbirne zufällig und in beliebige Raumrichtungen erfolgt, lässt man das Licht zwischen zwei Spiegeln hin und her laufen. So durchquert es das Lasermedium immer wieder und es kommt zur „stimulierten Emission“, die Albert Einstein

⇣ Selbst staunende Kinderaugen sind in ihrer Wahrnehmung auf das sichtbare Licht mit Wellenlängen zwischen den 380 Nanometern von Blau-Violett und den 780 Nanometern des Tiefroten beschränkt. (Bild: Photo Case.com)

⇢ Zerlegung des Sonnenlichts durch Glasscheiben (Bild: _Lev_, Flickr.com)

⇣ Der Quotient aus der Geschwindigkeit v einer Welle und ihrer Frequenz f ergibt ihre Wellenlänge L (in Formelsprache $L = v / f$) – die Distanz zwischen zwei Wellenpunkten, die die gleiche Auslenkung sowie Bewegungsrichtung haben. Hier einige ausgewählte Beispiele zu diesem Kapitel.

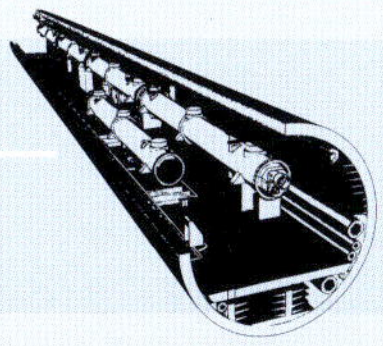

0,085 - 6 nm*

Arbeitsbereich des Röntgen-Lasers XFEL

310 nm*

Kurzwelligstes Licht, das eine Biene noch sehen kann

500 nm*

Hier liegt das Maximum der Strahlungsleistung der Sonne

* 1 Nanometer (nm) ist der millionste Teil eines Millimeters

bereits 1917 entdeckte. Ein Lichtteilchen kann dabei ein weiteres auslösen, das neben der Wellenlänge auch die Ausbreitungsrichtung mit dem ersten teilt und mit diesem im Takt schwingt. Unter geeigneten Umständen bringt jedes der beiden Lichtteilchen ein weiteres auf den Weg. Eine wahre Lichtlawine wird losgetreten. Ein Laser verstärkt also Licht, je nach verwendetem Material als Gas-, Halbleiter-, Farbstoff- oder Festkörperlaser. Das Lichtspektrum reicht dabei vom Mikrowellenbereich über sichtbares Laserlicht bis an die Grenze zur Röntgenstrahlung.

Bei dem Hamburger Röntgenlaser handelt es sich um eine völlig neue Strahlungsquelle. Hier sind keinerlei Atome oder Moleküle im Spiel, sondern einzig und allein Elektronen. Diese bewegen sich völlig ungebunden und laufen in kleinen Paketen mit nahezu Lichtgeschwindigkeit durch die Anlage, die daher als Freie-Elektronen-Laser (FEL) bezeichnet wird. Da die Elektronen, die das Licht hervorbringen, keinen Beschränkungen durch atomare Energieniveaus unterliegen, ist die Wellenlänge des Lichts beim FEL frei einstellbar.

Die Idee zu einem solchen Laser ist langsam gewachsen. Am Deutschen Elektronen Synchrotron (DESY) in Hamburg und in anderen Labors für Teilchenphysik hat man aus der Not eine Tugend gemacht. Sobald sich Elektronen in einem ringförmigen Teilchenbeschleuniger in die Kurve legen, gibt es Bremsverluste, ähnlich wie beim Kurvenabrieb eines Autoreifens. Die Elektronen strahlen Licht ab: die Synchrotronstrahlung. Und je schneller sie werden, umso größer wird der Energieverlust. Nähert sich ihr Tempo der Lichtge-

INFO

GUTARTIGER WELLENSALAT

Tagsüber kann man die Sterne nicht sehen, da ihr Funkeln im Sonnenlicht untergeht. Wenn Physiker schwache Signale angesichts eines derart hellen Vordergrunds aufspüren möchten, hilft ihnen die Mathematik. Als analytisches Werkzeug ist sie wie ein Sieb, das aus dem diffusen Licht einer fernen Galaxie einzelne Sterne hervorholt oder aus einem Röntgenbild die Struktur eines Virus herausliest.

Als besonders vielseitiges Hilfsmittel, um Muster in der Natur zu erkennen und regelmäßige Anteile aus veränderlichen Signalen herauszufiltern, hat sich die Fourier-Analyse erwiesen. Sie ist ein mathematisches Analogon zu unserem Innenohr, das den Schall in die verschiedenen Tonhöhen zerlegt. Oder zu einem Prisma, das weißes Licht in die Regenbogenfarben auffächert. Die Fourier-Analyse gestattet eine solche Frequenzaufspaltung für beliebige Schall-, Licht- oder Mikrowellen.

Der französische Mathematiker Joseph de Fourier postulierte zu Beginn des 19. Jahrhunderts, es sei möglich, jede periodische Funktion als Summe von einfachen Sinus- und Kosinusfunktionen aufzufassen. Die geschickte Wahl solcher Funktionen mit verschiedenen Frequenzen und Amplituden ersetzt demnach komplexe Graphen. Gerade so, wie auf der CD die Musik eines ganzen Orchesters durch die reinen (Sinus-)Töne von Stimmgabeln hervorgebracht werden kann.

Mathematiker protestierten zunächst heftig gegen die Vorstellung, man könne beliebige periodische Funktionen als Fourier-Reihe darstellen. Tatsächlich fanden sich Gegenbeispiele. Doch wie der schwedische Mathematiker Lennart Carleson nachgewiesen hat, braucht eine Funktion f(x) nur „ein bisschen gutartig“ zu sein, und schon klappt es an fast allen Orten x mit der Darstellung. Ein beruhigendes Ergebnis. Denn ohne Fourier-Analyse wären viele medizinische Aufnahmen kaum interpretierbar.

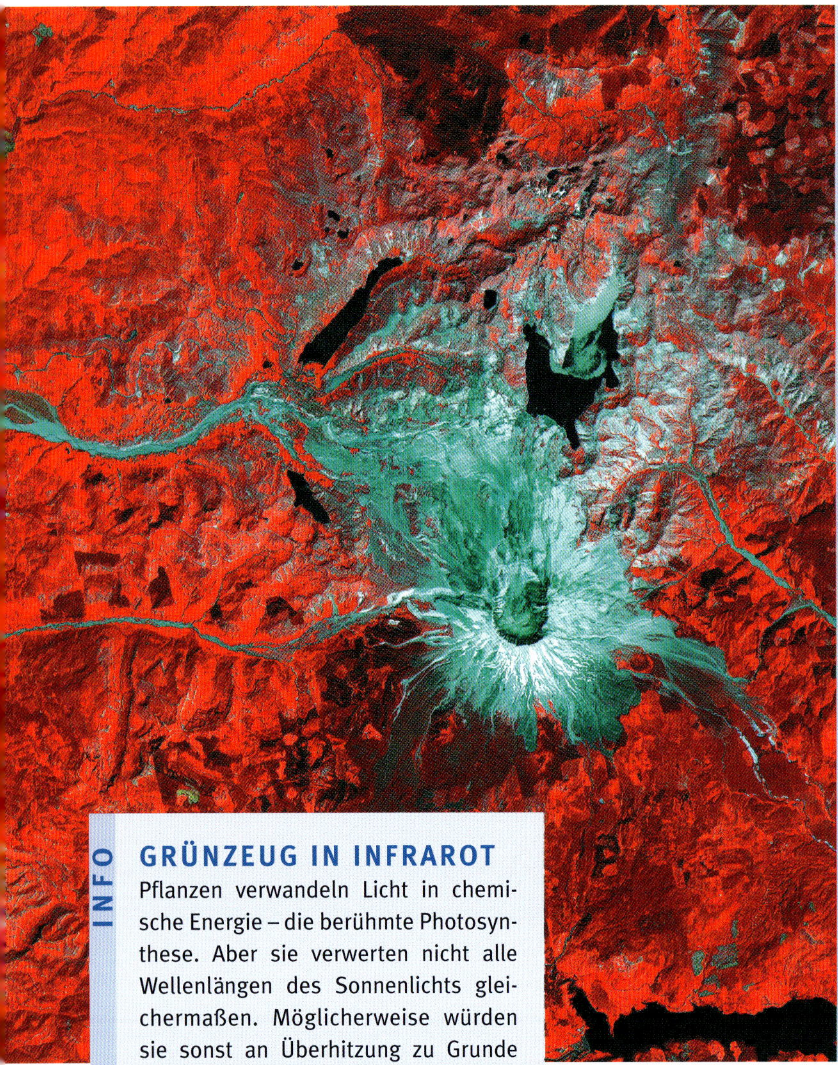

Infrarot-Aufnahme des Schichtvulkans Mount St. Helens, geschossen mit der ASTER-Kamera an Bord des NASA-Satelliten Terra. Gesunde Vegetation erscheint rot, Gestein grau und Wasser tiefschwarz. (Bild: NASA/GSFC/METI/ERSDAC/JAROS, und U.S./Japan ASTER Science Team)

Auch außerhalb des sichtbaren Spektrums bieten sich interessante Einblicke. So sind für Terahertz-Strahlen Papier und Kleidung vollkommen durchsichtig. Drogen, Haut oder, wie hier zu sehen, das Metall einer Pistole (rechte Brusthälfte) hingegen nicht. Unschädlich für die bestrahlten Materialien könnten T-Rays so in Zukunft beispielsweise Flugpassagiere durchleuchten. Supermans Röntgenblick jedenfalls war gestern. (Bilder: Jason C. Dickinson, Submillimeter-Wave Technology Laboratory, University of Massachusetts Lowell)

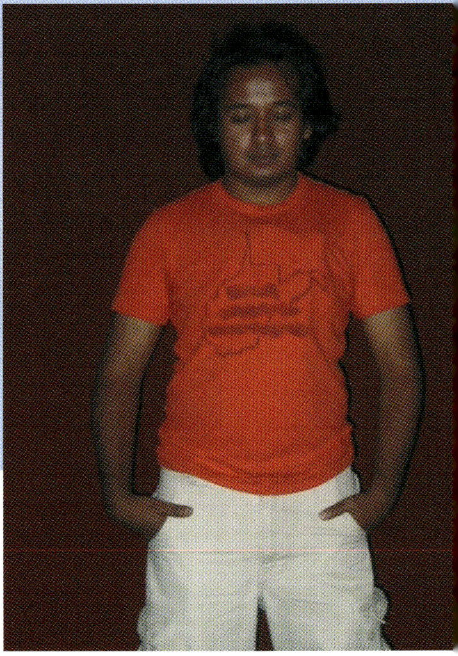

INFO

GRÜNZEUG IN INFRAROT

Pflanzen verwandeln Licht in chemische Energie – die berühmte Photosynthese. Aber sie verwerten nicht alle Wellenlängen des Sonnenlichts gleichermaßen. Möglicherweise würden sie sonst an Überhitzung zu Grunde gehen. Das Chlorophyll in den Blättern reflektiert einen Gutteil des grünen Lichts. Deshalb erscheint uns die Natur grün. Sehr viel stärker als grünes Licht reflektieren Pflanzen jedoch das energieärmere Infrarotlicht. So steigt ihr Reflexionsvermögen oberhalb einer Wellenlänge von etwa 700 Nanometern sprunghaft an. Beobachtet man die Erde vom Weltraum aus, wie Wissenschaftler dies etwa mit der Raumsonde „Galileo" gemacht haben, kann man diese Signatur der Vegetation deutlich erkennen und darauf schließen, dass es auf unserem Planeten Photosynthese betreibende Lebewesen gibt. Astrobiologen hoffen, die infrarote Kante eines Tages auch im Lichtspektrum anderer Sonnensysteme zu entdecken – wenn es denn auf fernen Planeten tatsächlich so etwas wie Pflanzen geben sollte.

schwindigkeit, tritt in jeder Biegung Röntgenlicht aus.

Das von beschleunigten Elektronen emittierte Licht war am DESY über Jahrzehnte hinweg nicht gerne gesehen. Der für Hochenergieexperimente störende Bremsverlust hat sich jedoch als Segen für die Forschung erwiesen. Mittlerweile werden riesige Ringbeschleuniger umgebaut oder eigens zu dem Zweck errichtet, Synchrotronlicht zu liefern. Mit diesem Licht analysieren Materialforscher und Biologen am DESY oder am Berliner Speicherring BESSY inzwischen Werkstoffe und Biomoleküle. So deckten Forscher an DESYs kleinem Speicherring „Doris" die komplexe Gestalt der Motorproteine auf, jener Eiweißmoleküle, die die Nähr- und Botenstoffe innerhalb der Zelle transportieren. Bei BESSY haben Archäologen mit Hilfe des Synchrotronlichts die 3.600 Jahre alte „Himmelsscheibe von Nebra" durchleuchtet und rekonstruiert, in welchen Etappen dieses Kunstwerk seinerzeit angefertigt wurde.

Synchrotronstrahlungsquellen können zwar kurzwelliges Röntgenlicht erzeugen, allerdings handelt es sich dabei nicht um Laserlicht mit einer festen Wellenlänge. Eine Lichtverstärkung mit Hilfe von Spiegeln ist mit Röntgenlicht auch gar nicht ohne weiteres möglich. Es gibt keine geeigneten Spiegel für so hochenergetische Strahlung. Trotzdem lässt sich auch in einen Elektronenbeschleuniger ein Lichtverstärker einbauen.

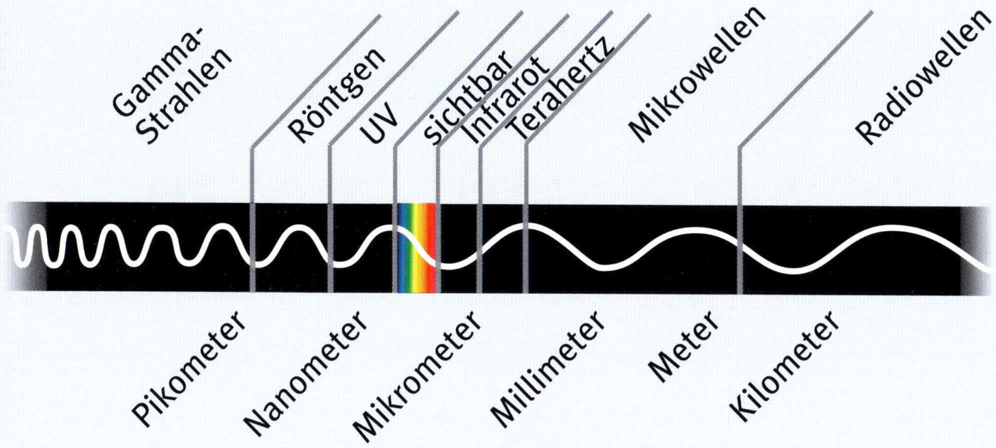

Nur ein winziger Ausschnitt des gesamten elektromagnetischen Spektrums ist sichtbar. Weite Bereiche entziehen sich unserem Blick – auf der langwelligeren Seite zum Beispiel die Mikrowellen, auf der kurzwelligeren Seite das Röntgenlicht. (Grafik: iserundschmidt)

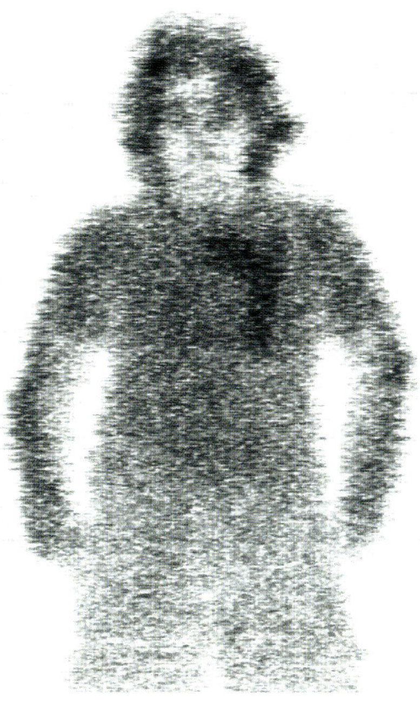

Retina Implantat der ersten Generation – nicht größer als eine Büroklammer. (Bild: Retina Stimulator Typ ELMA 1, BMBF Verbund RETINA IMPLANTAT AG 1 Ophthalmologie und Technik)

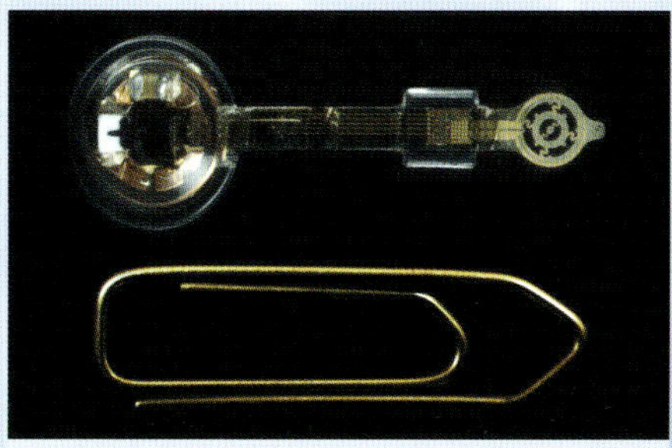

Dazu bedarf es einer regelmäßigen Anordnung von Permanentmagneten, die auch als „sibirische Schlange" oder „Undulator" bezeichnet wird. Die Magnete sind in abwechselnder Nord-Süd-Ausrichtung aneinandergereiht. Laufen Elektronen im Pulk durch einen solchen Magnetstangenwald hindurch, müssen sie im Slalomkurs hin und her wedeln. Jeder Magnetpol zwingt sie „in die Kurve", mal rechts und mal links. Bei jeder dieser Kursänderungen strahlen die Elektronen Synchrotronlicht aus, und zwar immer nach vorn in Richtung Ziel. Die streng periodische Abfolge der Magnete sorgt dabei für eine gute Bündelung der Lichtstrahlen. Wie erreicht man jedoch den für Laser typischen Verstärkungseffekt? Der Trick des FEL: die Überlagerung der wedelnden Elektronen mit einem zusätzlichen Strahlungsfeld, entweder extern dazu geschaltet oder – SASE-Prinzip (Self-Amplified Spontaneous Emission) genannt – durch die dann hoch beschleunigten Elektronen selbst erzeugt. Das Wellenfeld hat exakt die gleiche Wellenlänge wie das im Undulator erzeugte Röntgenlicht und beschleunigt bzw. bremst die Teilchen im schnellen Wechsel. Als Folge davon ordnen sich die Elektronen zu vielen dünnen Scheibchen an, die jeweils eine Lichtwellenlänge voneinander getrennt sind. Das Lichtfeld prägt der anfangs gleichmäßigen Verteilung der Elektronen eine regelmäßige Wellenstruktur auf. Hintereinander aufgereiht, strahlen die so geformten Elektronenpakete allesamt im Gleichtakt. Das Licht verstärkt sich zu

INFO

LICHT INS DUNKEL

Unser Auge wandelt das Licht mit Hilfe von etwa 130 Millionen Fotorezeptoren in elektrische Signale um. Bei der unheilbaren Erbkrankheit Retinitis Pigmentosa sterben diese Zäpfchen und Stäbchen nach und nach ab. Die Signalübertragung zu den Nervenzellen bleibt jedoch intakt. Mediziner haben erste Versuche unternommen, die Sehzellen erblindeter Patienten durch winzige künstliche Fotodioden zu ersetzen. Das Implantat wird dazu unter der Netzhaut angebracht. Damit soll es eines Tages gelingen, die Nervenzellen wieder so zu stimulieren, dass im Gehirn ein Bild entsteht. Eine Schwierigkeit besteht darin, den erzeugten Strom ausreichend zu verstärken, sodass er die Nervenzellen tatsächlich reizt. Eine weitere Möglichkeit: die Fixierung von Elektroden direkt auf der Netzhaut. Bei diesem Retina-Implantat erhalten die Elektroden ihre Impulse von außen: Eine Kamera, die in eine Brille eingebaut ist, gibt die Bildinformationen an einen Datenwandler weiter. Dieser leitet sie dann per Funk ins Augeninnere.

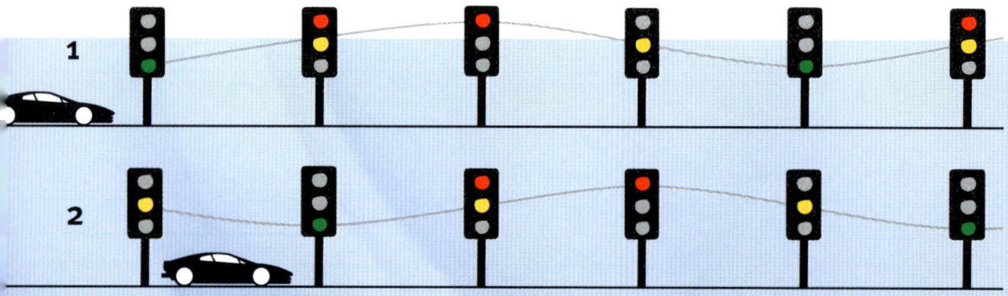

⇡ Von (1) nach (2) ist jede Ampel einmal umgesprungen – die „grüne Welle“ wandert weiter. Der Abstand zweier Ampeln gleicher Schaltung hat dabei den Charakter einer Wellenlänge. (Bild: iserundschmidt)

INFO

SURFEN AUF DER GRÜNEN WELLE

Sich mit dem Auto durch den Stadtverkehr kämpfen, heißt dankbar sein für jeden Meter ohne Bremsmanöver. Voraussetzung dafür ist eine möglichst koordinierte Ampelschaltung. Die Grünphase muss mit derselben mathematischen Präzision durch die hintereinander gereihten Ampeln laufen wie der Kamm einer Wasserwelle durch einen Wellenkanal. Ist die Geschwindigkeit dieser „grünen Welle“ an die Verkehrssituation angepasst, können aus Autofahrern „Verkehrssurfer“ werden.
Verbreitet sind grüne Wellen bei Tempo 50. Beträgt der Abstand zwischen den einzelnen Ampeln zum Beispiel 625 Meter, dann erwischt ein Fahrer immer wieder Grün, wenn alle Ampeln die Phasen Grün, Gelb, Rot, Rotgelb und wieder Grün in anderthalb Minuten einmal durchlaufen. Wer zu schnell fährt, den bestraft die nächste Kreuzung – und zwar mit einer nerven- und Kraftstoff zehrenden Rotphase.
Neben der Grundwelle gibt es auch bei grünen Wellen Sekundärwellen. Bei Tempo 50 ist die Geschwindigkeit der Sekundärwelle mit 17 Kilometern pro Stunde ziemlich klein. Radfahrer können sich in diese Welle einfädeln, für Busse oder Straßenbahnen ist sie zu langsam. Die erhalten aber ohnehin oft Vorrang vor den Pkw – und unterbrechen so den Verkehrsfluss durch den Ampelparcours, ebenso wie Zweite-Reihe-Parker oder abbremsende Abbieger.
Auch zu starkes Verkehrsaufkommen ist eher hinderlich, weil Pkw am Ende eines Pulks nicht mehr durch die Grünphase kommen. Im Berufsverkehr ist synchronisiertes Fahren daher immer noch die beste Methode, Staus zu vermeiden und möglichst lange mit der grünen Welle durch die Straßen zu gleiten.

⇢ Diesen Laserstrahl schicken Forscher des „Starfire Optical Range“-Observatoriums im US-Bundesstaat New Mexico in den Nachthimmel, um Informationen über atmosphärische Turbulenzen zu gewinnen. Die Daten ermöglichen das Herausrechnen der Luftunruhe und damit unverzerrte Weltraum-Fotos mit der benachbarten Teleskopanlage. (Bild: USAF Research Laboratory)

brillanter Laserstrahlung – ganz ohne Spiegel.

Auf diese Weise einen Laserstrahl herzustellen, ist technisch aufwändig. Vor allem benötigt man dazu einen präzise justierten, gut gebündelten Elektronenstrahl. Milliarden Partikel müssen darin bei ein und derselben Energie in winzigen Paketen dicht beisammen bleiben. Am DESY will man dies mit supraleitenden Kammern erreichen: In den auf minus 271 Grad Celsius gekühlten Resonatoren kann die Beschleunigung der Elektronen nahezu ohne Stromverlust aufrechterhalten werden. Durch die linsenförmigen Hohlkörper surfen die Elektronen auf elektromagnetischen Wellen wie auf dem Kamm einer Meereswoge und werden auf der kilometerlangen Rennbahn schneller und schneller. Damit die Partikel anschließend auch im Undulator nicht von ihrer Bahn abkommen, müssen dessen Magnetblöcke auf wenige Mikrometer genau zusammengebaut werden.

Wissenschaftler, Ingenieure und Techniker am DESY haben bereits viel versprechende Erfahrungen mit Pilotprojekten zum Freie-Elektronen-Laser gemacht. Eine 100 Meter lange Testanlage erzeugte im Jahr 2000 erstmals ultraviolettes Laserlicht. Sie wurde in den Jahren danach auf 260 Meter verlängert, um erste Messungen mit Röntgenlicht zu ermöglichen. Der endgültige Röntgenlaser XFEL wird dann Lichtblitze mit so kleiner Wellenlänge aussenden, dass man damit – ähnlich wie

Nobelpreisträger Theodor Hänsch im Labor (Bild: LMU/MPQ)

Elektromagnetische Felder beschleunigen die Elektronen in den supraleitenden Resonatoren. (Bild: DESY, Hamburg)

mit einer Hochgeschwindigkeitskamera – Veränderungen auf molekularer und atomarer Ebene zeitlich verfolgen kann.

Hohe Erwartungen an die Maschine haben insbesondere Biologen und Mediziner. Ihnen ist es bisher nur eingeschränkt möglich, die Struktur lebenswichtiger Moleküle zu entschlüsseln. Für die entsprechenden Röntgenaufnahmen müssen möglichst viele der normalerweise in Flüssigkeiten gelösten Moleküle zunächst verfestigt werden, damit sich die einzelnen Signale zu einem brauchbaren Bild verstärken. Diese zum Teil schwierige „Kristallisation" könnte nun schon bald entfallen. Der neue Röntgenlaser soll Biomoleküle mit einem extrem kurzen Laserblitz abbilden. Seine Intensität ermöglicht hochaufgelöste Bilder eines einzigen Molekülkomplexes, während die Blitzdauer von Bruchteilen einer Billionstel Sekunde eine Ablichtung der Probe garantiert, noch bevor diese von der Röntgenstrahlung zerstört werden kann. Selbst vergleichsweise große biologische Strukturen, etwa einzelne Viruspartikel, werden sich so im Detail auflösen lassen. Aber nicht nur isolierte Standbilder, auch ganze Filmsequenzen sind möglich. Viele aneinandergereihte Kurzzeitschnappschüsse könnten die Bewegung von Molekülen oder die molekularen Abläufe von Infektionen zeigen – so wie sie noch nie ein Mensch zuvor gesehen hat.

INFO

AM PULS DES LICHTS

Über die Beobachtung des Farbenspiels eines Prismas gelangte Isaac Newton zu einer neuen Theorie des Lichts. Das aufgefächerte Spektrum in all seinen Farben präzise zu vermessen, blieb späteren Forschern vorbehalten. So zum Beispiel dem deutschen Nobelpreisträger Theodor Hänsch.

In Heidelberg aufgewachsen, wandte sich Hänsch schon früh dem Laser und der Wechselwirkung zwischen Licht und Atomen zu. Er baute Farbstofflaser und fand heraus, wie sich Atome mit Laserlicht auf extrem tiefe Temperaturen abkühlen lassen. Sein Hauptinteresse aber galt der Frequenzbestimmung des Lichts. Dieses schwingt je nach Farbe unterschiedlich schnell, viele Billionen Mal pro Sekunde. Solch hohe Frequenzen misst Hänsch heute mit dem von ihm entwickelten Frequenzkammgenerator. Noch füllt das Gerät einen halben Labortisch. Die nächste Generation soll jedoch nicht größer als ein Schuhkarton sein.

Herzstück des Apparats ist ein Titan-Saphir-Laser. Er liefert Licht genau bekannter Frequenzen, das mit dem zu vermessenden Strahl zur Interferenz gebracht wird. Beide überlagern sich und erzeugen eine „Schwebung" – eine deutlich langsamere Oszillation im Radiowellenbereich – deren Frequenz leicht bestimmt und mit der bekannten Frequenz des Titan-Saphir-Laserlichts abgeglichen werden kann. Ergebnis: die gesuchte Frequenz des dritten Strahls.

Beim Frequenzkamm wird nun ein sehr kurzer Laserpuls durch eine Quarzfaser geschickt, die das Licht wie ein Prisma in seine Regenbogenfarben zerlegt. Das entstandene Spektrum ist jedoch nicht kontinuierlich, sondern besteht aus Hunderttausenden feiner Linien, die nach Frequenzen angeordnet den Zinken eines Kamms ähneln. Die Frequenz jeder Lichtfarbe lässt sich so wie an einem Lineal ablesen. Solche Messungen ermöglichen u. a. synchronisierte Momentaufnahmen aus dem Inneren von Atomen.

Kräuselungen der Raumzeit

Wenn Raum und Zeit Falten schlagen, ist dies kaum wahrnehmbar. Mit gewaltigen Horchposten am Boden und im All wollen Forscher jetzt ganz genau hinhören.

Die beiden 600 Meter langen Gräben des „GEO600" liegen zwischen Weizenfeldern und Rübenäckern südlich von Hannover. Auf den ersten Blick weist nichts darauf hin, dass sich in den mit Wellblech abgedeckten Furchen eine der weltweit modernsten Forschungsanlagen verbirgt, entworfen, um die gewaltigsten Erschütterungen im Universum aufzuzeichnen: Explosionen von Sternen und Zusammenstöße von Schwarzen Löchern. Bei solchen Ereignissen breiten sich der Allgemeinen Relativitätstheorie zufolge Gravitationswellen im Kosmos aus wie Wellen in einem Teich, in den man einen Stein geworfen hat. Sie verzerren Raum und Zeit.

Die Anlage hat im Mai 2006 in aller Stille den Dauermessbetrieb aufgenommen. Jetzt heißt es: Warten. Warten darauf, dass draußen im All etwas Welterschütterndes passiert. Dass zum Beispiel ein in die Jahre gekommener Stern in einer Supernova-Explosion seine äußeren Hüllen abwirft, wie dies 1987 in der Großen Magellanschen Wolke geschah. Sollte in naher Zukunft noch einmal eine so nahe Supernova aufblitzen, könnten Forscher mit dem Gravitationswellen-Detektor ein neues Fenster zum Universum aufstoßen. Nach vierjähriger Optimierungsphase steht die Apparatur kontinuierlich auf Empfang.

Gravitationswellen gehören zu den letzten noch nicht nachgewiesenen Erscheinungen, die die Allgemeine Relativitätstheorie vorhersagt. Mit dieser Theorie entwarf Albert Einstein 1915 ein völlig neues Bild des Kosmos. Die Schwerkraft ist darin eine Eigenschaft von Raum und Zeit. Bersten massive Sterne oder kollidieren schwarze Löcher, so krümmen die beschleunigten Massen die sie umgebende Raumzeit. Diese Störungen breiten sich mit Lichtgeschwindigkeit aus. Wenn die Wellen schließlich auf der Erde eintreffen, dehnen oder stauchen sie auch hier den Raum. Allerdings nur um den Bruchteil des Durchmessers eines Atoms. Das macht Gravitationswellen so ungeheuer schwer messbar.

Weltweit bemühen sich Wissenschaftler um einen direkten Nachweis der Wellen. Ein

Computer-Simulation zweier miteinander verschmelzender Schwarzer Löcher und der dabei abgestrahlten Gravitationswellen (Visualisierung: Ralf Kähler, Zuse-Institut-Berlin und Max-Planck-Institut für Gravitationsphysik; Numerische Simulation: Ryoji Takahashi, Center for Computation & Technology at Louisiana State University)

Extraterrestrisches Wellenmeer: Die Ringe des Saturn werden von Kleinstmonden wie Janus und Pandora bzw. ihrer Anziehungskraft kräftig durchgeknetet. Die Folge: propellerförmige Dichtewellen, auf dieser Falschfarbenaufnahme der Raumsonde Cassini als Streifen erkennbar. (Bild: NASA/JPL/University of Colorado at Boulder)

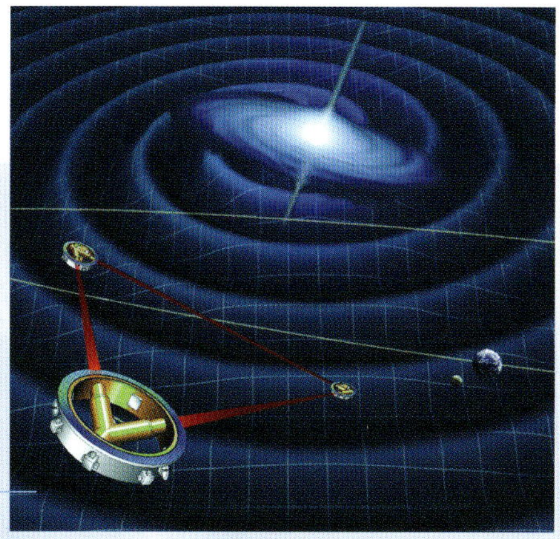

Im Weltraum stationiert sollen die drei baugleichen Satelliten der „Laser Interferometer Space Antenna" (LISA) nach Gravitationswellen horchen. (Bild: ESA)

Der Quotient aus der Geschwindigkeit v einer Welle und ihrer Frequenz f ergibt ihre Wellenlänge L (in Formelsprache L = v / f) – die Distanz zwischen zwei Wellenpunkten, die die gleiche Auslenkung sowie Bewegungsrichtung haben. Hier einige ausgewählte Beispiele zu diesem Kapitel.

13 km

Dichtewelle in der Cassini-Teilung der Saturnringe, ausgelöst durch den Mond Atlas

300 Mio. km*

Gravitationswelle, die zwei miteinander verschmelzende Schwarze Löcher aussenden

* dies entspricht in etwa dem Durchmesser der Erdbahn um die Sonne

INFO

KOSMISCHER PAARTANZ

Albert Einstein war sich nicht sicher, ob es Gravitationswellen tatsächlich gibt. Heute zweifeln Kosmologen kaum noch daran. Für die Existenz der Wellen spricht unter anderem die Entdeckung und detaillierte Beobachtung des Doppel-Pulsars PSR1913+16, für die Russell Hulse und Joseph Taylor 1993 den Physik-Nobelpreis erhielten. Die beiden Neutronensterne von PSR 1913+16 umkreisen einander in einer mit der Zeit immer enger werdenden Spirale. Der Grund: Sie verlieren Energie. Und zwar gerade so viel, wie die Allgemeine Relativitätstheorie für ein Doppelsternsystem dieser Art erwarten lässt, das Gravitationswellen aussendet. Die Umlaufperiode der Neutronensterne stimmt bis auf weniger als ein Prozent genau mit den theoretischen Vorhersagen überein.

Signal, das gleichzeitig an zwei oder drei Orten registriert würde, wäre ein starker Hinweis auf die feinen Kräuselungen des Raumes. Forscher der Universität Hannover und des Max-Planck-Instituts für Gravitationsphysik in Golm lassen einen in zwei Teilstrahlen aufgespaltenen Laserstrahl durch senkrecht zueinander liegende Vakuumrohre laufen. Am Ende ihres Wegs werden die Strahlen von Spiegeln reflektiert. Die Laserstrahlen sind so genau justiert, dass sie auf den 600 Meter entfernten Spiegeln weniger als ein Zehntel des Durchmessers eines menschlichen Haares vom gewünschten Auftreffpunkt abweichen. In der Mitte der Anlage überlagern sie sich schließlich auf einem Photodetektor. Da die Lichtwellen im Gegentakt schwingen, löschen sie sich aus. Der Ausgang bleibt dunkel. Kommt dagegen eine Gravitationswelle daher, bringt sie die Strahlen aus dem Takt. Ein Signal wird sichtbar.

Die Apparatur muss außerordentlich empfindlich sein, um winzige Längenänderungen durch Gravitationswellen erkennen zu können. Das Laser-Interferometer reagiert dabei auf kleinste Erschütterungen. Der Strahlungsdruck des Lichts auf die Spiegel muss berücksichtigt werden, ebenso die Wärmebewegung der Atome im Spiegel. Heute können die Forscher mit ihrer Apparatur unter anderem verfolgen, wie stark die Brandung an der Nordsee ist – obwohl die Küste 300 Kilometer entfernt liegt.

Wie das erhoffte Gravitationswellensignal aussehen könnte, müssen die Wissenschaftler aus der Theorie ableiten. Auch das ist in Anbetracht der Komplexität der Einsteinschen Feldgleichungen kein leichtes Unterfangen. Während die Theoretiker versuchen, Kollisionen von schwarzen Löchern zu simulieren, lauschen die Experimentatoren den kosmischen Sphärenklängen. Und warten.

Auch darauf, dass bei der europäischen und der amerikanischen Weltraumbehörde irgendwann der gemeinsame Startschuss für ein noch präziseres Gravitationswellen-Experiment fällt: drei im Weltraum stationierte Satelliten, die zu dem noch größeren Laser-Interferometer LISA zusammengeschlossen werden sollen. Von 2015 an könnten die drei Satelliten hinter der Erde her fliegen und ein Dreieck mit fünf Millionen Kilometern Seitenlänge aufspannen – eine riesige Rennbahn für Laserlicht, gegen die alle denkbaren Messgeräte auf der Erde klein erscheinen. LISA würde damit mit einer bis dato unerreichten Empfindlichkeit auf vorbeiziehende Gravitationswogen reagieren.

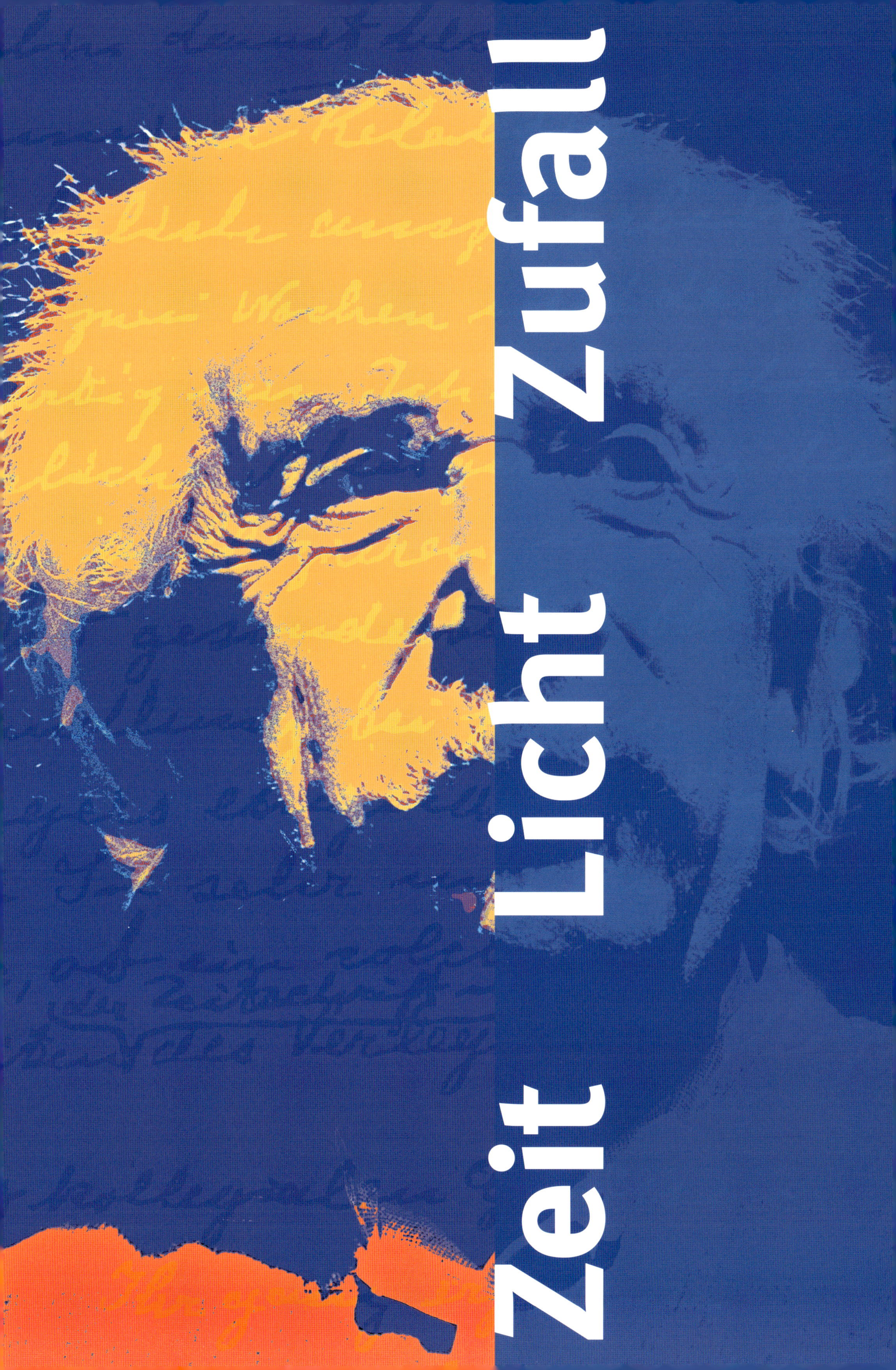
Zeit Licht Zufall

Das Wunderjahr 1905

„Ich habe keine besondere Begabung, sondern bin nur leidenschaftlich neugierig."

ALBERT EINSTEIN IN EINEM BRIEF AN CARL SEELIG, 11. MÄRZ 1952

Was passiert, wenn man einem Lichtstrahl hinterherläuft – kann man ihn womöglich einholen? Als Einstein 16 Jahre alt war, grübelte er über diese nicht ganz alltägliche Frage. Das Gedankenexperiment barg für ihn bereits den Kern der Speziellen Relativitätstheorie. Es dauerte aber noch zehn Jahre, bis er sie unter dem Titel „Zur Elektrodynamik bewegter Körper" im September 1905 veröffentlichte. Doch dann revolutionierte er damit nicht nur die gesamte Physik, sondern stellte das existierende Weltbild quasi auf den Kopf.

Viele Wissenschaftler meinten damals, die Natur und ihre Gesetze gut verstanden zu haben. Als Max Planck 1878 seinem Physikprofessor Philipp von Jolly seinen Entschluss mitteilte, theoretische Physik zu studieren, riet dieser ihm: „Theoretische Physik, das ist ja ein ganz schönes Fach. Aber grundsätzlich Neues werden Sie darin kaum mehr leisten können ... Man kann wohl hier und da in dem einen oder anderen Winkel ein Stäubchen noch auskehren, aber was prinzipiell Neues, das werden Sie nicht finden."

Von Jolly war ein ehrenwerter Physiker, doch mit dieser Prognose irrte er gründlich. Es war Max Planck selbst, der 1900 das Tor zu einer neuen Physik, zur Quantenwelt, einen Spalt weit öffnete. Fünf Jahre später schlug es der 26-jährige Angestellte am Berner Patentamt und „Hobby-Physiker" Albert Einstein dann ganz weit auf.

In einem Geniestreich veröffentlichte er im Jahr 1905 gleich fünf bahnbrechende Arbeiten. Mit der Arbeit „Über einen die Erzeugung und Verwandlung des Lichts betreffenden heuristischen Gesichtspunkt" legte er das Fundament für die Quantentheorie. Für dieses Werk ehrte man ihn 1922 (für das Jahr 1921) mit dem Nobelpreis für Physik. In zwei Arbeiten beschrieb er die atomistischen Vorgänge bei der Diffusion und erklärte die Brown'sche Bewegung. Dies brachte ihm den lang ersehnten Doktortitel. Mit den zwei Arbeiten zur Speziellen Relativitätstheorie revolutionierte er alle existierenden Vorstellungen von Raum und Zeit und verknüpfte Materie und Energie in der berühmtesten Formel aller Zeiten: $E=mc^2$.

Einstein mit seiner zwei Jahre jüngeren Schwester Maria genannt Maja im Jahre 1894 (Bild: Picture-Alliance/dpa)

(Bild: photocase.de)

Einstein und der Quantentheoretiker Wolfgang Pauli im Jahre 1926 (Bild: CERN 1926)

Einsteins Pass aus seiner Zeit als Schweizer Staatsbürger. (Bild: Historisches Museum, Bern)

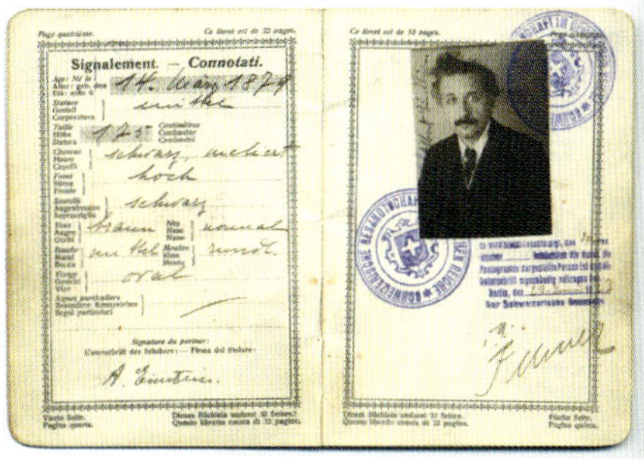

Damit wurde er unsterblich. Nie zuvor oder danach hat es in einem Jahr ein solches Feuerwerk physikalischer Ideen gegeben, weshalb wir heute von Einsteins annus mirabilis sprechen: dem Wunderjahr.

Doch wie war Einstein überhaupt zu seinen bahnbrechenden Erkenntnissen gekommen? Waren sie ihm aus dem Nichts zugeflogen oder lagen sie ohnehin in der Luft, wie manche heute meinen?

Einsteins Errungenschaften bauten auf den damaligen Erkenntnissen auf. Doch er erkannte Risse im logischen Denkgebäude der Physik. Anders als viele seiner Kollegen versuchte er jedoch nicht, diese Risse zu kitten, sondern errichtete auf seine radikale Art und Weise ein neues Gebäude. Ungezügelte Neugier und Hartnäckigkeit waren dabei unerlässliche Triebfedern. „Der normale Erwachsene denkt über Raum-Zeit-Probleme kaum nach. Das hat er nach seiner Meinung bereits als Kind getan. Ich hingegen habe mich geistig derart langsam entwickelt, daß ich erst als Erwachsener anfing, mich über Raum und Zeit zu wundern", hat er später selbst einmal gesagt.

Er hinterfragte viele solcher scheinbar einfachen Phänomene: So nahm das Licht eine zentrale Stellung in Einsteins Überlegungen ein. Was passiert genau, wenn man eine ruhende Lampe einschaltet? Die ausgehende Lichtwelle breitet sich in alle Richtungen des Raumes gleichmäßig mit einer Geschwindigkeit von 300 000 Kilometern pro Sekunde aus. Ein Beobachter, der sich auf die Lampe zu (oder weg von ihr) bewegt, müsste also im Vergleich zu einem ruhenden Beobachter das Licht früher (oder eben später) sehen, weil sich seine Geschwindigkeit und die des Lichts addieren (subtrahieren). Das war damals die einhellige Meinung. Doch Einstein kam zu anderen Ergebnissen: „Wenn ich einem Lichtstrahl nacheile mit Geschwindigkeit c (Lichtgeschwindigkeit im Vakuum), so sollte ich einen solchen Lichtstrahl als ruhendes, räumlich oszillierendes elektromagnetisches Feld wahrnehmen. So etwas kann es aber nicht geben."

INFO

ZEITTAFEL

14. März 1879 Albert Einstein kommt in Ulm als erstes Kind von Hermann und Pauline Einstein zur Welt.

Juni 1880 Umzug nach München.

18. November 1881 Geburt von Maria (Maja) Einstein.

1885 Besuch der katholischen Volksschule und erster Violinunterricht.

1888 Aufnahme in das Luitpold-Gymnasium.

Dezember 1894 Einstein verlässt eigenmächtig die Schule und reist zu seinen Eltern nach Oberitalien.

Oktober 1895 Albert fällt bei der Aufnahmeprüfung zum Polytechnikum in Zürich durch, obwohl er in Mathematik und Physik sehr gute Leistungen vorweist. Anschließend geht er an die Kantonsschule Aarau.

Oktober 1896 Matura und Aufnahme eines Studiums am Polytechnikum Zürich.

Juli 1900 Diplom als Fachlehrer.

Februar 1901 Schweizer Staatsbürgerschaft, Mai: Aushilfslehrer am Technikum Winterthur, September: Privatlehrer in Schaffhausen, November: Erfolgloses Einreichen einer Dissertation an der Universität Zürich.

Juni 1902 Antritt seiner Stelle beim Berner Patentamt.

Januar 1903 Hochzeit mit Mileva Maric.

Mai 1904 Geburt des Sohnes Hans Albert.

1905 Annus mirabilis: Innerhalb weniger Monate veröffentlicht Einstein fünf bahnbrechende Arbeiten.

Januar 1906 Erlangung der Doktorwürde an der Universität Zürich.

INFO

DAS ZWILLINGS-PARADOXON

Eines der berühmtesten Gedankenexperimente im Zusammenhang mit Einsteins Relativitätstheorie ist das Zwillingsparadoxon. Man stelle sich vor: Im Jahre 2100 begibt sich der Astronaut Neil Armstrong Jr. auf eine Reise zum 25 Lichtjahre entfernten Stern Wega, während sein Zwillingsbruder auf der Erde bleibt. Wir nehmen an, die Rakete würde nahezu ohne Zeitverlust auf 98 Prozent der Lichtgeschwindigkeit beschleunigen und mit dieser Geschwindigkeit die Reise fortsetzen. Bei der Wega angekommen, bremst Neil auf Null ab, dreht ohne Aufenthalt um, beschleunigt wieder und kehrt mit derselben Geschwindigkeit wie auf dem Hinweg zur Erde zurück. Dort stellt er fest, dass sein Bruder während seiner Abwesenheit um 50 Jahre gealtert ist – er selbst aber bloß um 10 Jahre. Das ist eine Folge der relativistischen Zeitdehnung.

Aber was ist hier paradox? Zu einer in sich widersprüchlichen Beschreibung wird dieses Gedankenexperiment durch den Grundsatz, dass nach der Speziellen Relativitätstheorie alle Inertialsysteme gleichberechtigt sind. Das heißt, die Behauptung des Bruders, er habe sich auf der Erde in Ruhe befunden und Neil hätte sich schnell bewegt, lässt sich ebenso umkehren in die Behauptung, Neil sei unbewegt geblieben und der Bruder habe sich mit der Erde von ihm entfernt. Bei ihrem Wiedersehen müsste aber nun Neil älter sein als sein Bruder. Wer hat Recht?

Die Lösung liegt in einem entscheidenden Unterschied zwischen den beiden Situationen: Während sich der Bruder die ganze Zeit über in einem Inertialsystem befand, war dies bei Neil nicht der Fall. Sein Raumschiff muss mindestens einmal stark abbremsen und wieder beschleunigen, und zwar bei der Umkehr an der Wega. Es bildet daher kein Intertialsystem, so dass auf dieses die Spezielle Relativitätstheorie nicht angewandt werden darf. Eine genaue Analyse in einem Raum-Zeit-Diagramm klärt schließlich das Paradoxon: Tatsächlich altert Neil langsamer als sein zurückbleibender Bruder. Das ist unvorstellbar, aber eindeutig.

↑ (Illustration: iserundschmidt, Timo Meyer)

→ Einstein bei einem Vortrag im Mount-Wilson-Observatorium in Pasadena, Kalifornien, am 14. Januar 1931 (Bild: Picture-Alliance/dpa)

Einstein folgerte zweierlei. Erstens: Die Lichtgeschwindigkeit ist konstant und beträgt im Vakuum immer 300 000 Kilometer pro Sekunde, ganz gleich, mit welcher Geschwindigkeit man sich relativ zum Licht bewegt. Das widerspricht der klassischen Physik, wonach Geschwindigkeiten sich addieren. Zweitens: Nichts ist schneller als das Licht.

Dieses Postulat ist Dreh- und Angelpunkt der Speziellen Relativitätstheorie. Den Gedanken logisch fortgesetzt, ergeben sich die skurrilsten Erkenntnisse, beispielsweise dass die Zeit in schnell bewegten Systemen langsamer vergeht als in ruhenden („Zwillingsparadoxon"), und dass räumliche Distanzen schrumpfen, wenn man sie von einem schnell bewegten System aus misst. Kurz: Die Welt würde uns schon merkwürdig und gänzlich anders erscheinen, wenn wir mit nahezu Lichtgeschwindigkeit fliegen könnten.

Fast nebenbei stieß Einstein bei seinen Überlegungen zur Speziellen Relativitätstheorie auf $E=mc^2$. Diese Gleichung besagt, dass Energie E und Masse m ineinander umwandelbar sind, wobei der riesengroße Umrechnungsfaktor das Quadrat der Lichtgeschwindigkeit ist. $E=mc^2$ ist Grundlage der Energieerzeugung in Kernkraftwerken und auch der hoffentlich in naher Zukunft technisch nutzbaren Kernfusion. Die Beziehung erklärt die gigantische Sprengkraft von Atom- und Wasserstoffbomben und sagt uns, wie unsere Sonne seit 4,6 Milliarden Jahren die Energie erzeugt, mit der sie unseren Planeten wärmt.

Eine weitere kühne Behauptung Einsteins war: Licht besteht aus speziellen Teilchen, den Energiequanten. Später nannte man sie Photonen. Mit diesem Gedanken war Einstein dem Welle-Teilchen-Dualismus auf der Spur, der jedoch erst in den 1920er-Jahren in der modernen Quan-

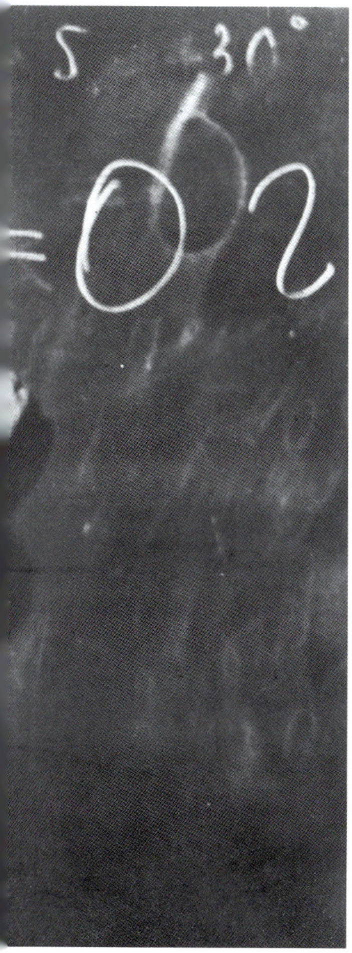

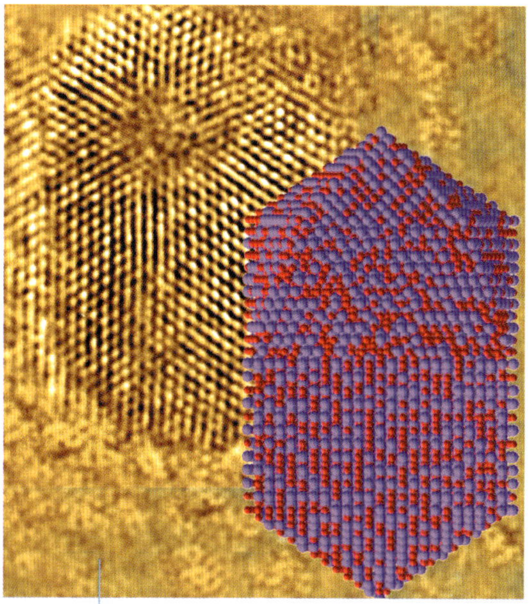

Heute kann man sogar einzelne Atome sichtbar machen: Das Bild zeigt facettierte Eisen-Platin-Nanopartikel, aufgenommen mit einem hochauflösenden Transmissions-Elektronenmikroskop. Der rechte Teil des Bildes ist eine simulierte Darstellung, rote und blaue Punkte stehen für Eisen- bzw. Platin-Atome. (Bild: Wassermann, Universität Duisburg-Essen)

Ein „Kraftomnibus" der Daimler-Motorgesellschaft, wie er ab 1905 in Berlin eingesetzt wurde. (Bild: BVG)

WAS 1905 SONST NOCH GESCHAH...

INFO

Der Schweizer Chemiker und Geschäftsmann Jaques Edwin Brandenburger erfindet das Cellophan.

Das erste deutsche Unterseeboot läuft vom Stapel.

Guglielmo Marconi erfindet die Richtantenne.

Richard Willstätter entdeckt die Struktur von Chlorophyll.

George Washington Crile führt in den USA die erste Bluttransfusion durch.

Die deutsche Glasglühlicht-Gesellschaft bringt eine Glühlampe mit dem Namen Osramlampe auf den Markt.

In Berlin fahren die ersten öffentlichen Kraftomnibusse.

Der amerikanische Unternehmer Almon Brown Strowger erfindet das Telefon mit Wählscheibe.

tentheorie seine Erklärung fand. Danach kann ein Photon sowohl Welle als auch Teilchen sein. Wie es in Erscheinung tritt, hängt von der Art des Experiments ab. Und: Aufenthaltsort und Impuls eines Photons können nicht gleichzeitig angegeben werden – das sagt die von Heisenberg 1927 entdeckte Unschärferelation.

Obwohl Einstein selbst den Weg für diese neuartige Beschreibung des Mikrokosmos geebnet hatte, lehnte er später die Quantenmechanik als unvollständig ab. Der Grund war, dass der Zufall darin eine fundamentale Rolle spielte. Das jedoch passte nicht in Einsteins Weltbild. „Gott würfelt nicht", war einer seiner berühmten Kommentare.

Einstein stellte auch grundsätzliche Fragen zum Aufbau der Materie. Um 1900 waren noch längst nicht alle Naturforscher von der Existenz von Atomen überzeugt. Einstein schlug sich auf die Seite der „Atomisten" und entwickelte eine statistische Methode, mit der er die Bewegung von Atomen und Molekülen beschreiben konnte. Dieser Ansatz war bahnbrechend, denn er ermöglichte es, aus der Beobachtung der Brown'schen Bewegung kleiner Partikel in einer Flüssigkeit etwas über die Größe der Moleküle dieser Flüssigkeit zu erfahren, die damals unbeobachtbar klein waren. Heute können wir Atome und Moleküle mit Elektronen- oder Rastersondenmikroskopen einzeln sichtbar machen.

Einstein beschäftigte sich also stets mit den fundamentalen Fragen der Physik. Was sind Raum und Zeit? Was verbindet Materie und Energie? Welcher Natur – Welle oder Teilchen – ist das Licht? Seine überraschenden Antworten bereiteten das Fundament der modernen Physik und unseres heutigen Weltbildes. Sie ermöglichten aber auch bedeutende technische Entwicklungen, die heute zu unserem Alltag gehören. Hierzu zählen Laser, Solarzellen oder das Global Positioning System (GPS).

Auch heute, 100 Jahre nach Einsteins Entdeckungen im Wunderjahr 1905, ist aber die Anzahl der offenen Probleme zum Verständnis unserer Welt kaum geringer als damals. Im Gegenteil, aktuelle Fragen nach „dunkler Materie" und „dunkler Energie" oder die – bis jetzt ergebnislose – Suche nach Abweichungen von der Lorentz-Invarianz (Konstanz der Lichtgeschwindigkeit), wie ihn moderne Quantengravitationstheorien vorhersagen, lassen den Schluss zu: Auch nach Einstein ist noch weit mehr möglich, als nur „in dem einen oder anderen Winkel ein Stäubchen auszukehren."

Der Licht-surfer

„Das Schönste, was wir erleben können, ist das Geheimnisvolle. Es ist das Grundgefühl, das an der Wiege von wahrer Kunst und Wissenschaft steht. Wer es nicht kennt und sich nicht mehr wundern, nicht mehr staunen kann, der ist sozusagen tot und seine Augen erloschen."

Wie ich die Welt sehe, Einstein 1930

Ende des 19. Jahrhunderts beherrschten zwei große Theorien die Physik. Auf der einen Seite stand das Newtonsche Weltbild. Es besagt, dass alle physikalischen Gesetze in gleichförmig bewegten Systemen (Physiker sprechen von Inertialsystemen) gleich ablaufen. Ein Apfel fällt immer senkrecht nach unten, egal ob wir ihn auf der Erde stehend oder in einem dahinrasenden ICE fallen lassen.

Dieser Grundsatz widersprach aber der zweiten fundamentalen Theorie, die der schottische Physiker James Clerk Maxwell um 1855 entwickelt hatte, um elektrische Kräfte und elektromagnetische Wellen zu beschreiben. Auf das Licht, das auch eine elektromagnetische Welle ist, schien die Newtonsche Physik nicht zuzutreffen. Die Gleichungen, mit denen man seine Ausbreitung beschrieb, nahmen unterschiedliche Formen an, wenn man sich in unterschiedlich schnell, aber gleichförmig bewegte Inertialsysteme begab. Licht verhielt sich also nicht so, wie es die Physiker nach Maxwells Theorie erwarteten.

Das zeigte sich eindeutig in einem Experiment, das Albert Michelson erstmals 1881 in Potsdam und sechs Jahre später zusammen mit Edward Morley in Chicago nochmals ausführte. Mit einem so genannten Interferometer hatten sie sehr genau die Lichtgeschwindigkeit gemessen und entgegen allen Erwartungen des bewährten Gesetzes der Geschwindigkeitsaddition festgestellt: Die Lichtgeschwindigkeit ist offenbar immer gleich groß, egal, ob man sich in Ausbreitungsrichtung des Lichtstrahls oder entgegengesetzt dazu bewegt.

Es bedurfte des Genies Einstein, um das Experiment von Michelson und Morley richtig zu deuten. Er behauptete in seiner Arbeit von 1905: Das einfache Gesetz der Geschwindigkeitsaddition ist falsch. Zwei

Dass die Lichtgeschwindigkeit zwar gewaltig, aber nicht unendlich groß ist (wie einst für möglich gehalten), darauf stieß um 1675 erstmals der Däne Ole Rømer. Der Himmelsforscher stützte sich dabei auf Beobachtungen der Jupitermonde und gelangte zu einem Wert von 227.000 km/s. Das Foto (aus dem 20. Jahrhundert) zeigt die Trabanten Io und Europa vor der Silhouette des Jupiters. (Bild: NASA/JPL)

Nach Rømers astronomischer Messung verstrichen mehr als 150 Jahre, bis es gelang, die Lichtgeschwindigkeit auf einer irdischen Meßstrecke zu bestimmen. Meriten verdiente sich hierbei der Franzose Fizeau. Durch periodische Unterbrechung des Lichtwegs mit einem sich in hoher Frequenz drehenden Zahnrad kam er 1849 auf eine Geschwindigkeit von 313.350 km/s und lag damit nur fünf Prozent über dem heutigen Richtwert von 299.792,458 km/s. Das nebenstehende Bild zeigt einen Nachbau. (Bild: Arbeitsgruppe Didaktik und Geschichte der Physik, Carl von Ossietzky-Universität Oldenburg)

Das Licht hält den kosmischen Geschwindigkeitsrekord: knapp 300.000 km pro Sekunde – nichts ist schneller. Die Strecke zum Mond ließe sich bei diesem Tempo in rund einer Sekunde zurücklegen. Ein ICE wäre dafür länger als einen Monat unterwegs. (Bild: photocase.de)

mit je der halben Lichtgeschwindigkeit c/2 aufeinander zurasende Raumschiffe treffen nicht mit 2 mal c/2 also mit der Lichtgeschwindigkeit c aufeinander. Nach seiner Speziellen Relativitätstheorie berechnen sich die Relativgeschwindigkeiten bewegter Körper nach einer neuen Formel. Nach dieser Formel werden die Abweichungen von Galileis und Newtons Physik mit zunehmender Geschwindigkeit immer größer, und die Raumschiffe treffen mit 4/5c aufeinander. Bei Erreichen der Lichtgeschwindigkeit tritt eine seltsame Konsequenz ein: Egal wie schnell das zweite Raumschiff ist, sie treffen sich nur mit einer maximalen Relativgeschwindigkeit c. Oder auch, wie schon gesagt: Nichts bewegt sich schneller als das Licht. Seine Geschwindigkeit ist konstant und beträgt (im Vakuum) immer 300.000 Kilometer pro Sekunde. Mit Überlichtgeschwindigkeit kann sich also nichts und niemand bewegen. Hyperantriebe, mit denen Spock und Konsorten schneller als der Blitz die Galaxis durcheilen, sind somit reine Science Fiction.

Einsteins Erkenntnis über die Konstanz der Lichtgeschwindigkeit hatte eine damals und auch heute noch mehr als erstaunliche Konsequenz: beschleunigte Körper müssen eine Massenzunahme erfahren. Nach Newton wird ein Körper bei konstanter Beschleunigung immer schneller. Nehmen wir ein Raumschiff, das mit der Erdbeschleunigung von etwa 10 m/s^2 ins All fliegt: Es wird in jeder Sekunde um 10 m/s schneller. Ein solches Raumschiff würde gemäß Newton nach etwa einem Jahr die Lichtgeschwindigkeit erreichen und sie dann überschreiten. Das aber ist nach Einstein nicht möglich. Seine Erklärung für diese „Bremse“: Die träge Masse wird mit zunehmender Geschwindigkeit immer größer. Bei Erreichen der Lichtgeschwindigkeit würde sie unendlich groß.

Diese relativistische Massenzunahme macht sich zum Beispiel im Fernseher bemerkbar. In seinen Kathodenstrahlröhren werden Elektronen in einem Spannungsfeld von 20.000 Volt bis auf etwa ein Drittel der Lichtgeschwindigkeit beschleunigt. Ihr Gewicht nimmt dabei aber nur um 6% zu. Beim Aufprall auf den Leuchtschirm erzeugen sie Lichtpunkte, die zusammen das Bild ergeben. Würde man bei der Konstruktion der Bildröhre die Spezielle Relativitätstheorie nicht berücksichtigen, so würden die Elektronen bis zu etwa einen Millimeter von ihrer Sollbahn abweichen. Die Bilder wären unscharf.

Wenn die Zeit zu kriechen beginnt

Die Konstanz der Lichtgeschwindigkeit steht zwar im Widerspruch zu unserer Alltagserfahrung, aber alle Experimente, die in den vergangenen Jahrzehnten ausgeführt wurden, bestätigen dieses Gesetz. Aus ihm lassen sich mit einfachen Gedankenexperimenten weitere, seltsame Konsequenzen der Einstein'schen Theorie herleiten. Die wohl spektakulärste ist die Zeitdehnung, wonach die Uhren in einem schnell bewegten System langsamer gehen als in einem ruhenden System. Dies wird mit Hilfe einer „Lichtuhr" klar.

Der Effekt wurde vielfach in unterschiedlicher Weise experimentell bestätigt. Im Jahre 1971 installierten etwa amerikanische Physiker vier Atomuhren in Reisejets und flogen damit um die Erde. Anschließend verglichen sie die Atomuhren mit einer weiteren, die im Labor verblieben war – und fanden die vorhergesagte Zeitdehnung.

Auch in modernen Teilchenbeschleunigern kann man heute messen, wie die schnelle Fahrt jung hält. So genannte Myonen, instabile Teilchen, die normalerweise mit einer Halbwertszeit von 1,5 Millionstel Sekunden zerfallen, „lebten" dort, im rasanten Flug mit 99,9997 Prozent der Lichtgeschwindigkeit, rund 400mal so lang – genau wie Einstein es vorausgesagt hat.

Entscheidend ist, dass die Verlangsamung der Zeit nicht durch Beeinflussung der

INFO

DIE LICHTUHR

Wie schnell vergeht die Zeit...? Diese Frage lässt sich nach Einstein gar nicht so einfach und vor allem nicht eindeutig beantworten. Seine Überlegungen verdeutlicht ein Gedankenexperiment: Man denke sich zwei parallel angebrachte Spiegel, zwischen denen ein Lichtpuls hin und her reflektiert wird. Jede Reflexion diene als Taktgeber für eine Uhr. Solange diese Lichtuhr in Ruhe ist, schwingt ihr „Pendel" wie jedes andere auch. Doch stellt man sich die Uhr in Bewegung senkrecht zum Lichtstrahl vor, ändert sich die Situation: Das Lichtpendel verläuft nun von außen betrachtet auf einer Zickzacklinie, und der zurückgelegte Weg wird länger. Da nun aber die Lichtgeschwindigkeit konstant ist, dauert jeder Taktschlag – von außen gesehen – ein wenig länger als zuvor. Die Zeit verläuft also von einem ruhenden Beobachter aus gesehen im bewegten System langsamer. Einstein folgerte: Je schneller man sich bewegt, desto langsamer vergeht von außen betrachtet die Zeit. Seine Formel dafür kann man mit dem Geodreieck selbst bestimmen:

Für einen Beobachter im bewegten System legt der Lichtstrahl den Weg y' zwischen den Spiegeln senkrecht von unten nach oben mit der Lichtgeschwindigkeit c in der Zeit t' zurück, d.h., $y'=c\cdot t'$ (Abbildung a). Für den außen stehenden, ruhenden Beobachter schreitet aber während der Laufzeit t' der Endpunkt der Reflexion, der obere Spiegel, mit der Geschwindigkeit v des bewegten Systems in x-Richtung, also um die Strecke $x=v\cdot t$ fort. Dadurch verläuft der Lichtstrahl vom unteren zum oberen Spiegel vom ruhenden Beobachter aus gesehen nun schräg (Abbildung b). Seine Laufstrecke beträgt $s=c\cdot t$. Diesen Weg s durchläuft das Licht ebenfalls mit der Lichtgeschwindigkeit c, da c nicht vom Bewegungszustand abhängt – laut Einstein. Die (Vektor) Addition (Abbildung c) der Strecken y' und x ergibt s und bildet ein rechtwinkliges Dreieck, so dass sich der Satz des Pythagoras anwenden lässt:
$(c\cdot t)^2=(c\cdot t')^2+(v\cdot t)^2$. Löst man diese Gleichung nach t auf so erhält man das Ergebnis: $t=t'/\sqrt{1-(v/c)^2}$. Vom ruhenden Beobachter aus gesehen verlangsamt sich also der Zeitablauf im bewegten System um den Faktor $1/\sqrt{1-(v/c)^2}$.

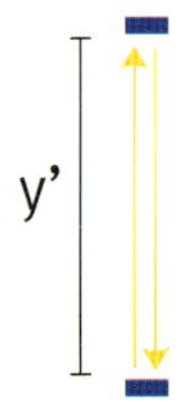

Abb. a

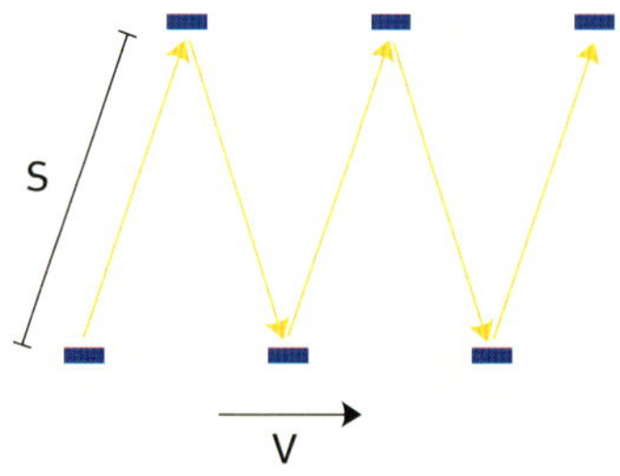

Abb. b

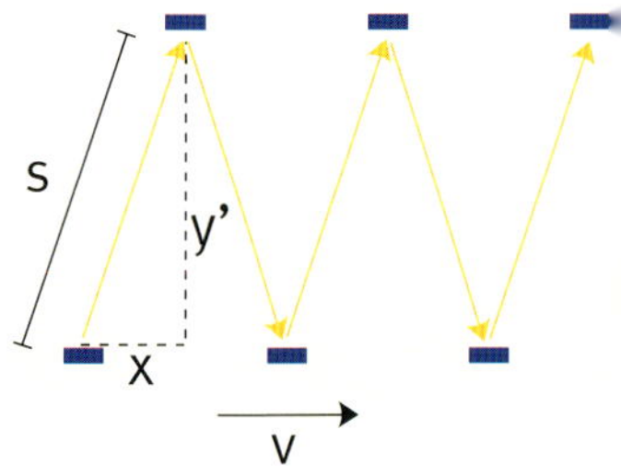

Abb. c (Grafiken: iserundschmidt)

Bewegung hält jung: das gilt auch für instabile Partikel, die in einem solchen Teilchenbeschleuniger herumflitzen. (Bild: CERN Photo)

Wer hat an der Uhr gedreht? Ein Beobachter am Bahndamm sieht zwei Blitze gleichzeitig einschlagen – für den Schaffner im Zug kommen sie nacheinander. Und nach Einstein haben beide recht. (Illustration: iserundschmidt, Timo Meyer)

Die Astronauten von Apollo 11 (v.l.n.r. Edward Aldrin, Neil Armstrong und Michael Collins) sind auf ihrem Flug zum Mond etwa um 250 Millionstelsekunden weniger gealtert als ihre Kollegen am Boden. Zumindest rein rechnerisch (Bild: NASA).

Uhren zustande kommt. Die Zeit an sich vergeht unterschiedlich schnell. Und das wirkt sich auf alle Vorgänge aus, auch auf biologische. Nur lässt sich der Effekt am Menschen bisher nicht nachweisen, weil es keine Raumschiffe gibt, die auch nur annähernd Lichtgeschwindigkeit erreichen. Die Apollo-Astronauten beispielsweise sind auf ihrem acht Tage währenden Flügen etwa um 250 Mikrosekunden (Millionstelsekunden) weniger gealtert als ihre Kollegen am Boden. Zumindest rein rechnerisch.

Was heißt schon gleichzeitig?

Die Zeit kann nach Einstein unterschiedlich schnell vergehen. Der Blick auf die Uhr wird damit zu einer relativen Angelegenheit. Selbst die Frage, ob zwei Ereignisse gleichzeitig stattfinden, lässt sich nicht mehr eindeutig beantworten. Hierzu wieder ein Gedankenexperiment:

Ein Beobachter stehe in der Nähe eines Bahndammes, an dem ein Zug mit hoher (nicht realistischer) Geschwindigkeit vorbeifährt. In dem Moment, in dem das vordere und hintere Zugende vom Beobachter gleich weit entfernt sind, schlägt direkt vor der Lok bzw. direkt hinter dem letzten Wagen jeweils ein Blitz in den Bahndamm ein. Weil das Licht von beiden Einschlagstellen her die gleiche Wegstrecke bis zum ruhenden Beobachter zurücklegen muss, sieht dieser nach einem kurzen Laufzeitintervall beide Blitze gleichzeitig, ganz gleich ob er Newton oder Einstein zu Rate zieht.

Genau in der Mitte des Zuges befinde sich der Schaffner, dem es ebenfalls möglich ist, die Blitze zu sehen. Was beobachtet der Schaffner? Da er sich während der Laufzeit der Blitze weiter vorwärts bewegt, nähert er sich dem Blitz, der ihm von der Lokomotive her entgegen kommt, verkürzt also dessen Laufstrecke bis zu ihm. Da er sich vom Blitz, der am Ort des hinteren Zugendes eingeschlagen hat, entfernt, verlängert sich dessen Laufstrecke bis zum Schaffner. Beide Blitze laufen nach Einstein mit konstanter Lichtgeschwindigkeit c. Befragt der Schaffner also Einstein, sieht er den Blitz von der Lokomotive eher als den vom Zugende. Nach der Speziellen Relativitätstheorie Einsteins sind also für den bewegten Beobachter, den Schaffner, tatsächlich beide Blitze nacheinander eingeschlagen. Gleichzeitig oder nacheinander, was stimmt denn nun?

Der Clou: Sowohl der stehende Beobachter als auch der Schaffner haben Recht,

↑ So würde der Tübinger Marktplatz erscheinen, wenn man mit 90% der Lichtgeschwindigkeit im Sturzflug auf ihn zurasen würde (Bild: Theoretische Astrophysik, Universität Tübingen; MPI für biologische Kybernetik)

→ So würde uns die Tübinger Marktgasse erscheinen, wenn wir mit 95% der Lichtgeschwindigkeit durch sie hindurchfahren würden. (Bild: Theoretische Astrophysik, Universität Tübingen; MPI für biologische Kybernetik)

die Relativitätstheorie macht zwischen ihren Standpunkten keinen Unterschied. Der Schaffner könnte sogar behaupten, er befände sich in Ruhe und die Person am Bahndamm hätte sich im Vergleich zu ihm bewegt. Das heißt: Die Blitze sind sozusagen gleichzeitig und nacheinander eingeschlagen.

Die Begriffe Vergangenheit, Gegenwart und Zukunft wurden damit in der Speziellen Relativitätstheorie neu definiert. Einstein selbst bezeichnete sie später als „hartnäckige Illusionen". Allerdings kann nie das Kausalitätsprinzip verletzt werden, wonach stets die Ursache der Wirkung vorausgeht. Der Grund hierfür ist, dass sich jede nur denkbare Ursache maximal mit Lichtgeschwindigkeit ausbreiten und an einem anderen Ort wirken kann. Also: Erst kommt der Elfmeterschuss, dann fällt das Tor, nie umgekehrt. Das ist auch bei Einstein so.

Aus dick wird dünn

Nicht nur die Zeit gerät etwas durcheinander, die Konstanz der Lichtgeschwindigkeit hat noch eine weitere, seltsame Konsequenz: Wenn man sich sehr schnell mit nahezu Lichtgeschwindigkeit bewegt, erscheinen einem alle Körper in Bewegungsrichtung verkürzt. Dicke Leute sind plötzlich dünn und lange Züge kurz. Allerdings werden diese Körper nicht wirklich zusammengedrückt und gestaucht. Physikalisch verändern sie sich nicht. Die Kontraktion betrifft auch nicht nur Körper, sondern allgemein räumliche Abstände. Da aber alle gleichförmig bewegten Beobachter gleichberechtigt sind, gibt es keine richtige oder falsche Längenmessung. Nur in unserem Alltag ist ein Meter immer gleich lang, weil wir uns nie sehr schnell gegenüber Objekten bewegen, deren Ausmaße wir messen.

Jahrzehntelang dachten die Physiker, alle Objekte würden bei schneller Fahrt in Bewegungsrichtung verkürzt erscheinen. Doch Ende der 1950er-Jahre bemerkten Theoretiker, dass man hierbei etwas Wichtiges vergessen hatte: Das Licht benötigt von unterschiedlich weit entfernten Stellen auch eines gestauchten Körpers unterschiedlich lange Zeiten, bis es beim sich bewegenden Beobachter eintrifft. Dies hat zur Folge, dass bei sehr hohen Geschwindigkeiten Objekte in ihrer Länge verändert und verzerrt erscheinen, so als würde man sie durch ein Fischaugen-Objektiv aufnehmen. Mit Computer-Simulationen lässt sich heute darstellen, was Einstein damals sicher

Die Sonne leuchtet, weil sie – gemäß $E = mc^2$ – Energie aus der Verschmelzung von Atomkernen freisetzt. Die berühmte Formel hält auch Kernkraftwerke am Laufen und verleiht Atombomben ihre Sprengkraft. (Bild: Los Alamos National Laboratory)

auch gern gesehen hätte: Fahrten mit annähernd Lichtgeschwindigkeit durch eine Stadt.

$E=mc^2$: Was sind Energie und Materie?

Ist ein Glas mit heißem Wasser schwerer als eines mit derselben Menge (Anzahl von Molekülen) kalten Wassers? Die Antwort ist ja – und ihre Erklärung hat erstaunlicherweise etwas mit der Energieerzeugung im Innern der Sterne wie mit der enormen Sprengkraft von Atombomben zu tun.

Am 27. September 1905 reichte Einstein eine nur drei Seiten umfassende Arbeit zur Veröffentlichung ein. Dieser Nachtrag zur Speziellen Relativitätstheorie hatte die wohl berühmteste Formel der Weltgeschichte zum Ergebnis: $E=mc^2$. Sie besagt, dass Ruhenergie E und Ruhemasse m ineinander umwandelbar sind. Das Quadrat der Lichtgeschwindigkeit c^2 ist ein sehr großer Faktor – aus wenig Masse kann also sehr viel Energie werden.

Heute gehört beispielsweise die Erzeugung von Energie aus Kernspaltung zum Alltag. In Atomkraftwerken werden in einer kontrollierten Kettenreaktion Uran-Atomkerne gespalten. Hierbei wird ein Tausendstel der Kernmaterie in Energie umgesetzt. Bei Atombomben läuft die Kettenreaktion in Bruchteilen einer Sekunde ab, wobei enorme Energiemengen frei werden. Bei der Explosion der Atombombe von Hiroshima lieferte nur etwa ein Kilogramm Plutonium die Sprengkraft von 12.500 Tonnen TNT.

Ebenfalls nach dem Prinzip Materie-Energie-Umwandlung funktioniert die Kern-

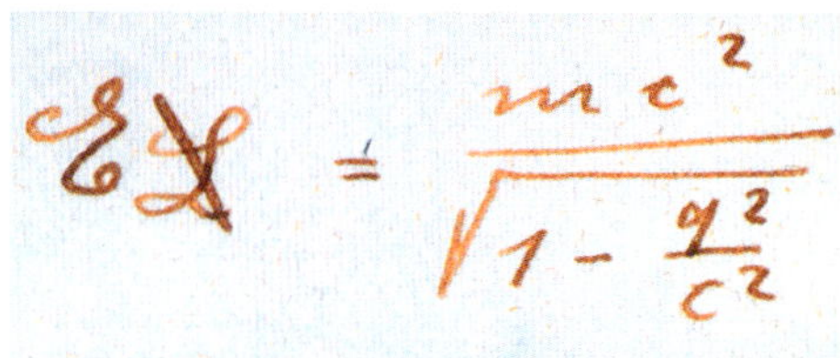

INFO

WAS BEDEUTET $L=mc^2$?

$E=mc^2$ – so lautet die berühmteste Formel der Welt. Und jeder weiß, dass Einstein sie entdeckt hat. Was kaum jemand weiß: Einsteins Arbeit von 1905 enthält die Formel gar nicht, an keiner Stelle. Einstein schrieb: „Gibt ein Körper die Energie L in Form von Strahlung ab, so verkleinert sich seine Masse um L/V^2." Er verwendete den Buchstaben L, weil er in seinem Gedankenexperiment Licht als abgestrahlte Energie annahm. Er bemerkte aber: „Hierbei ist es offenbar unwesentlich, dass die dem Körper entzogene Energie gerade in Energie der Strahlung übergeht, so dass wir zu der allgemeineren Folgerung geführt werden: Die Masse eines Körpers ist ein Maß für dessen Energieinhalt." Das heißt, auch wenn er es anders geschrieben hat: Inhaltlich gesehen ist und bleibt $E=mc^2$ die Entdeckung von Albert Einstein.

⇢ Teil des ringförmigen Behälters der Fusionsanlage Wendelstein 7-x, in dem später die Fusion gezündet werden soll. (Bild: IPP, W. Filser)

⇣ Nobelpreisträger-Treffen im Jahre 1931: v.l.n.r.: Walther Nernst, Albert Einstein, Max Planck, Robert Millikan und Max von Laue (Bild: Ullstein).

⇢ Das wenige Millimeter breite Herzs einer „Ionenfalle", mit der sich einz Atome einsperren und z. B. mit Lasers len traktieren lassen. Albert Einstein die Grundlage für solche Experimente Licht und Materie. (Bild: Institut für Ex mentalphysik, Univ. Innsbruck)

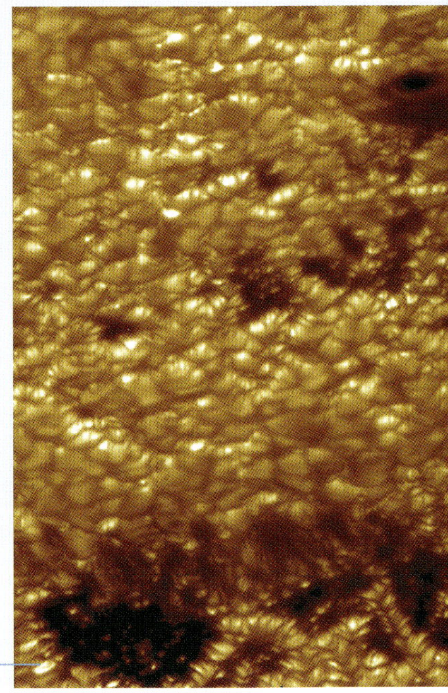

⇢ Der bekannteste Fusionsreaktor der Welt: Das Bild zeigt brodelndes Sonnenplasma, den Grundstoff, den die Sonne zur Kernfusion benötigt. (Bild: G.Scharmer (ISP, RSAS) et al., Lockheed-Martin solar & Astrophysics Lab.)

INFO

DAS GERANGEL UM DEN NOBELPREIS

Einstein erhielt den Nobelpreis für Physik sehr spät und dann auch nicht für die Relativitätstheorie, sondern für seine Beiträge zur Quantentheorie. Warum?

Einstein wurde zwischen 1909 und 1922 fast jedes Jahr für den Preis nominiert. Immer wieder wurde aber darauf verwiesen, dass man erst zweifelsfreie experimentelle Bestätigungen bräuchte, bevor man Einstein auszeichnen könne. Als diese schließlich vorlagen, beauftragte das Nobelkomitee eines seiner Mitglieder mit einem Bericht über die Relativitätstheorie. Dieser Gutachter hatte aber wesentliche Aspekte der Allgemeinen Relativitätstheorie gar nicht verstanden und lehnte Einstein deshalb ab. Als der Druck der Physiker immer größer wurde, gab das Komitee nach und verlieh Einstein 1922 (für das Jahr 1921) endlich den begehrten Preis – aber für die Quantentheorie.

fusion. Sie basiert auf dem Verschmelzen leichter Atomkerne. Alle Sonnen im Weltall, einschließlich unserer Sonne, erzeugen auf diese Weise ihre Energie. In mehreren Schritten verschmelzen insgesamt vier Wasserstoffkerne (Protonen) zu einem Heliumkern. Dieser ist jedoch leichter als die Summe der vier Protonen, weil er aus zwei Protonen und zwei Neutronen besteht. Die Massendifferenz von ungefähr einem Prozent wird bei jedem Reaktionsschritt in Form von Strahlungsenergie abgegeben. In jeder Sekunde verwandelt der „Kernfusionsreaktor Sonne" etwa vier Millionen Tonnen Materie in Energie. Diese Menge würde ausreichen, um eine Million Jahre lang den gesamten heutigen Energiebedarf der Menschheit zu decken.

Technisch hat die Kernfusion ihre Anwendung im Bau von Wasserstoffbomben gefunden. Die kontrollierte Fusion in einem Energie liefernden Reaktor ist noch nicht möglich. Sie ist das Ziel einer weltweiten Zusammenarbeit.

Da die Wesensverwandtschaft von Energie und Masse für jede Art von Energie gilt, ist auch das Glas mit heißem Wasser schwerer als das mit kaltem. So wird ein Liter Wasser bei Erwärmung um 20 °C um ein Milliardstel Gramm schwerer. Messen kann man das nicht. Aber wir können es Einstein glauben.

Von der Lichtwelle zum Quantenspuk

„Falls Gott die Welt geschaffen hat, war seine Hauptsorge sicherlich nicht, sie so zu machen, dass wir sie verstehen."

Einstein an David Bohm, 10.2.1954

Die Frage nach der Natur des Lichts zieht sich wie ein roter Faden durch die gesamte Physikgeschichte. Im 17. Jahrhundert standen sich zwei Ansichten gegenüber. Eine Gruppe, zu der beispielsweise der Holländer Christiaan Huygens gehörte, zog aus Experimenten den Schluss, dass Licht eine Welle sein müsse. Licht kann nämlich „um die Ecke herum" in den Schattenraum eines Hindernisses scheinen. Das nennt man nach Huygens „Beugung". Dem gegenüber stand die Theorie Newtons. Er nahm an, dass Licht aus einem Teilchenstrom besteht. Im Jahre 1802 schien sich dieser Streit für Huygens zu entscheiden, als Thomas Young in England seinen legendären Doppelspalt-Versuch durchführte. Young leitete Licht durch eine doppelt geschlitzte Kartonblende auf eine Projektionswand. Überraschenderweise bildeten sich dort nicht die zwei Spalte hell ab, sondern es erschien ein Muster aus mehreren hellen und dunklen Streifen. Dieser Effekt lässt sich damit erklären, dass Licht aus Wellen besteht: Hinter den beiden Spalten überlagern sich die gebeugten Wellen, das nennt man Interferenz. Treffen dabei Wellenberge auf Wellentäler, so löschen sie sich gegenseitig aus (dunkle Streifen), an anderen Stellen verstärken sich Täler und Täler, Berge und Berge (helle Streifen).

Knapp hundert Jahre lang blieb die Wellentheorie unangefochten. Dann beschäftigte sich Max Planck mit der bedeutenden Frage: Warum strahlen feste Körper und Gase Licht in Farben ab, die offenbar nur von der Temperatur des Strahlers abhängen? Erhitzt man beispielsweise Eisen, erstrahlt es mit steigender Temperatur zunächst rot glühend, anschließend gelblich und schließlich intensiv weißlichblau. Steckte ein Naturgesetz dahinter? Planck fand eine später nach ihm benannte Strahlungsformel, die genau dieses Verhalten beschrieb. Aber um sie mit den Messergebnissen in Einklang bringen zu können, musste er eine Konstante einführen, das Planck'sche Wirkungsquantum h. Planck selbst war die Konsequenz seiner Entdeckung gar nicht bewusst: Die überraschende Tatsache, dass Materie Strahlung stets nur in einzelnen „Paketen"

Welle oder Teilchen: Das Rastertunnelmikroskop (RTM) macht beides sichtbar. Eisenatome, mit dem RTM in eine ovale Anordnung geschoben, auf einem Kupfersubstrat, dessen „eingesperrte" Elektronen ein stehendes Wellenfeld bilden. Die gesamte Konstruktion ist rund 5000fach kleiner als der Durchmesser eines menschlichen Haares. (Bild: IBM Almaden)

INFO

STROM AUS SONNENLICHT

Solarzellen gewinnen nahezu verschleißfrei Strom aus Sonnenlicht. Ihr Funktionsprinzip ist der so genannte innere Fotoeffekt: Hierfür benötigt man einen Halbleiter, der Sonnenlicht absorbiert, zum Beispiel Silizium. Die Photonen setzen Elektronen frei, die durch ein elektrisches Feld innerhalb des Halbleiters zu einer Seite hin beschleunigt werden: Es kommt zur Ladungstrennung, und die so aufgebaute Spannung kann abgegriffen werden. Der Stromkreis wird über einen Verbraucher geschlossen, damit die Elektronen wieder in den oberen Teil der Solarzelle zurückkehren können. Heute versucht man insbesondere den Wirkungsgrad von Solarzellen zu erhöhen und den Materialaufwand zu verringern. Der Anteil der Photovoltaik an der gesamten Stromerzeugung ist zwar gering, aber er steigt. In Deutschland hat sich die gesamte installierte Leistung von 9 MW im Jahr 1993 bis auf 410 MW im Jahr 2003 vergrößert. Weltweit führend ist Japan mit 860 MW, gefolgt von Deutschland und den USA mit 275 MW. (Bild: Fraunhofer ISE)

oder Quanten aufnehmen oder abgeben kann und nicht kontinuierlich, wie man bis dahin meinte, passte einfach nicht in den Rahmen der damaligen Physik. Einstein war der Erste und lange Zeit auch der Einzige, der die ungeliebten Quanten ernst nahm.

Wieder einmal war es ein innerer Widerspruch, der Einstein zu denken gab. Licht, oder allgemein elektromagnetische Strahlung, sollte eine im Raum ausgedehnte Welle sein. Wie aber kann ein winziges Atom oder Elektron eine Welle verschlucken, die im Prinzip eine beliebig große Amplitude haben kann? Genau das aber sollte geschehen, wenn ein Körper Licht absorbiert. Einstein nahm deshalb an, dass die Energie eines Lichtstrahls „aus einer endlichen Zahl von ... Energiequanten [besteht], welche sich bewegen, ohne sich zu teilen und nur als Ganzes absorbiert und erzeugt werden können." Kurz: Licht sollte aus einem Schwarm von Teilchen bestehen, die man später als Photonen bezeichnete.

Mit dieser Hypothese konnte Einstein ein bis dahin rätselhaftes Phänomen erklären: den fotoelektrischen Effekt. Schon 1886 hatte Heinrich Hertz beobachtet, dass manche Metalle Elektronen abgaben, wenn er ihre Oberfläche mit Licht bestrahlte. Überraschenderweise waren die wegfliegenden Elektronen umso schneller, je kurzwelliger das eingestrahlte Licht war. Anders gesagt: Ihre kinetische Energie wuchs mit der Frequenz des Lichts. Nach der klassischen Physik erwartete man etwas anders: Die kinetische Energie sollte mit steigender Intensität des Lichts zunehmen. Je intensiver die Einstrahlung, desto schneller sollten die Elektronen herausfliegen. Stattdessen variierte ihre Geschwindigkeit nun in Abhängigkeit von der Farbe, also der Frequenz des Lichts. Wie war das zu erklären?

Nach Einstein besteht das Licht aus Photonen, deren Energie sich aus dem Produkt des Planck'schen Wirkungsquantums h und der Frequenz ν ergibt: $E=h\nu$. Das bedeutet, dass die Energie des Lichts mit wachsender Frequenz (entsprechend abnehmender Wellenlänge $\lambda=c/\nu$; c=Licht-

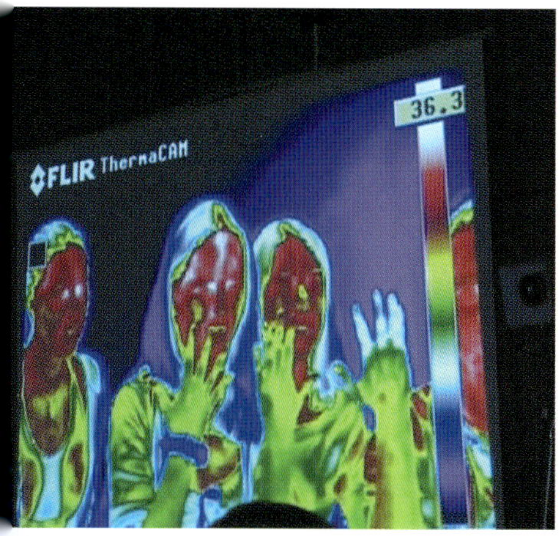

Infrarotlicht – vulgo Wärmestrahlung – ist der energiearme Cousin des UVs und besitzt ebenso wie dieser nicht nur Wellen-, sondern auch Teilchencharakter. Letztere Eigenschaft machen sich Wärmekameras zu nutze, um Temperaturverläufe bildlich festzuhalten. (Bild: Wassermann, Universität Duisburg-Essen)

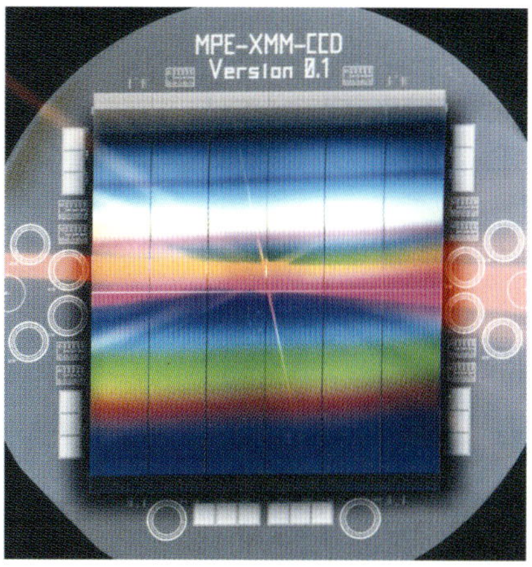

Der Fotoeffekt liegt den CCDs (Charge Coupled Device; ladungsgekoppeltes Halbleiter-Bauelement) zugrunde, die sich heute in jeder Digitalkamera befinden. (Bild: MPI für extraterrestrische Physik)

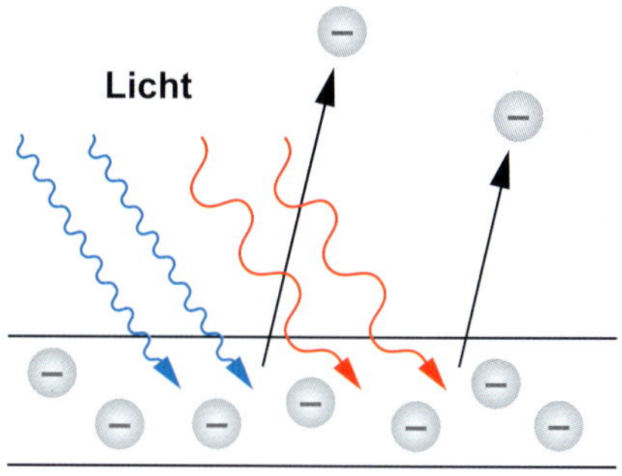

Trifft Licht auf ein Metall, kann es elektrische Ladungen freisetzen. Die Entschlüsselung dieses „fotoelektrischen Effekts" brachte Albert Einstein den Physik-Nobelpreis ein. (Bild: iserundschmidt)

WELTREKORD MIT NUNA 2

INFO

Nicht ganz so schnell wie Michael Schumachers Ferrari, dafür aber ohne einen Liter Benzin fährt das Solarmobil Nuna 2. Holländische Studenten haben das Gefährt gebaut, das eine Spitzengeschwindigkeit von 170 Kilometer pro Stunde erreicht. Im Jahr 2003 gewann das Team mit Nuna 2 den World Solar Challenge in Australien, als es eine 3010 Kilometer lange Strecke in 31 Stunden zurücklegte. Den Strom für den Elektromotor lieferten Gallium-Arsenid-Solarzellen, welche die Europäische Weltraumbehörde für ihre Satelliten entwickelt hat. (Bild: ESA)

geschwindigkeit) zunimmt. Einfach gesagt: UV-Licht ist energiereicher als blaues oder rotes Licht und verleiht damit den Elektronen beim Zusammenstoß auch mehr Energie. Ganz so einfach ist das Bild von den fliegenden Minikugeln, den Photonen aber nicht. Da Photonen Lichtgeschwindigkeit haben, können sie nach Einsteins spezieller Relativitätstheorie keine Masse haben. Sie „wiegen" nichts, wenn man sie im Fluge auf eine Waage legen könnte. Der Physiker sagt, ihre „Ruhemasse" im mitbewegten Inertialsystem ist Null.

Bei allem Erfolg, Einstein war sich darüber im Klaren, dass die alte Wellentheorie des Lichts nicht ganz falsch sein konnte. Beugung und Interferenz, das war ja Realität. Seine Lichtquanten bildeten auch nicht reine Teilchenströme à la Newton. Vielmehr war Einstein auf den so genannten Welle-Teilchen-Dualismus gestoßen, ohne dafür eine abschließende Erklärung zu haben. Er ahnte aber, dass „eine tiefgehende Änderung unserer Anschauungen vom Wesen und von der Konstitution des Lichts unerlässlich" sein würde, um das Rätsel zu lösen. Louis Victor de Broglie lieferte die Lösung erst im Laufe der 1920er-Jahre im Rahmen der modernen Quantentheorie.

Die technische Anwendung des fotoelektrischen Effekts im großen Stil ließ noch lange auf sich warten. Erst rund ein halbes Jahrhundert nach Einsteins Arbeit stellten die Bell Laboratories in den USA die erste Solarzelle aus Silizium her. Und heute benutzen wir Digitalkameras, die ganz ähnlich funktionieren. Ihr CCD-Chip besteht aus mehreren Millionen lichtempfindlichen Bildelementen, in denen Photonen ebenfalls Elektronen frei setzen. Nach der Belichtung liest die Kamera diese Elektronen aus und errechnet aus der Anzahl der Ladungsträger eine Bildhelligkeit. Auf diese Weise setzt beispielsweise eine Drei-Megapixel-Kamera aus drei Millionen Punkten ihr Bild zusammen.

Für seine Theorie der Lichtquanten verlieh man Einstein 1922 den Nobelpreis für Physik.

⇡ Zweimal Einstein in einem Bild: Vollautomatisiert teilt ein Laser eine Dünnschicht-Solarzelle in schmale Streifen. So entstehen großflächige Solarmodule. (Bild: FZ Jülich)

⇣ Der Laser ist heutzutage ein Präzisionswerkzeug mit unvorstellbaren Einsatzmöglichkeiten: Die Engelsskulptur entstand nach einem dreidimensionalen Computermodell und wurde Schicht um Schicht aus – mit dem Laser zusammengeschmolzenem – Keramikpulver aufgebaut. Nach einem ähnlichen Verfahren modellieren Laser auch Knochen- oder Zahnimplantate aus speziellem Metall- oder Keramikpulver. Als „Modell" dienen hier beispielsweise Daten aus der Computertomographie. (Fotos: Fraunhofer ILT, Fraunhofer IPT)

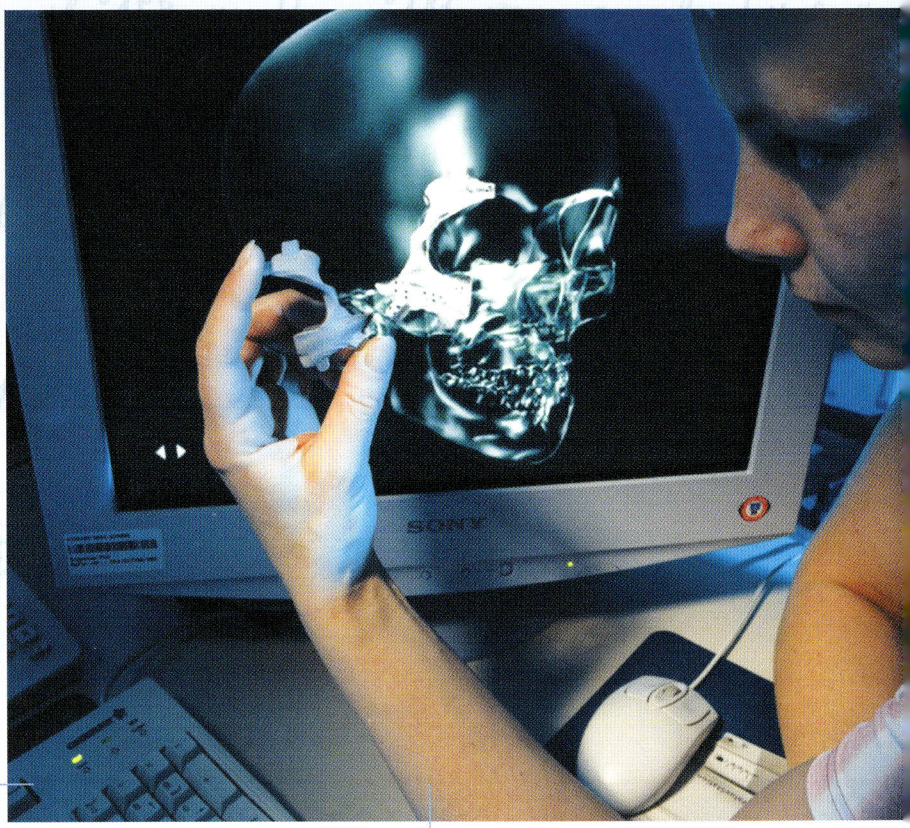

„Alles ganz quantisch" – der Laser

Was geschieht, wenn ein Photon mit einem Atom zusammenstößt? Einstein ließ diese Frage nicht los. Im August 1916 machte er eine Entdeckung mit weit reichenden Folgen. Seinem Freund Michele Besso schrieb er: „Es ist mir ein prächtiges Licht über die Absorption und Emission von Strahlung aufgegangen. ... Alles ganz quantisch." Einstein hatte sich ein System vorgestellt, in dem Atome Photonen aufnehmen. Dabei springt jeweils ein Elektron auf eine energetisch höhere „Bahn". Den Vorgang nennt man Absorption. Das Atom befindet sich danach in einem angeregten Zustand. Fällt das Elektron wieder auf die energetisch tiefer liegende ursprüngliche Bahn herunter, wird ein Photon abgegeben. Diesen Vorgang nennt man spontane Emission.

Doch dieses Herunterfallen geschieht nicht nur spontan. Es ist unter bestimmten Bedingungen auch möglich, dass ein Photon mit der Energie $E=h\nu$ beim Zusammenstoß mit einem angeregten Atom das Elektron von der höheren Bahn wieder gezielt in den Grundzustand zurück „schubst". Das nennt man stimulierte Emission. Hierbei wird ein zweites Photon ebenfalls mit der Energie $E=h\nu$ frei, das mit dem auslösenden Photon im Takt schwingt. Führt man den Versuch in einem Glasrohr durch, das noch weitere angeregte Atome der gleichen Art enthält, so können die beiden Photonen nun zwei weitere Atome zur Emission stimulieren und so weiter. Es entsteht eine Lichtlawine aus einfarbigem Licht, da alle Photonen die gleiche Frequenz ν haben. Bringt man an den Enden des Glasrohres Planspiegel an, so laufen die Lichtwellen aus den Photonen wie in einem Käfig (Resonator) hin und her und verstärken sich immer weiter, so lange man nur von außen „Anregungsenergie" in die Atome pumpt. Das ist das Prinzip des Lasers.

Dabei kommt wieder der Welle-Teilchen-Dualismus zum Vorschein: Das Prinzip der stimulierten Emission lässt sich nur unter der Annahme ableiten, dass Licht aus Photonen besteht. Das Phänomen des Lasers aber beschreibt man im Wellenbild. Es dauerte fast vierzig Jahre von Einsteins Arbeit bis zur Entwicklung des ersten Lasers 1954 . Heute sind Laser aus unserem Leben kaum mehr wegzudenken. Laserdioden lesen an Kaufhauskassen die Barcodes oder tasten CDs und DVDs ab. Rote Gaslaser, in denen Gemische aus Helium und Neon leuchten, nutzen wir in der Holografie und in der Spektroskopie.

⇢ HELGA WEIHS, HK-I-2003, 160 x 300 x 80 cm, www.galeriehoffmann.de

Laserstrahlen haben wir auch bis zum Mond geschickt und von dort zurückgespiegelt. Moderne Medizin vor allem in der Augenheilkunde ist ohne Laser undenkbar.

In den Naturwissenschaften sind Laser zu einem unentbehrlichen Werkzeug geworden, zum Beispiel, um Atome und Moleküle zu untersuchen, Spurenstoffe in der Atmosphäre nachzuweisen oder Werkstücke zu vermessen. Man kann mit ihnen Entfernungen und Geschwindigkeiten bestimmen, und mit Laserkreiseln äußerst präzise navigieren oder Drehbewegungen messen. Von neuesten Anwendungen – Kernfusion mit High-Power-Lasern oder Atome soweit abkühlen, dass man sie zu Bose-Einstein Kondensaten zusammenschieben kann – davon hat Einstein nichts geahnt. Gefreut hätte es ihn sicher.

König Zufall

In seiner Arbeit von 1916 über die stimulierte Emission war Einstein über etwas gestolpert, was ihn sein Leben lang nicht mehr loslassen sollte: der Zufall. „Die Schwäche der Theorie liegt ... darin, dass sie Zeit und Richtung der Elementarprozesse dem „Zufall" überlässt", schrieb er. Später sollte es sich im Rahmen der Quantentheorie erweisen, dass tatsächlich König Zufall im Reich der Atome regiert.

Die Quantentheorie behauptet, dass man viele Vorgänge grundsätzlich nicht vorhersagen kann, weil sich manche Größen naturbedingt nicht beliebig genau messen lassen. Die so genannte Heisenberg'sche Unschärferelation bringt dieses Phänomen zum Ausdruck. Unzählige Beispiele, wie radioaktiver Zerfall, Tunneleffekt oder Interferenz, zeugen vom Zufall in der

INFO

DER ZUFALL UND DIE KUNST

Die Abstände der hellen Hölzer auf dem nebenstehenden Bild wurden von der Künstlerin beim Aufbau der drei Meter hohen Skulptur und beim Bau eines verkleinerten Modells nach ihrer eigenen Aussage jeweils „spontan" gesetzt. Die Frage ist nun: Sind die Abstände zwischen den weißen Hölzern „zufällig" oder folgen sie unbewusst einer Regel? Günter Schwitzgebel, emeritierter Professor für Physikalische Chemie an der Universität Saarbrücken, hat diese Frage für unser Themenheft untersucht. Seine Studie „Irrflug und ästhetische Balance" dokumentieren wir hier in Auszügen:

Betrachtet werden die Abstände (x) zwischen den hellen Hölzern der Skulptur HK-I-2003. Deren Häufigkeitsverteilung führt zu folgendem Ergebnis: Die Abstandshistogramme zeigen eine bimodale Verteilung, d. h., die Häufigkeitsdichte h(x) hat zwei Maxima, ein absolutes bei kleinem x und ein relatives etwa in der Mitte des Variationsbereichs. Eine gute Approximation an eine stetige Kurve w (x) und eine mögliche Interpretation ergeben sich aus einem unkonventionellen Vergleich mit einem erweiterten eindimensionalen random-walk („Irrflug")-Modell. Identifiziert man die beiden Moden als Resultat zweier „momentaner Quellen" (W. Jost, Diffusion) in der Nähe der Extremwerte, ergibt sich w (x) als Superposition zweier gewichteter Gauß-Kurven, von denen die erste durch die im Nullpunkt gespiegelten Werte für x < 0 überlagert ist.

Das bedeutet: Die Abstände zwischen den hellen Hölzern sind nicht zufällig. Aber sie sind auch nicht nach Plan gesetzt. Aus der mathematischen Analyse ergeben sich „Quellen", die die Entscheidung über die Lage der Hölzer beeinflussen. *Diese „Quellen",* so Schwitzgebel, *sind vielleicht im schöpferischen Unbewussten zu lokalisieren. Es geht Helga Weihs einerseits darum, mit einer dynamischen Lichtführung zwischen den Hölzern möglichst viele Durchblicke zu erzeugen, andererseits die Strenge der Symmetrie aufzulösen. Die ästhetische Balance setzt dem Zufall Grenzen.*

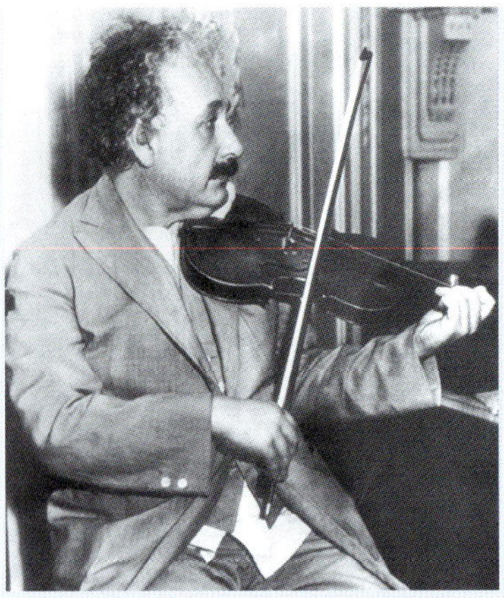

INFO

EINSTEIN UND MOZART, EINE SEELENVERWANDTSCHAFT

Einstein, der für sein Leben gern Geige spielte, liebte vor allem die Kompositionen des großen Wolfgang Amadeus: „Mozarts Musik ist so rein und schön, dass ich sie als die innere Schönheit des Universums ansehe", sagte er einmal. Und er spielte Mozart grandios. Obwohl Einsteins Geigenspiel unter seinen Zeitgenossen als nicht wirklich herausragend galt, spielte er Mozarts Stücke, als seien sie für ihn geschrieben. Der Cellist Alexander Barjansky äußerte sich in höchsten Tönen: „Wie Einstein Mozart spielte, war einzig. Ohne ein Virtuose zu sein, und vielleicht deswegen hat er die Tiefe und Tragik des Mozartschen Genies so selbstverständlich auf seiner Geige wiedergegeben." Was verband die beiden Grenzgänger? Darüber läßt sich nur spekulieren. Vielleicht war es eine besondere Leidenschaft für die harmonische Ordnung der Zahlen. Der Komponistenkollege Richard Wagner jedenfalls sah die Einzigartigkeit Mozarts gerade darin, dass sich bei ihm die empfindlichste Grazie mit einer erstaunlichen Begabung für Arithmetik verbunden habe.
(BIld: Picture-Alliance/dpa)

→ Brown'sche Molekularbewegung: Unbelebte Partikel bewegen sich wie von Geisterhand, wenn etwa Tinte sich langsam in einem Glas Wasser ausbreitet, bis es keine Konzentrationsunterschiede mehr gibt. (Bild: photocase.de)

↓ Mit „Ionenfallen" ist es möglich, einzelne Atome gezielt zu beeinflussen – wichtig für Experimente zur „spukhaften Fernwirkung" und für die Forschung an einem neuen Typ von Rechenmaschine: dem Quantencomputer. Mit Hilfe der abgebildeten Ionenfalle wurden an der Universität Innsbruck erfolgreich Quantenzustände von Ionen übertragen – die so genannte Quantenteleportation, die in der Phantasie von Science-Fiction-Autoren dereinst das Beamen ermöglichen soll. (Bild: Institut für Experimentalphysik, Uni Innsbruck)

Quantenwelt. Einstein war dennoch Zeit seines Lebens davon überzeugt, dass sich alle Vorgänge beliebig genau vorausberechnen lassen, sofern man alle dafür nötigen physikalischen Größen genau kennt. „Zu einem Verzicht auf die strenge Kausalität möchte ich mich nicht treiben lassen, bevor man sich nicht ganz anders dagegen gewehrt hat als bisher ... Wenn schon, dann möchte ich lieber Schuster oder Angestellter in einer Spielbank sein als Physiker", sagte er 1924.

Spukhafte Fernwirkung

Im Jahre 1935 startete Einstein seinen letzten Angriff auf die Quantentheorie. Zusammen mit Nathan Rosen und Boris Podolsky veröffentlichte er eine erstaunliche Arbeit, in der er ein ganz zentrales Phänomen der Quantenmechanik unter die Lupe nahm. Demnach kann es unter bestimmten Umständen passieren, dass zwei oder mehrere Quantenobjekte miteinander „verschränkt" werden und von da an wie mit einem unsichtbaren Band verwoben bleiben. Ohne äußere Störung können sich die beiden Geschwister beliebig weit voneinander entfernen, ohne dass das Band zerreißt.

Die Quantentheorie sagt nun Folgendes voraus: So lange die Teilchen oder Photonen unterwegs sind, sind ihre Eigenschaften, wie Spin oder Polarisation, unbestimmt. Alle Eigenschaften überlagern einander. So bald man aber eine dieser Eigenschaften von einem der beiden Geschwister misst, nimmt diese einen bestimmten Wert an. Im selben Moment wird die entsprechende Größe auch bei dem Geschwisterquant festgelegt – egal, wie weit die beiden Objekte voneinander entfernt sind. Einstein bezeichnete dieses Phänomen verschränkter Teilchen als „spukhafte Fernwirkung" und sah darin ein Argument gegen die Quantentheorie, denn nach seiner Relativitätstheorie kann sich keine Information schneller als Licht ausbreiten.

Doch was Einstein nicht glauben mochte, demonstrieren Physiker heute immer wieder im Labor. Es widerspricht dem gesunden Menschenverstand: Doch die schöne neue Quantenwelt ist manchmal so verrückt wie Alices Wunderland.

Der rätselhafte Tanz der Moleküle

„Ich bin fest davon durchdrungen, daß keine Reichtümer der Welt die Menschheit weiterbringen können."
WIE ICH DIE WELT SEHE, EINSTEIN 1930

Woraus bestehen feste Körper, Flüssigkeiten wie Wasser oder Gase wie die Luft? Aus Atomen bzw. Molekülen, wie man heute weiß. Doch um 1900 herum war dies noch keineswegs gesichert. Einer der prominentesten Gegner der „Atomisten" war der österreichische Physiker Ernst Mach, nach dem später die Schallgeschwindigkeit benannt wurde. Wenn in seiner Gegenwart jemand von Atomen sprach, fuhr er ihn gleich an: „Haben's denn schon eins gesehen?" Für Einstein indes stand fest, dass jede Art von Materie aus Atomen und Molekülen besteht. Sehen konnte auch er sie nicht, aber 1905 stieß er auf eine geniale Methode, wie man etwas über die Größe von Molekülen erfahren kann, auch ohne sie direkt beobachten zu können.

Ausgangspunkt war die Entdeckung eines Botanikers namens Robert Brown. Er beobachtete 1827 unter dem Mikroskop eine unregelmäßige Bewegung von Pollenkörnern, die er in einen Tropfen Wasser eingebracht hatte. Diese winzig kleinen Partikel führten einen lebhaften, nie enden wollenden Tanz auf, der schlicht unerklärlich blieb. Zunächst lag der Vergleich mit der Wanderung von Samenfäden nahe. Dann bemerkte Brown das Phänomen jedoch auch bei kleinsten Partikeln der unbelebten Materie. Es musste also physikalischer und nicht biologischer Natur sein. Eine vollständige Beschreibung der Brown'schen Bewegung fand man jedoch nicht. Die gelang erst Einstein im Jahre 1905.

Genau genommen bezog sich Einstein gar nicht speziell auf die Brown'sche Bewegung, von der er nur ungenaue Kenntnis hatte. Sein Grundgedanke war, dass die Moleküle einer Flüssigkeit auf

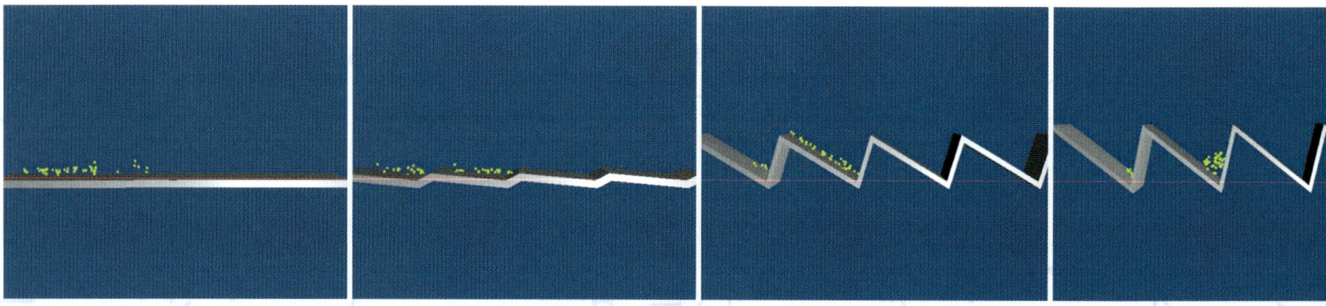

Das chaotische Zappeln der kleinsten Partikel in eine zielgerichtete Bewegung umzuwandeln, ist der Gedanke hinter dem „Brown'schen Motor". Die Bildfolge zeigt, wie eine ungerichtete Teilchenbewegung mittels trickreich angelegter (beispielsweise elektrischer) Potentiale (Zacken) in einen gezielten Teilchenstrom verwandelt werden kann. Wie bei einer Ratsche mit einrastenden Klinken wird nur die Bewegung in die gewünschte Richtung fixiert, so dass nach und nach ein Teilchenstrom entsteht – ein Prinzip, das auch die Natur für den Stofftransport innerhalb von Zellen einsetzt. (Bild: H. Gumpp, LMU München)

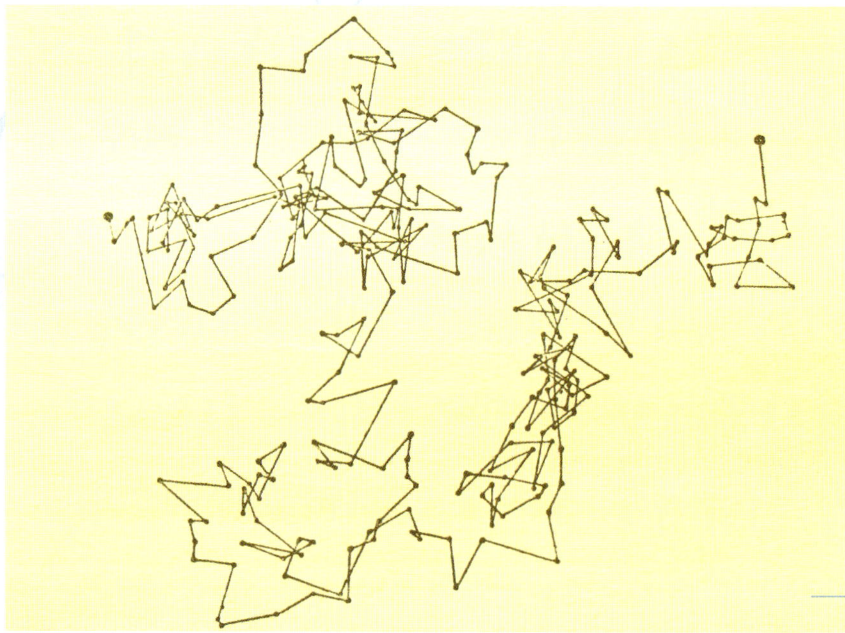

In seinem Buch „Die Atome" schildert Jean Perrin seine Experimente zur Brown'schen Bewegung, die er sogar am Mikroskop sitzend nachzeichnete. (Bild: T. Bührke)

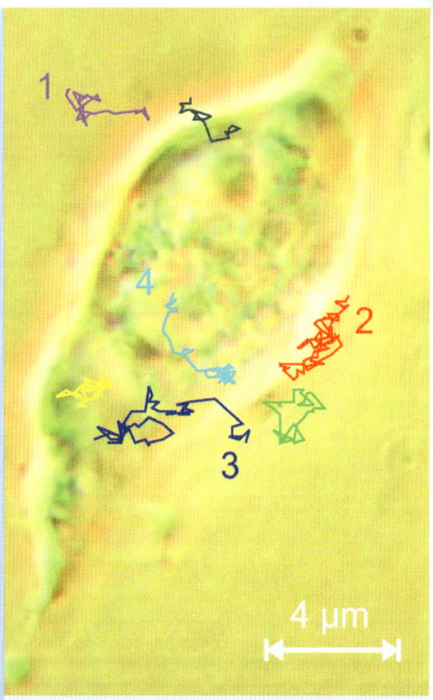

INFO

VIRENINFEKTION

Physikochemiker haben festgestellt, dass Viren eine Brown'sche Bewegung ausführen, wenn sie in eine Zelle eindringen. Zunächst diffundiert das Virus frei in der Lösung (Station 1), dann dockt es an die Zellmembran an (2) und durchdringt sie (3). Anschließend diffundiert es im Zytoplasma der Zelle (3), bis es in den Zellkern eindringt (4). (Bild: C. Bräuchle, T. Endreß, LMU München, Science 294 (2001) 1929)

Grund der Wärme Bewegungsenergie besitzen und deshalb unablässig völlig ungeordnet hin und her zappeln. Wenn man nun in diese Flüssigkeit ein relativ „großes" Partikel von vielleicht einem tausendstel Millimeter Durchmesser einbringt, müsste sich dieses ebenso verhalten wie die winzigen, es umgebenden Moleküle. Das Zappeln und Herumflitzen des Probe-Partikels jedoch ließe sich wegen seiner relativen Größe mit einem Lichtmikroskop beobachten. Man könnte so die Wärmebewegung sichtbar machen.

Einstein entwickelte eine statistische Methode, mit der er das Verhalten der Moleküle beschreiben konnte. Diese stoßen unablässig mit dem größeren Kügelchen zusammen und schubsen es hin und her. Das erklärte die von Brown beobachtet Zitterbewegung. Wenn es nun in der Flüssigkeit Dichteunterschiede gibt, wird das Teilchen zwar weiterhin hin und her tanzen, im Laufe der Zeit sich jedoch langsam in die Richtung bewegen, in der die Dichte am kleinsten ist. Es folgt dem Konzentrationsgradienten. Dies ist der auch schon damals lange bekannte Vorgang der Diffusion. Das (makroskopische) Fortschreiten einer Diffusionsfront lässt sich auch ohne Mikroskop leicht beobachten. Gibt man einen Tropfen Tinte in ein Wasserglas, verhält sich jedes Tintenpartikel wie ein Brown'sches Teilchen, und alle zusammen breiten sich langsam im Wasser aus, bis es keine Konzentrationsunterschiede mehr gibt.

Einstein konnte diesen Vorgang auch mathematisch beschreiben. Besondere Bedeutung kam seiner Arbeit jedoch deshalb zu, weil man aus den Gleichungen

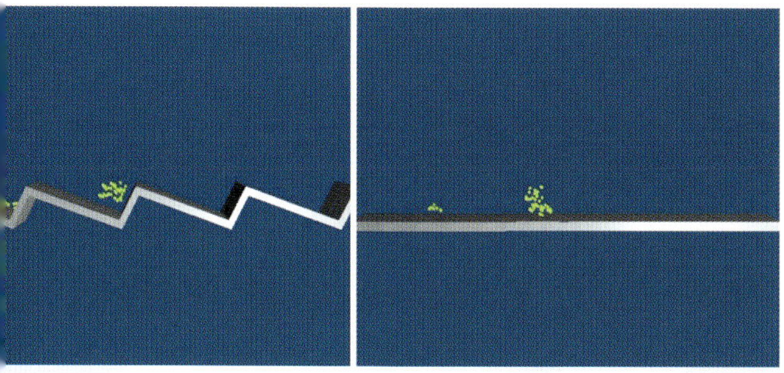

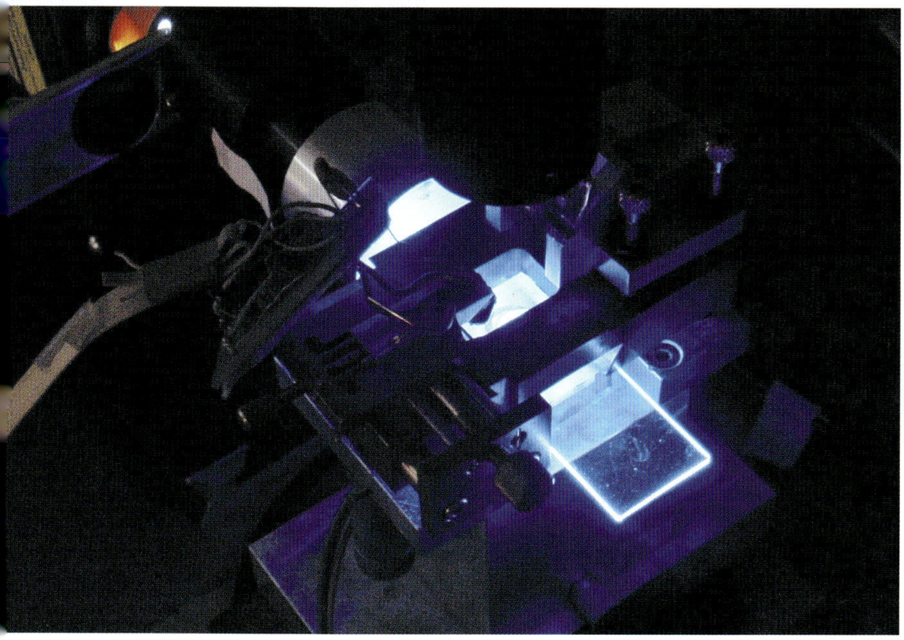

Mit diesem Versuchsaubau betreiben Münchener Wissenschaftler einen molekularen Motor, der mit Licht gespeist wird. (Bild: LMU München)

Aussagen über Größe der nicht sichtbaren Moleküle der umgebenden Flüssigkeit machen konnte und eine Fundamentalkonstane, die so genannte Avogadrozahl (die Anzahl der Moleküle in einer bestimmten Stoffmenge) bestimmen konnte. Diese bahnbrechende Arbeit wurde wenig später durch den französischen Forscher Jean Perrin aufgegriffen. Er experimentierte mit Brown'schen Teilchen und bestätigte 1908 Einsteins Theorie sehr genau. Damit ließ sich die Existenz von Atomen und Molekülen nicht mehr leugnen. Perrin erhielt hiefür 1926 den Nobelpreis für Physik.

Diffusionsvorgänge findet man fast überall in der Natur, nicht nur in Flüssigkeiten sondern auch in Gasen und in festen Körpern. Die gesamte moderne Entwicklung der Halbleiterindustrie und die Herstellung von Chips wäre ohne kontrollierte Diffusionsvorgänge undenkbar. Aber der kontrollierten Diffusion verdanken wir auch alkoholfreies Bier. Klimaforscher verwenden Einsteins Theorie, um die Ausbreitung von Schwebeteilchen in der Atmosphäre zu berechnen. Astronomen nutzen sie, um zu verstehen, auf welche Weise winzige Staubpartikel sich zu riesigen Planeten zusammenlagern. Man findet Einsteins Theorie in der Verkehrsforschung ebenso wie in der Ökologie und der Biologie. Keine andere Arbeit aus seinem Wunderjahr wurde so häufig zitiert wie diese. Und nicht zuletzt erhielt Einstein für seine Bestimmung von Molekülgrößen den lang ersehnten Doktortitel.

INFO

„BIER MACHT DUMM“

Einstein trank wenig Alkohol und wenn, dann nur zu gesellschaftlichen Anlässen. „Bier macht dumm“, sagte er einmal. Es würde ihn deshalb sicher freuen, wenn er erführe, dass die heute angewandte Technik zur Herstellung von alkoholfreiem Bier auf seiner Theorie der Diffusion und Osmose beruht. Und das funktioniert so: Man erhitzt normales Bier, so dass der Alkohol verdunstet. Da hierbei aber auch Aromastoffe verfliegen, schmeckt dieses ausgekochte, entalkoholisierte Bier nicht. Man nutzt es jedoch, um normal gebrautem Bier den Alkohol zu entziehen. Hierfür lässt man das normale und das entalkoholisierte Bier aneinander vorbeiströmen, trennt sie aber dabei mit einer halbdurchlässigen Membran voneinander. Wegen der unterschiedlichen Alkoholkonzentrationen diffundieren Alkoholmoleküle vom normalen in das entalkoholisierte Bier, bis die Konzentration ausgeglichen ist. In einem geschlossenen Kreislauf wird nun das „ausgekochte“ Bier aufs Neue erhitzt und wieder an der Membran entlang geleitet. Schritt für Schritt enthält man normales, ungekochtes Bier nahezu ohne Alkohol. Bei diesem Prozess kann man nicht anstelle von entalkoholisiertem Bier beispielsweise Wasser verwenden. Dann würden nämlich auch sämtliche Aromastoffe durch die Membran wandern. Und das Ergebnis wäre nicht nur alkohol- sondern auch ziemlich geschmacksfrei.
(Bild: photocase.de)

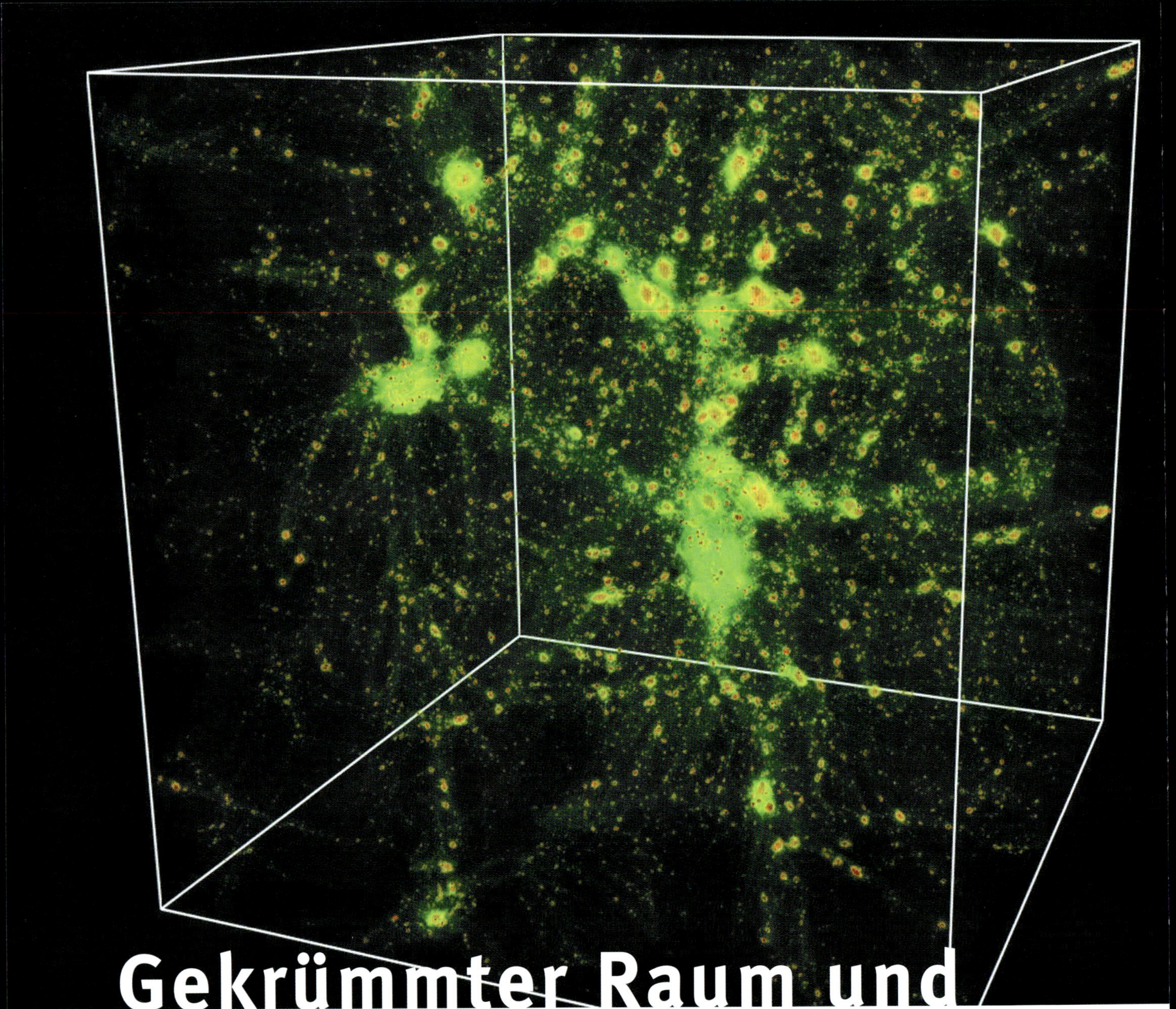

Gekrümmter Raum und gedehnte Zeit

„Wichtig ist, dass man nicht aufhört zu fragen."

EINSTEIN ZU EINEM STUDENTEN, 1955

Die Spezielle Relativitätstheorie hatte Raum und Zeit, Energie und Materie in einem ganz neuen Licht erscheinen lassen. Sie waren keine festen Größen mehr, sondern veränderten sich mit der Geschwindigkeit eines Beobachters. Alle neuen Gesetze galten jedoch ausdrücklich nur für Körper, die sich mit gleich bleibender Geschwindigkeit bewegen. Ende des Jahres 1915 veröffentlichte Einstein eine weitere Theorie, in der er nun auch gleichmäßig beschleunigte Bewegungen in das bisherige Weltbild mit einbezog. Das Ergebnis war eine neue Theorie der Schwerkraft, die Allgemeine Relativitätstheorie.

Der entscheidende Gedanke war Einstein schon 1907 gekommen. „Ich saß auf meinem Stuhl im Patentamt in Bern. Plötzlich hatte ich einen Einfall: Wenn sich eine Person im freien Fall befindet, wird sie ihr eigenes Gewicht nicht spüren. Ich war verblüfft. Dieses einfache Gedankenexperiment machte auf mich einen tiefen Eindruck. Es führte mich zu einer Theorie der Gravitation".

Einstein faszinierte die Vorstellung, dass die Schwerkraft im freien Fall, in dem sich ein Körper beschleunigt bewegt, aufgehoben ist. Schwerkraft und Beschleunigung sind „wesensverwandt". Physikalisch lassen sie sich gar nicht voneinander unterscheiden, wie man sich leicht klarmachen kann. Wenn ein Mensch in einem rundum geschlossenen Kasten steht, so kann er nicht entscheiden, ob er auf dem Erdboden ruht und die Schwerkraft ihn nach unten zieht, oder ob der Kasten ein Raumschiff ist, das sich stark beschleunigt nach oben bewegt und ihn deshalb auf den Boden drückt.

Aus dieser so genannten Äquivalenz von Schwerkraft und Beschleunigung lassen sich viele der erstaunlichen Erkenntnisse der Allgemeinen Relativitätstheorie ableiten. Hierzu ein weiteres Gedankenexperiment.

Stellen wir uns ein Raumschiff vor, in dem ein Lichtstrahl von der linken zur rechten Wand läuft. Fliegt die Rakete mit gleich bleibender Geschwindigkeit, so läuft der Lichtstrahl in gerader Linie von einer Wand zur anderen, denn nach der Speziellen Relativitätstheorie ist ein gleichmäßig fliegendes Raumschiff von einem ruhenden nicht zu unterscheiden.

Schwerkraft oder Beschleunigung? In einem rundum geschlossenen Raum ist es nicht zu unterscheiden, ob die Schwerkraft eines Planeten oder eine Beschleunigung nach oben die im Raum befindliche Masse gen Boden zieht. (Illustration: iserundschmidt, Timo Meyer)

Dunkle Materie stellt den Großteil aller Massen im Kosmos, verrät sich jedoch nur durch ihre Gravitationswirkung auf andere Objekte. Wissenschaftler von der Universität Princeton haben die großräumigen Strukturen der Dunklen Materie in dieser Simulation einmal sichtbar gemacht. Das filigrane Netz aus dichten (rot) und weniger dichten Strukturen (grün) erstreckt sich hier in einem Würfel mit ganzen 121 Millionen Lichtjahren Kantenlänge. (Bild: Dr. Renyue Cen, Princeton University)

Verformung der Raumzeit in der Nähe einer kugelförmigen Masse: ein „Gravitationstrichter“. (Bild: iserundschmidt)

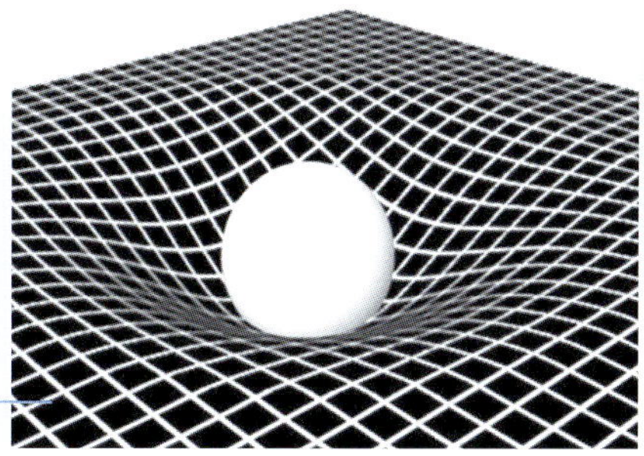

INFO

ZEITTAFEL

1908 Habilitation und Privatdozent an der Universität Bern.

1909 Außerordentlicher Professor an der Universität Zürich.

1914 Preußische Akademie der Wissenschaften in Berlin.

1915 Allgemeine Relativitätstheorie.

1919 Februar: Scheidung von Mileva. Juni: Heirat mit Elsa.

1922 Verleihung des Physik-Nobelpreises für das Jahr 1921.

1933 Nach der Machtergreifung der Nationalsozialisten Emigration in die USA.

1939 Einstein empfiehlt Präsident Roosevelt den Bau einer Atombombe.

1940 Amerikanischer Staatsbürger. Am Bau der Atombombe ist er nicht beteiligt.

1945 Einstein setzt sich für eine Weltregierung ein.

18. April 1955 Einstein stirbt im Princeton Hospital. Seine Asche wird an einem unbekannten Ort verstreut.

Nun zünden die Triebwerke, die Rakete wird beschleunigt: Während der Lichtstrahl die Kabine durchquert, schießt die Rakete beschleunigt nach oben. Als Folge davon trifft der Strahl etwas weiter unterhalb als zuvor auf die rechte Wand. Aus der Sicht eines mitfliegenden Astronauten legt das Licht eine gekrümmte Strecke zurück. Nach dem Äquivalenzprinzip sind physikalische Effekte bei beschleunigter Bewegung und Schwerkrafteinfluss aber gleich. Nach Einsteins Überlegung wird daher Licht auch durch die Schwerkraft beispielsweise eines Himmelskörpers abgelenkt.

Diese Erkenntnis war für Einstein ganz entscheidend. Nach jahrelangem Grübeln kam er zu dem Schluss, dass Materie nicht nur Lichtwege krümmt, sondern den Raum um sich herum verbiegt. Je schwerer ein Körper ist, und je näher man ihm kommt, desto stärker ist die Krümmung. Man kann sich dies an einem straff gespannten Gummituch veranschaulichen. Es stellt den um eine Dimension verringerten Raum dar, so dass er nun als Fläche erscheint. Ohne Materie ist das Tuch eben. Legt man aber eine Eisenkugel hinein, die einen Himmelskörper darstellen soll, so erzeugt diese um sich herum eine Mulde. Sie entspricht der Raumkrümmung. Alle Körper und auch Licht, die von außen her sich auf diesen Himmelskörper zubewegen, müssen also sein ihn umgebendes eingedelltes Raumgebiet auf einer krummen Bahn durchqueren. Sind sie zu langsam, werden sie in der Raumdelle eingefangen. Der Mond läuft also deshalb um die Erde, weil die Raumkrümmung ihn auf seiner Bahn hält. Im „Gravitationstrichter“ der Erde ist er gefangen wie ein Hamster im Laufrad.

Die Theorie der Raumkrümmung wurde 1919 durch eine spektakuläre astronomische Beobachtung bestätigt. Das Verfahren funktioniert auf folgende Weise: Während einer totalen Sonnenfinsternis werden – weil die Sonne abgedunkelt ist – in der Umgebung der Sonne einige Sterne sichtbar, deren Positionen nun sehr genau vermessen werden können. Nach der Allgemeinen Relativitätstheorie laufen die Lichtstrahlen von diesen Sternen her auf dem Weg zur Erde durch das Schwerefeld unseres abgedunkelten Tagesgestirns und beschreiben in seinem Gravitationstrichter einen Bogen. Dies hat zur Folge, dass die entsprechenden Sternpositionen nun geringfügig verschoben erscheinen relativ zu den Positionen, die man durch Vergleich mit einer zweiten Aufnahme desselben Himmelsfeldes ermittelt. Diese zweite Aufnahme macht man zu einem anderen Zeitpunkt, beispiels-

INFO

EINSTEIN-KREUZ

Das Einstein-Kreuz besteht aus vier Bildern eines mehrere Milliarden Lichtjahre entfernten Quasars. Sie entstehen durch die Gravitationslinsenwirkung einer Galaxie, deren Zentrum sich genau in der Mitte des Einstein-Kreuzes befindet. (Bild: NASA/ESA)

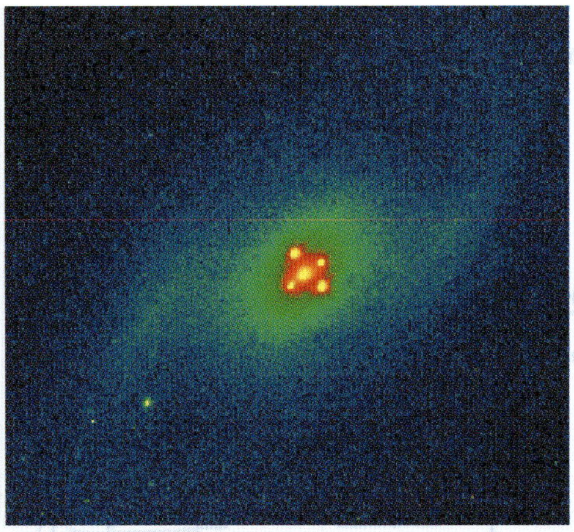

INFO

KOSMISCHE BRENNGLÄSER

Im Gravitationsfeld des Galaxienhaufens Abell 2218 wird das Licht dahinter befindlicher Galaxien so stark abgelenkt, dass diese als blaue Bögen erscheinen. Dieser Gravitationslinseneffekt ist einerseits ein Beleg für die Richtigkeit der Allgemeinen Relativitätstheorie. Andererseits nutzen Astrophysiker ihn, um die Masse von Galaxienhaufen zu bestimmen. Auf diese Weise lässt sich beispielsweise unsichtbare, so genannte Dunkle Materie nachweisen. (Bild: NASA/ESA)

weise nachts, wenn die Sonne sich an einer ganz anderen Position befindet, und ihr Gravitationsfeld dann keinen Einfluss mehr auf das Licht der betroffenen Sterne hat.

Am 6. November 1919 wurde das Ergebnis einer solchen Beobachtung veröffentlicht. Es bestätigte Einsteins Vorhersage. In Windeseile verbreitete sich die Nachricht überall. Große Zeitungen überboten sich geradezu in ihren Schlagzeilen: The Times, 7. November: „Wissenschaftliche Revolution. Neue Theorie des Universums. Newtons Vorstellung umgestürzt". The New York Times, 10. November: „Lichter am Himmel alle schief".

Über Nacht war Einstein weltberühmt geworden. Von nun an wurde jeder „Piepser zum Trompetensolo", wie er später sagte. Seinem Freund Max Born schrieb er: „Gegenwärtig debattiert jeder Kutscher und jeder Kellner, ob die Relativitätstheorie richtig sei".

Bis heute bestätigen alle Experimente und astronomischen Beobachtungen die Allgemeine Relativitätstheorie. Und viele faszinierende Entdeckungen lassen sich nur im Lichte dieser Naturbeschreibung verstehen. So erscheinen uns ferne Galaxien bogenförmig verzerrt, wenn ihr Licht auf dem Weg zu uns ein Gebiet mit starker Raumkrümmung durchläuft. Solche Gravitationslinsen hat man vielfach in Galaxienhaufen gefunden.

Und auch die moderne Kosmologie, die Theorie des Urknalls, bei dem Raum, Zeit und Materie entstanden sind, sowie die Vorstellung eines sich stetig ausweitenden Universums – all dies ist Allgemeine Relativitätstheorie pur.

Kein GPS ohne Einstein

Nicht nur der Raum, sondern auch die Zeit ist von der Gravitation betroffen. Einstein fand heraus, dass die Zeit umso langsamer vergeht, je stärker das Schwerefeld sprich die Raumkrümmung ist. Einfach gesagt: Eine Uhr an der Nordsee läuft langsamer als auf dem Himalaja. Dieser Effekt ähnelt dem in der Speziellen Relativitätstheorie beschriebenen Einfluss hoher Geschwindigkeiten, ist jedoch unabhängig davon. Beide Phänomene können sogar gleichzeitig auftreten und sich gegenseitig beeinflussen.

Die spektakulären Gravitationseffekte wie Raumkrümmung und Zeitdehnung kommen nur in der Umgebung extrem großer Massekonzentrationen wie Schwarzen Löchern oder Neutronensternen, zum Tragen. Es gibt jedoch eine moderne technische Anwendung, die ohne Einsteins Erkenntnisse aus der Speziellen und der Allgemeinen Relativitätstheorie nicht funktionieren würde: das Global Positioning System, kurz GPS. Es arbeitet mit 24 Satelliten, die in 20.000 Kilometer Höhe in 56 Grad zur Äquatorebene geneigten Bahnen – 6 an der Zahl – die Erde umkrei-

⋮ So würde es aussehen, wenn ein Schwarzes Loch vor der Erde vorbeiziehen würde. (Bild: Theoretische Astrophysik, Universität Tübingen)

Der erste israelische Ministerpräsident David Ben-Gurion stattete während seiner USA-Reise am 15. Mai 1951 dem Physiker Albert Einstein in dessen Haus in New Jersey einen Besuch ab. (Bild: Picture-Alliance/dpa)

Das zukünftige europäische Satellitennavigationssystem Galileo würde ohne Kenntnis der Relativitätstheorie nicht funktionieren. (Bild: ESA)

ISRAELISCHER PRÄSIDENT WIDER WILLEN

INFO

Am 9. November 1952 starb Chaim Weizmann, der erste Präsident Israels. Umgehend brachten israelische Zeitungen Einstein als idealen Nachfolger ins Spiel. Als dieser hiervon bei einem Essen erfuhr, rief er sofort in der israelischen Botschaft in Washington an und erklärte, dass er für dieses hohe Staatsamt völlig ungeeignet sei und ablehne. Damit alles seinen ordentlichen Gang ging, erhielt Einstein pro forma eine offizielle Anfrage, die er dann ebenfalls ganz offiziell ablehnte. Unter anderem meinte er, „weder die natürlichen Fähigkeiten noch die Erfahrung im richtigen Verhalten zu Menschen in der Ausübung offizieller Funktionen“ zu haben, um dieses hohe Amt angemessen führen zu können. Davon war wohl auch Ministerpräsident Ben Gurion überzeugt, denn seinem Sekretär soll er zuvor gesagt haben: „Was sollen wir tun, wenn Einstein annimmt? Wir kommen in die größten Schwierigkeiten.“

sen und hochgenaue Zeitsignale aussenden. Ein GPS-Empfänger auf der Erde bestimmt aus der Dauer, die die Signale von 4 Satelliten (die er mindestens gleichzeitig „sehen“ muss) bis zu ihm benötigen, seine Position auf der Erde. Navigationssysteme im Auto basieren darauf.

Nun umkreisen die Satelliten die Erde mit 14000 km/h. Deshalb gehen ihre Uhren nach der Speziellen Relativitätstheorie um 7 Millionstel Sekunden pro Tag langsamer als eine Uhr auf der Erde. Gleichzeitig ist die Schwerkraft in 20.000 Kilometer Höhe erheblich geringer als auf der Erdoberfläche. Wegen der Allgemeinen Relativitätstheorie läuft deshalb die Satellitenuhr um 46 Millionstel Sekunden schneller als auf dem Boden. Unter dem Strich gehen die Uhren in der Umlaufbahn also um 39 Millionstel Sekunden pro Tag schneller als ihr Pendant am Boden. Diesen Effekt berücksichtigt man bereits beim Bau der Uhren. Würde man dies nicht tun, so würde das GPS mit jedem Tag um jeweils elf Kilometer weiter vom richtigen Ort abweichen. Nach fünf Tagen wüsste das Navigationssystem im Auto schon nicht mehr, ob es sich in Düsseldorf oder Bonn befindet. Viele Autofahrer haben also ein hoch genaues Experiment an Bord, das Tag für Tag die Präzision der Relativitätstheorie bestätigt. Auch die Höhe von einem Berg, auf dem wir mit einem GPS System stehen, lässt sich mit GPS bestimmen – demnächst auf einen Zentimeter genau! Oder wir können einen versteckten Schatz auffinden, wenn die Koordinaten seines Verstecks bekannt sind. Einstein regiert unser tägliches modernes Leben. Aber wer weiß das schon?

Einsteins Vermächtnis

Nachdem die Allgemeine Relativitätstheorie eindrucksvoll bestätigt war, widmete sich Einstein fast nur noch einem einzigen Ziel: Er wollte die Elektrodynamik, die die elektrischen und magnetischen Kräfte beschrieb, und die Relativitätstheorie zu einer Ur-Theorie vereinen. An dieser ehrgeizigen Aufgabe ist er gescheitert. Aus heutiger Sicht konnte er gar nicht erfolgreich sein, weil er die von ihm so ungeliebte Quantenmechanik nicht mit einbezog.

Dennoch hat Einstein mit der Idee einer einheitlichen „Theorie für Alles“ ein schweres Erbe hinterlassen. Theoretiker auf der ganzen Welt, wie etwa Stephen Hawking, versuchen seit Jahrzehnten für die Gravitation und die Quantenmechanik eine einheitliche Beschreibung zu finden. Bislang ohne Erfolg. Wie es scheint, muss erst ein neuer Einstein kommen, der die heutige Physik umkrempelt – indem er beharrlich die richtigen Fragen stellt.

Spiel der Kräfte

Kräfte, die im Kleinen walten

„Kraft macht keinen Lärm, sie ist da und wirkt.“
Albert Schweitzer (1875 - 1965), Arzt und Friedensnobelpreisträger

An der Entstehung des Lebens auf der Erde war die Schwerkraft maßgeblich beteiligt. Nicht nur, weil sie die Atmosphäre inklusive Wasserdampf und damit das Wasser festhielt – Planeten mit geringerer Schwerkraft wie der Mars haben davon nur noch kümmerliche Reste, der Mond verfügt über kaum mehr als ein Vakuum. Die Schwerkraft hat auch die Form der Lebewesen mitbestimmt. Denn wer sich in einem Schwerefeld erheben will, braucht eine Stütze – ein Skelett oder eine feste Außenhaut. Um derlei anfertigen zu können, musste die Natur harte Materialien in ihren Dienst stellen: Minerale, die sie mit den feinen Kräften der Kristallisation in eine geeignete Form bringen konnte. Weithin verfügbares Baumaterial waren Verbindungen des Calciums wie Calcit und Aragonit, beides Calciumcarbonate ($CaCO_3$). Perlmutt zum Beispiel besteht aus winzigen Aragonitkriställchen, die allein sehr spröde daher kommen, in Muscheln aber mit schraubenartigen, hochelastischen Proteinen verkittet sind. Kleinste Beimischungen von Protein genügen bereits, um den Panzer der Abalone – ein Weichtier, das zum Beispiel vor der Küste Südafrikas lebt – tausendfach bruchzäher als reinen Calcit zu machen. Auch Seeigel verstärken so ihre langen Stachel und strotzen damit der heftigen Brandung. Deshalb hat auch die moderne Werkstoffforschung die marine Fauna fest im Auge.

Abalonen sind die wichtigsten Perlmutt-Lieferanten. (Bild: Suzy Coppens, BergerhofStudios)

Ähnlich meisterlich gestaltet: der Schwimmtank des Tintenfisches. Um ohne Kraftaufwand in der Schwebe bleiben zu können, verfügt das Tier über einen Schwimmkörper aus Calciumcar-

⇠ „Van-der-Waals-Kräfte“ halten Geckos an der Decke. Die flinken Kletterer kommen somit ohne Klebstoff oder Saugnäpfe aus. (Bild: S. Gorb, MPI für Metallforschung, Stuttgart)

⇣ Der Seestern *Ophiocoma wendtii* gab lange Rätsel auf, denn er flüchtete zielgerichtet, ohne einen erkennbaren Sehsinn zu haben. Dann wurden gleich tausende Augen entdeckt: Perfekte Mikrolinsen aus Calciumcarbonat. Sie geben Rundumblick und obendrein Panzerung. (Bilder: Bell Labs, USA)

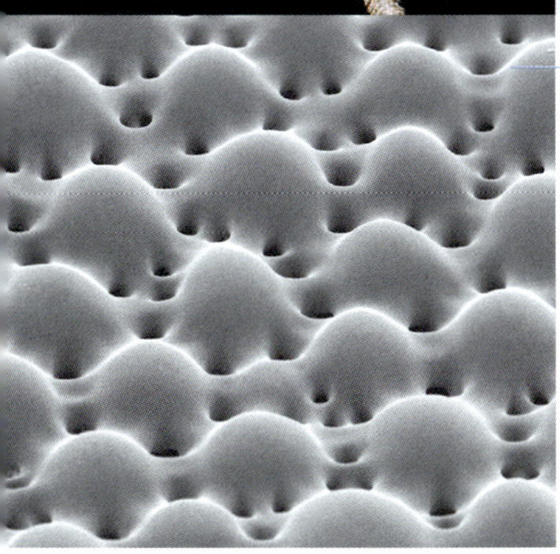

⇡ Die Schwimmtanks von Tintenfischen sind typisches Strandgut. In Tierhandlungen werden sie als Schleifsteine für die Schnäbel von Kanarienvögeln angeboten. (Bild: iserundschmidt)

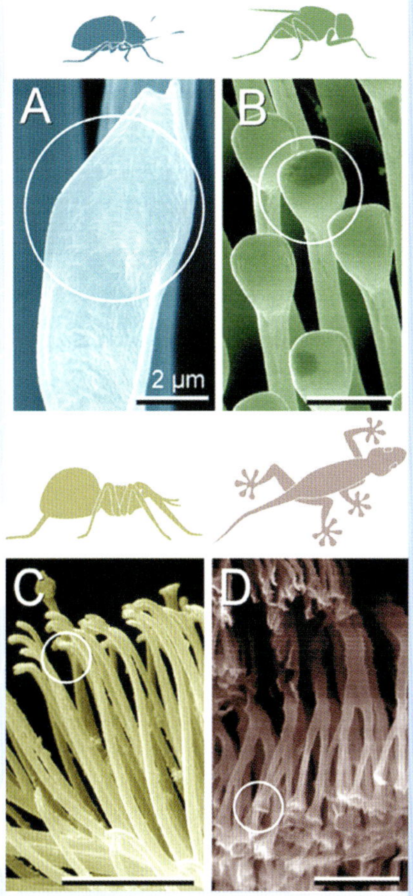

bonat mit mikrometerfeinen Kammern. Dieser Tank ist nach Art der Honigwaben-Sandwichbleche strukturiert, wie sie im Flugzeugbau Verwendung finden. Infolgedessen hält der großenteils mit Stickstoff gefüllte Tank – seine Poren nehmen 90 Prozent des Volumens ein – noch dem Wasserdruck in 200 Metern Tiefe stand. Als „Schulp“ oder „Sepia-Schulp“ ist das biotechnologische Wunder im Tierhandel erhältlich – und zwar als Wetzstein, an dem sich Käfigvögel den Schnabel schärfen können. Gemahlen dient das Material als Zugabe für Zahnpasta.

Welcher Kräfte bedient sich die Natur bei der Gestaltung solcher Kunstwerke? Zum einen richten die Lebewesen für die zunächst im Meerwasser gelösten Minerale Reaktionskammern aus Proteinen ein. Wenn die Minerallösung dann per chemischen Trick dazu gebracht wird, etwa Calciumcarbonat als Aragonitkriställchen abzuscheiden, passt sich deren Gestalt der Form der Proteinhülle an. Und dann können Lebewesen offenbar auch Proteinunterlagen bilden, auf denen Kristalle gerne zu wachsen beginnen – mitunter so präzise kontrolliert, dass die Kristalle optische Qualität haben. So zu sehen beim Seestern, genauer: Schlangenstern, *Ophiocoma wendtii*, der einen Panzer aus Kalkplättchen besitzt, die sich beim genaueren Hinsehen als Mikrolinsenfelder von bestechender Qualität herausstellen. Der Körper des Haarsterns ist tat-

INFO

HAARIGE SACHE

Geckos können Wände hinauflaufen, kopfunter über die Decke flitzen und mit einem einzigen Fuß an ihr hängen bleiben. Das geht mit – natürlich – Nanotechnologie. Der Geckofuß nämlich hat haarige Strukturen an den Füßen. Die feinen Härchen sind so anschmiegsam, dass sie sich der Unterlage über weite Strecken auf wenige Nanometer nähern können. Dann beginnt die so genannte Van-der-Waals-Kraft zu wirken. Deren Ursache sind klitzekleine Ladungsschwankungen: in den Atomen von Gecko-Pfote und Unterlage schaukeln Ladungen derart hin- und her, dass sich eine Anziehung ausbildet. Die ist eigentlich sehr schwach, trägt aber die Gecko-Tatze dank Millionen von Haftpunkten. Die Bindungen lassen sich durch „Abschälen“ leicht lösen, so, wie man einen Tesafilm abzieht. Derart bestückt kann der Gecko die Decke entlang krabbeln. Spinnen und andere Krabbler scheinen sich eines ähnlichen Prinzips zu bedienen. Materialwissenschaftler freuen sich schon darauf, dieses klebstofffreie Verfahren technisch zu nutzen – etwa für Haftzettel. (Bilder: MPI für Metallforschung, Stuttgart)

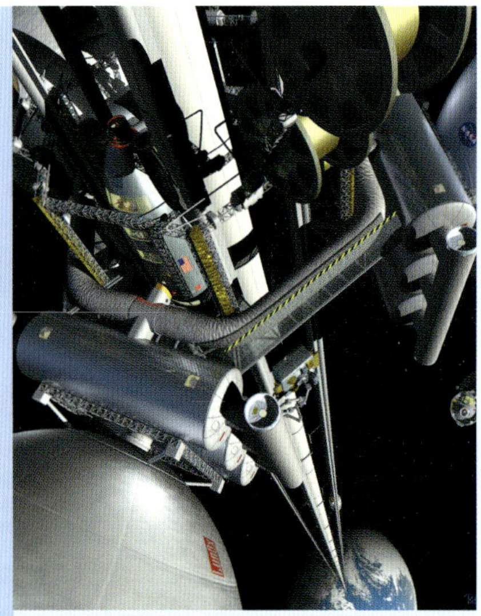

INFO

PER SEILAKT IN DEN ORBIT

Kohlenstoff ist der Natur ein wichtiges Baumaterial und etwa in der Hülle biologischer Zellen reichlich vertreten. In der Technik wiederum kommen Kohlefaser-Verbundstoffe immer mehr zum Einsatz. Sie sind leicht, enorm belastbar und werden im Flugzeugbau sehr geschätzt. Eine neue Kohlenstoff-Variante könnten diesen Matrialien eines Tages den Rang ablaufen: „Nanotubes“. Diese winzigen Kohlenstoff-Schläuche, Millionstel Millimeter im Durchmesser, sollen sich zu einem hochfestem Garn verspinnen lassen: das Verhältnis von Zugfestigkeit zu Gewicht ist angeblich 500-mal besser als bei Stahl. Deshalb lässt die US-Raumfahrtbehörde NASA mit vollem Ernst ein Vorhaben prüfen, das – eine Art indischen Seiltrick nutzend – auf einen „Fahrstuhl zu den Sternen“ hinausläuft. Demnach wird ein Strang aus Nanotube-Verbundmaterial per Raketentechnik in den Orbit gehievt. Das eine Ende befände sich in zigtausend Kilometern Höhe, das andere wäre an einem äquatornahen Punkt im Pazifik verankert. Die von der Erde weg gerichtete Fliehkraft hielte das Band straff. An ihm entlang könnten Nutzlasten in den Orbit bewegt werden. Viele Wissenschaftler mögen daran nicht so recht glauben. Aber das Projekt könnte nützliche Nebenprodukte abwerfen, wie hochfeste Verspannungen für Hochhäuser, Brücken und – natürlich – für Fahrstühle. (Bild: NASA)

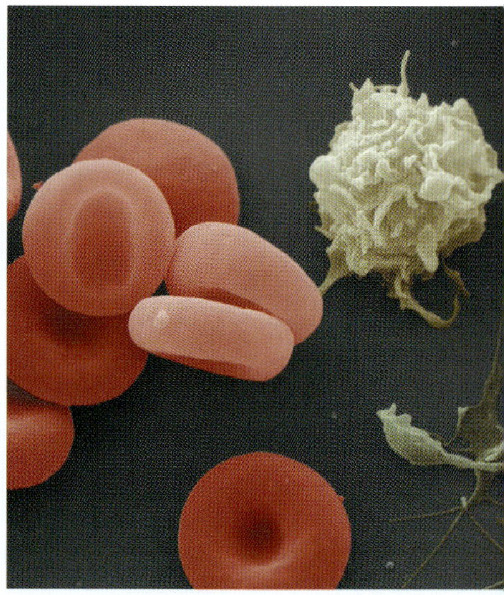

Weiße Blutkörperchen – hier ein Exemplar im Kreise roter Verwandter – hangeln sich per Klebetechnik Blutgefäße entlang. (Bild: eye of science)

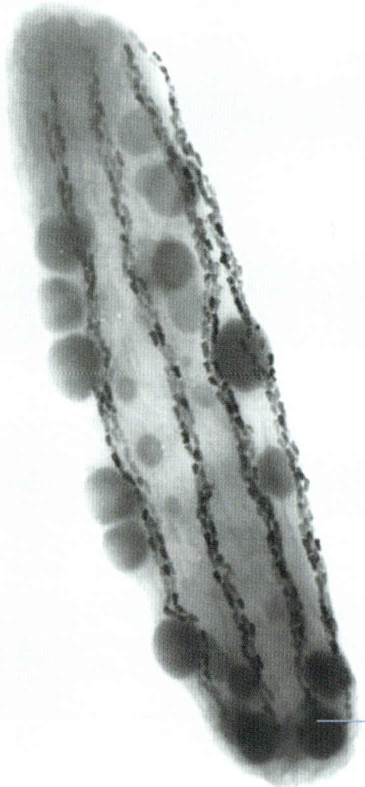

Ketten aus Magnetitkriställchen dienen Magnetbakterien als Kompass (Bild: Institut für Geophysik, LMU München)

sächlich ein Komplexauge, dank dessen das stachelige Tierchen quasi Rundumsicht genießt.

Bakterien mit Kompass

Eine weitere Variante biomineralogischer Technologie entdeckte 1975 Richard Blakemore – damals Doktorand der Mikrobiologie an der University of New Hampshire in Durham, USA –, als er durch ein Mikroskop spähte, um hinter die Eigenheiten von Schlamm bewohnenden Bakterien zu kommen. Die untersuchten Wasserproben stammten aus einem marinen Küstensumpf in der Nähe von Woods Hole, Massachusetts. Blakemore fiel auf, dass einige der Mikroorganismen stets in die gleiche Himmelsrichtung schwammen. An den Lichtverhältnissen konnte es nicht liegen, denn die Winzige behielten ihren Kurs, auch wenn man einen dunklen Karton über das Mikroskop stülpte. Ein Wechsel des Laboratoriumsraumes zeigte gleichfalls keinen Einfluss. Es schien schließlich, dass sich die Bakterien am Erdmagnetfeld orientierten.

Dass Magnetismus die treibende Kraft war, ließ sich leicht demonstrieren, mittels eines Permanentmagneten. Wenn man einen Magneten in Nähe der Bakterien brachte, bewegten sich diese auf jenen Teil des Magneten zu, der auch die nordsuchende Seite einer Kompassnadel anzog. Den anderen Pol des Magneten mieden sie nach Kräften.

Ein Elektronenmikroskop enthüllte letztlich das Geheimnis der Bakterien: Sie enthielten Ketten winziger Nano-Partikel, die offenbar als Kompassnadel dienten. Die genauere Analyse führte eine vertraute Verbindung zu Tage: Magnetit (Fe_3O_4). Das Mineral war frühen Seefahrern als „Leitstein“ bekannt, der wie eine Kompassnadel die Richtung wies, wenn man ihn

⇢ Mit selbstreinigenden Blättern schützt sich der Lotus vor Bakterien und Pilzsporen: genauso wie Schmutz und Staub werden Schädlinge vom Regen einfach weggespült. An Lotus-Blättern finden selbst Klebstoffe auf Wasserbasis keinen Halt. (Bilder: W. Barthlott, Nees-Inst. für Biodiversität der Pflanzen, Uni Bonn)

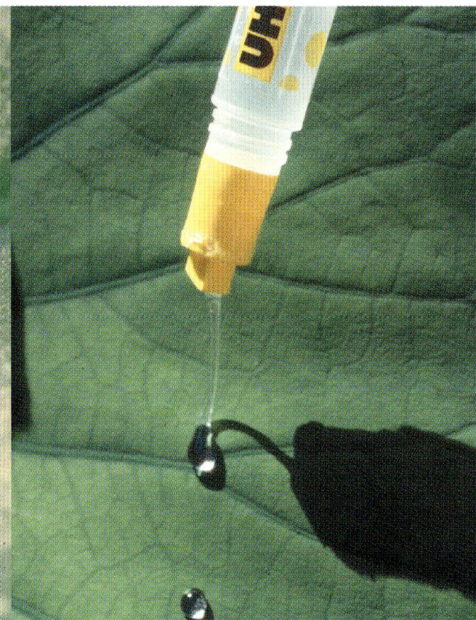

⇣ Pflanzenkanäle unter dem Mikroskop: Das Forisom (rot), eine Art Minimuskel, bläht sich bei Bedarf auf wie ein Ballon und versperrt damit den Saftransport durch die so genannte Siebplatte (blau). So verhindert die Pflanze ein „Auslaufen“ bei Verletzung. (Bild: Fraunhofer Gesellschaft)

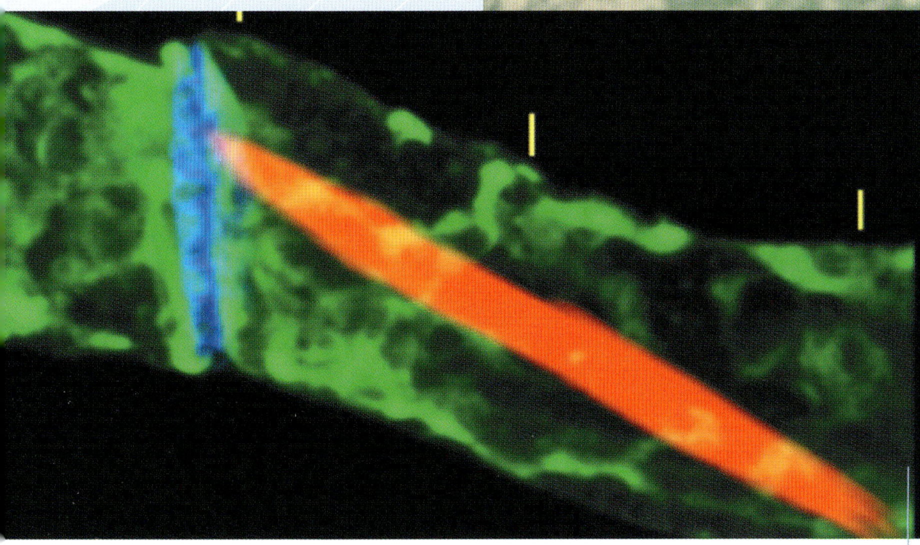

INFO

ANTI-HAFTUNG

Manchmal soll etwas eben nicht haften, z. B. Schmutz. Die Lotus-Pflanze hat sich, wie die Brunnenkresse und andere reinliche Kräuter, dazu den Lotus-Effekt einfallen lassen. Felder aus winzigen wachsartigen Noppen – sichtbar nur unter dem Mikroskop – lassen Wassertropfen so rasch abperlen, dass schwach haftende Schmutzpartikel mitgerissen werden. Der Effekt wird bereits für Außenanstrichfarbe und Sprays genutzt.

drehbar an einen Faden hängte. Heute weiß man: Magnetbakterien navigieren entlang des Erdmagnetfelds, das ja auch eine in den Boden führende Komponente besitzt, in für sie günstige Schlammschichten.

Magnetische Bakterien werden heute überall gefunden, sie sind keineswegs selten. Am Institut für Allgemeine und Angewandte Geophysik der Universität München gibt es ein „Magnetodrom“, ein Spulensystem um ein Mikroskop herum, das sich mit einem Joystick einstellen lässt. Damit können Wissenschaftler die Bakterien Walzer tanzen lassen, etwa wenn das Fernsehen kommt. Ansonsten betreiben sie ernsthafte Forschung. Magnetbakterien etwa fixieren das gerade vorhandene Magnetfeld der Erde, wenn sie am Ende ihres Lebens ermattet zu Boden sinken. Damit erweisen sie der Wissenschaft einen großen Dienst, weil die an ihren Überresten die Geschichte des – für uns so lebenswichtigen – Erdmagnetfeldes studieren kann.

Die Biologie des Klebens

Leben existiert, weil seine Bestandteile von raffinierter Klebekunst zusammen gehalten werden. Dabei klebt nur zusammen, was zusammen gehört, und manchmal klebt es nur ein bisschen, und manchmal geschieht das Kleben auf Befehl. Beispiel Mückenstich: Zunächst wird die Einstichstelle rot, weil sich feinste Blutgefäße erweitern. Außerdem sondern die Zellen am Einstichort einen Lockstoff ab. Abhängig von dessen Konzentration fahren die Zellauskleidungen der Blutgefäße und die Weißen Blutkörperchen, die im Blutstrom treiben, aufeinander abgestimmte Klebemoleküle aus. Infolgedessen heften sich die Weißen Blutkörperchen – sie zählen zu den Truppen des Immunsystems – an die Gefäßwand. Zunächst haften sie so schwach, dass der Blutfluss sie langsam weiter rollt. Erst bei Lockstoff-Höchststand docken sie fest an die Gefäßwand. Andere Klebemoleküle ziehen die Blutkörperchen nun durch die Ader zur Einstichstelle, wo sie sich über etwaige Eindringlinge hermachen – Klebekunst in Vollendung. Nanotechnologische Imitate werden unter dem Stichwort „Kleben auf Kommando“ erforscht.

Nanotechnologie könnte nicht nur Kleistern zu neuem Haftvermögen verhelfen, ihrem namengebenden Maßstab gemäß – ein Nanometer ist der Millionste Teil eines Millimeters – sind auch winzige Motoren von Interesse, etwa jene, die Mikroben vorantreiben. Als ein besonders viel versprechender Nano-Motor bzw. Muskel gilt ein „Forisom“ genannter Komplex aus Pflanzenproteinen, der in Leguminosen wie Bohnen und Erbsen den Fluss von Nährlösung reguliert. Die wandert in

Frühstücksei mit einer Prise Salz (Bild: Suzy Coppens, BergerhofStudios)

Messfühler eines Kraftmikroskops: Die Tastspitze (nach unten zeigender Zacken) ist nur einige Tausendstel Millimeter lang. Forscher ertasten damit die Nanowelt. (Bild: NanoAnalytics, Münster)

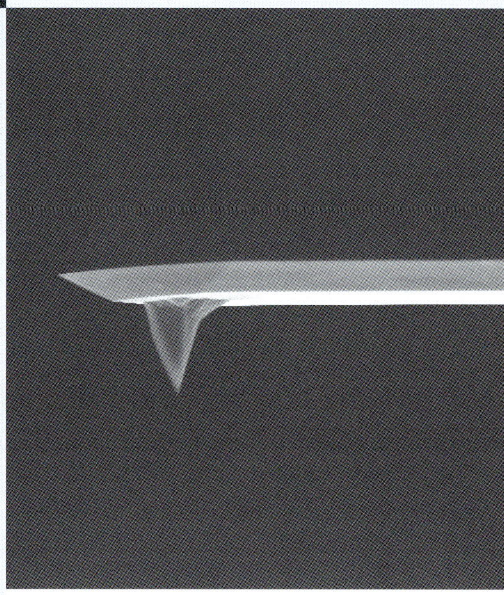

Salzkristall unter dem Kraftmikroskop: Die ge Kreise sind einzelne Atome und nur Bruchteile e Millionstel Millimeters groß. (Bild: Experimen physik VI, Uni Augsburg)

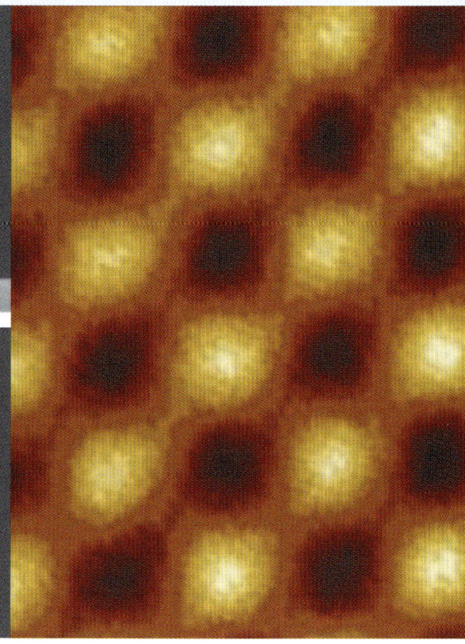

INFO

SENSIBLER KRAFTMESSER

Nomen ist Omen: ein Kraftmikroskop ist nichts anderes als ein extrem empfindlicher Kraftfühler. Die Geräte sind aus den Labors der Nanowissenschaftler nicht mehr wegzudenken und dürften musikalische Nostalgiker an Plattenspieler erinnern: Herzstück jedes Kraftmikroskops ist eine winzige Blattfeder – gleichwohl um einiges kleiner als übliche Tonabnehmer – die an ihrem Ende mit einer feinen Tastspitze ausgestattet ist.

Gewöhnliche Mikroskope nutzen das Licht, um filigrane Details eines Objektes sichtbar zu machen. Beim Kraftmikroskop sind es die Kräfte zwischen Messspitze und Objekt, die mitunter Atom für Atom auf den Bildschirm zaubern. Dazu streicht der Sensor wie ein Taststock über das Objekt der Begierde: etwa ein Salzkristall, vielleicht auch eine Biomembran – die Geräte sind vielseitig einsetzbar. Ihr Messsignal lässt sich in ein Abbild der Oberfläche umsetzen.

Spezielle Varianten können noch mehr: etwa einzelne Biomoleküle auseinander zerren und so die Geheimnisse der molekularen Bindung enthüllen.

einem weit verzweigten Kanalsystem durch die Pflanze. Wird das Gewächs verletzt, tritt der „Pflanzenmuskel" in Aktion, schwillt an und verschließt als Pfropfen die offenen Transport-Kanälchen: der nahrhafte Saft bleibt der Pflanze erhalten. Einzelne Forisomen können Kräfte entfalten, die einem Gewicht von rund 10 Mikrogramm gleichkommen. Dies reicht zwar kaum um ein Sandkorn zu stemmen, könnte aber genügen, um bei einer „intelligenten" Medikamentenkapsel auf Kommando die Schleusen zu öffnen.

Physik im nassen Sand

Wenn Nanotechnologen daran gehen, winzige Maschinen zu bauen, werden sie auch mit der „Casimir-Kraft" – einem Cousin der Van-der-Waals-Kraft (s. Gecko) – rechnen müssen. Die wurde in den 1940er Jahren von dem Niederländer Hendrik Casimir (1909 - 2000) und Kollegen an den Philips-Forschungslaboratorien entdeckt. Die Wissenschaftler wunderten sich über Aufschlämmungen von Quarzsand, die für die Glühbirnenproduktion gebraucht wurden, und sich anders verhielten, als von der Theorie vorhergesagt. Als Ursache entpuppte sich eine bislang unbekannte Kraft, die auftritt, wenn Materie eng zusammenrückt. Eng heißt: auf ein paar Nanometer. Dann kommt nämlich ein Effekt ähnlich dem zum Tragen, der Schiffe in bewegter See zueinander treiben kann. Allerdings wirkt beim Casimir-Effekt nicht der Druck des Wassers, sondern der von elektromagnetischen Wellen, die ständig aus dem Nichts entstehen und sofort wieder verschwinden – noch bevor sich jemand über die Verletzung des Energieerhaltungssatzes beschweren könnte. Die Quantentheorie nennt so etwas „Vakuumfluktuationen". Casimir-Kräfte können sowohl anziehend

Gummi, Reibung und Formelkolonnen: Bo Persson nimmt die Physik des Autoreifens unter die Lupe. Mit Perssons Theorie gerüstet, können Entwickler die Eigenschaften eines Reifens anhand einer kleinen Gummiprobe vorhersagen, nützlich nicht nur für den Motorsport. (Bild: FZ Jülich)

Entscheidend für den Erfolg in der Formel-1 ist das „Paket“: Fahrer und Wagen müssen zusammenpassen. Während beim Piloten Nervenstärke und Fahrgefühl gefordert sind, kommt es in Sachen Material unter anderem auf die Reifen an. (Bild: BMW)

als auch abstoßend wirken. Und sie sind auf jeden Fall groß genug, um künstliche – wenngleich winzige – Objekte in Bewegung zu setzen. Experimente Ende der 1990er haben das bewiesen.

Warum Schumi nicht quietscht

Fluktuationen oder Schwingungen spielen auch beim Krach eine Rolle – im Übrigen ein wesentliches Element der Formel-1. In der motorgetriebenen Kakophonie aber fehlt etwas, womit sich sportliche Autofahrer sonst gerne Aufmerksamkeit verschaffen: Es quietscht nicht oder doch nur selten. Das liegt daran, dass Rennreifen ganz auf Haftung ausgelegt sind, und Quietschen ist mitunter eine Folge mangelnder Haftung: der Pneu schlittert über den Asphalt, was er mit heftigem Qualmen und lautem Kreischen quittiert. Wenn sich der Reifen jedoch optimal an der Fahrbahn festkrallt, dreht er nicht durch und treibt den Boliden voran. Mithin kann, wer quietscht, nicht gewinnen. Inzwischen hat sich sogar die Wissenschaft der Kräfte zwischen Gummi und Fahrbahn angenommen. Und auch hier kommt es auf eine Abstimmung im Kleinen an. Bo Persson vom Forschungszentrum Jülich in der Nähe von Aachen hat ganze Seiten mit Formeln bedeckt, die die Rauigkeit der Oberflächen beschreiben, mit denen ein Reifen Kontakt bekommt – vom Zentimetermaßstab bis hinunter zu den Atomen. Dazu kommt jede Menge Mathematik, die die Kräfte im und am Reifen beschreibt, wie dieser die Hohlräume an der Oberfläche des Straßenbelags ausfüllt, wie Stöße das Material stauchen und dehnen und so fort. Am Ende, sagt Persson, müsse man nur noch ein paar Daten über die Struktur der Rennbahn und die an einem Stück Gummi gemessenen „viskoelastischen“ Eigenschaften eines Reifens in sein Formelwerk stecken – schon könne man etwa jene Reibungskräfte berechnen, mit denen Schumi durch die Kurve driftet. Der Nutzen von alledem: Mit den Jülicher Theorien sollte sich die Entwicklungszeit für neue Reifen erheblich verkürzen lassen.

Schumi quietscht im Übrigen auch deshalb nicht, weil Renngummis einen regelrechten Kleber abgeben, der die Reifen auf der Fahrbahn hält. Allerdings erschöpft sich dieser Kleber mit dem Verschleiß des Reifens. Weshalb Schumi und Kollegen auch immer wieder die Boxengasse ansteuern. Der gemeine Autofahrer hingegen möchte seine Pneus doch eher selten wechseln. Deshalb taugen Formel-1-Rezepturen nicht gerade für den Alltagsbetrieb. Die Theorie der Reifenreibung aber schon, weshalb sich namhafte Reifenhersteller dafür interessieren.

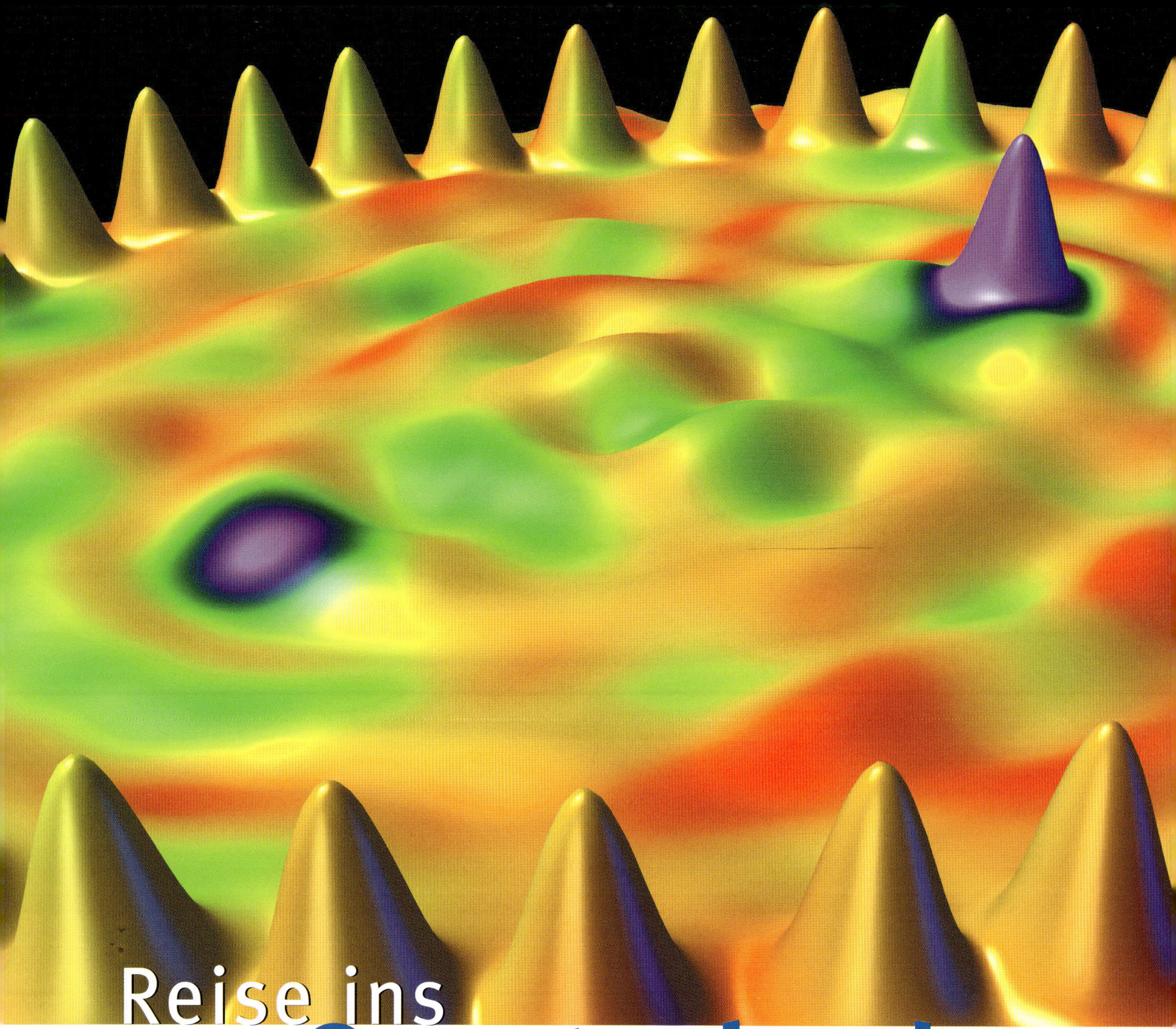

Reise ins Quantenland

„May the Force be with you."
AUS STAR WARS, US-SPIELFILM (1977)

Nobelpreisträger Richard Feynman (1918 - 1988) sagte einst, er gehe davon aus, dass niemand die Quantentheorie versteht. Der US-Amerikaner Feynman, immerhin eine Größe des Quantengewerbes, lag damit nicht ganz verkehrt. Tatsächlich wartet die Quantenwelt mit Phänomen auf, die sich unserer Alltagserfahrung entziehen. Trotzdem zählt die Quantentheorie zu den genausten Naturbeschreibungen, die die Physik zu bieten hat. Sie wurde über Jahrzehnte vielfach getestet und hat sich bestens bewährt. Nicht zuletzt verdanken wir ihr die moderne Computertechnik. Aber eins nach dem anderen.

Ihren Ursprung hat die Quantentheorie in der Beobachtung von etwas scheinbar Trivialem, einem Ofenloch. Ein Ofenloch mit dem dahinter liegenden Ofenraum ist ein ziemlich guter „Schwarzer Körper". Physiker behelfen sich gerne idealisierter Modelle, wenn ihnen die Natur zu komplex erscheint. Ein solches Modell ist der Schwarze Körper: ein Etwas, das Licht perfekt absorbiert und emittiert. Ein kleines Ofenloch kommt dieser Vorstellung ziemlich nahe. Licht, das von außen kommend im Ofenloch verschwindet, hat wenig Chancen durch die Öffnung wieder hinaus zu gelangen – es wird also vom Ofen absorbiert (verschluckt). Anderseits, wenn der Ofen befeuert wird, tritt durch die Öffnung Wärmestrahlung ins Freie – bei passender Temperatur als sichtbares Licht. Diese Strahlung nun bereitete den Wissenschaftlern Ende des 19. Jahrhunderts einiges Kopfzerbrechen, weil die damalige Theorie die Messungen der Forscher nur teilweise erklären konnte. Dann legte Max Planck im Jahre 1900 eine revolutionäre Formel vor, die den Experimenten voll genügte und auch eine Erklärung bot, warum das so sein sollte: Die Wände des Hohlraums können Strahlungsenergie nur häppchenweise aufnehmen und abgeben. Diese Portionen nennt man Quanten. Später erkannte man, dass auch Atome quantenhafter Natur sind und selbst das Licht aus kleinen Energiepaketen besteht. Kurzum: die Energie in mikroskopischen Systemen nimmt nur bestimmte Werte an und keine dazwischen – ähnlich wie ein Klavier nur mit den Tasten fest verbundene Töne von sich gibt. Die klassische Physik hingegen war eher von der Vor-

Kunstvoll arrangierte Atome auf einer Metalloberfläche: Die Atome erscheinen als Kegel, die ein ovales Areal eingrenzen. Die gesamte Konstruktion ist rund 5.000 kleiner als der Durchmesser eines menschlichen Haars. Die Wellen innerhalb des Geheges sind auf Quanteffekte zurückzuführen: Sie rühren von Elektronen her, die innerhalb der atomaren Umzäunung hin- und herschaukeln. US-Forscher bedienten sich hier eines so genannten Tunnelmikroskops – zunächst, um die Atome in Stellung zu bringen und danach, um die fertige Anordnung abzubilden. Von solchen Studien versprechen sie sich langfristig neuartige elektronische Bauteile. (Bild: IBM Almaden Research Center, USA)

Die Erforschung glühender Objekte führte zur Geburt der Quantentheorie. In diesem Zusammenhang besonders wichtig: der „Schwarze Körper" – einem Ofenloch ist er nicht unähnlich. (Bild: Bock Energietechnik, Floß)

stellung eines gut geölten Posaunenzugs ausgegangen. Und der gleitet glatt über alle Klänge.

Die Quantentheorie feierte zahllose Triumphe und bildet heute die Grundlage unserer Informationsgesellschaft. Die Festkörperphysik, die auch die Funktionsweise von Transistoren beschreibt, macht von der Quantentheorie regen Gebrauch. Mittlerweile nähert sich die Größe von Transistoren auf einem Mikrochip dem Nanometer, dem Millionstel eines Millimeters. In diesen Dimensionen beginnt die Quantenphysik zu dominieren.

Megacoole Effekte

Die Beschränkung auf winzige Raumbereiche ist nicht der einzige Weg, Quanteneffekte anzutreffen, extreme Kälte tut es mitunter auch. Die „Supraleitung", der widerstandslose Stromfluss, ist das bekannteste Beispiel. Entdeckt wurde das Phänomen 1911 vom Niederländer Heike Kammerlingh Onnes am Beispiel des Quecksilbers. Heute wissen wir: Quecksilber ist kein Einzelfall, supraleitende Materialien gibt es verschiedensten Typs. Allen gemein ist, dass sie ihre besonderen Eigenschaften erst bei extremer Kälte zu Tage fördern. Bei „klassischen" Supraleitern – wie dem Quecksilber – sind Betriebstemperaturen weit unter minus 200 Grad Celsius die Regel. Es sollte einige Jahrzehnte dauern, bis die Quantentheorie diesem Phänomen auf die Schliche kam. Hauptakteure sind die Elektronen, die in jedem gewöhnlichen Metalldraht für den Stromtransport sorgen. Dabei bewegen sie sich jedoch keineswegs ungehindert, sondern stoßen immer wieder gegen die Atome des Materials und erleiden so einen elektrischen Widerstand. Bei der Supraleitung sind die Elektronen zwar ebenfalls beteiligt, allerdings schließen sie sich zu Duetten

INFO

NICHT „FISCH", NICHT „FLEISCH"

Quantenobjekte sind von Natur aus schizophren und selbst derjenige, der eine Seifenblase fotografiert, steckt mitten in einem für das Quantengeschehen typischen Dilemma: Ein und Dasselbe muss, je nach Situation, einmal als Welle, einmal als Teilchen beschrieben werden. Beispiel Licht: Die Regenbogenfarben einer Seifenblase entstehen dadurch, dass sich Lichtwellen überlagern und an bestimmten Stellen verstärken, an anderen auslöschen. Bunte Muster sind die Folge. Auf dem fotografischen Film oder dem CCD-Chip einer Digitalkamera jedoch wird das Licht als Partikelstrom aufgezeichnet, in Gestalt so genannter Photonen. Diese verfärben die Kriställchen des Films bzw. bringen die Pixel zum Leuchten. Alle Photonen zusammen ergeben schließlich ein Kamerabild, das einst durch Welleneffekte zustande kam: eine schillernde Seifenblase. Aus Sicht der Quantenphysik fügen sich beide Aspekte – Welle und Teilchen – eben ganz natürlich zueinander, sie sind zwei Seiten einer Medaille. (Bild: Photodisc)

Magnetresonanz-Tomographen blicken besonders schonend ins Innere des Körpers. Zum Einsatz kommen dabei supraleitende Spulen: mit ihrer Hilfe wird das namensgebende Magnetfeld erzeugt. (Bilder: Siemens)

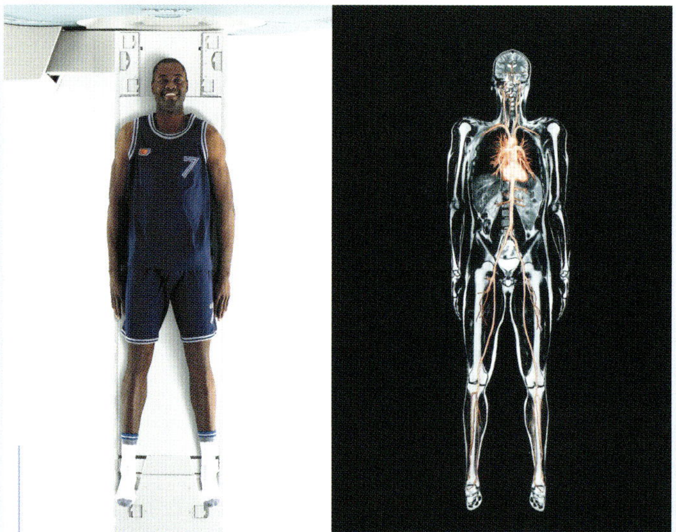

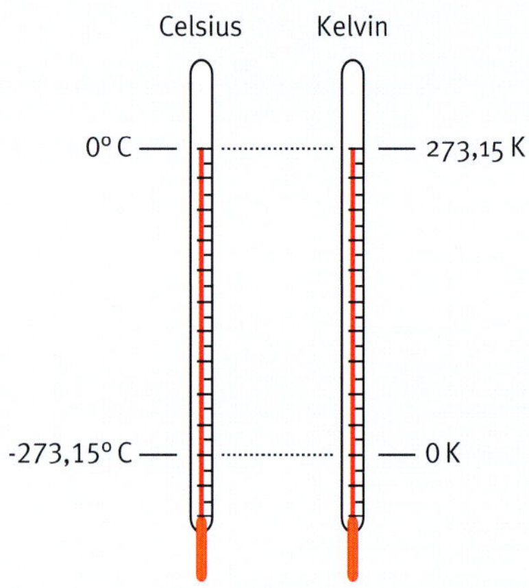

Glasklare Quantenflüssigkeit: Suprafluides Helium – hier in einem durchsichtigen Messzylinder – wirkt ziemlich unscheinbar. (Bild: P. Thibault, Université Fourier, Grenoble)

INFO

KELVIN UND DAS THERMOMETER

Wir sind es gewohnt, in Grad Celsius zu rechnen. US-Amerikaner können da nur den Kopf schütteln. Für sie ist die Fahrenheit-Skala das Maß aller Dinge. Physiker hingegen – sowohl diesseits als auch jenseits des Atlantiks – bedienen sich häufig des Kelvin, einer Temperatureinheit ohne Minuswerte: Der „Absolute Nullpunkt" – Null Kelvin – liegt bei minus 273,15 Grad Celsius, der Gefrierpunkt des Wassers – Null Grad Celsius – bei 273,15 Kelvin. Praktisch gesehen ist der Absolute Nullpunkt unerreichbar, auch wenn sich Forscher immer dichter an ihn heranpirschen. Was macht ihn so besonders? Bei Null Kelvin wären Atome und Moleküle bewegungslos. (Bild: iserundschmidt)

zusammen, Cooper-Paare genannt. Auf diese Weise können sie die Atome austricksen, die sich ihnen sonst in den Weg stellen, und fließen absolut stoßfrei dahin. Im Detail ist das Geschehen äußerst komplex, Fachleute bringen noch „quantisierte Gitterschwingungen" ins Spiel. Das Phänomen ist heutzutage jedoch verstanden. Zumindest gilt dies für „klassische" Supraleiter wie Quecksilber, Blei und andere Metalle. Daneben gibt es aber weitere Spielarten der Supraleitung, an denen sich Wissenschaftler bislang die Zähne ausbeißen. Hier sind besonders die „Hochtemperatur-Supraleiter" zu nennen. Wie ihr Name schon andeutet, kommen sie mit relativ mäßiger Kühlung aus – und das macht sie für technische Anwendungen interessant.

Aber die Quantenphysik treibt noch andere Blüten: Wer etwa Helium-4 – bei Raumtemperatur ein Gas, das sich mit geeigneter Technik jedoch verflüssigen lässt – unter 2,17 Kelvin (minus 270,98 Grad Celsius) kühlt, der kann „Suprafluidität" beobachten. Suprafluides Helium passiert feinste Ritzen, die für jede andere Flüssigkeiten eine Sperre wären; es kriecht die Wand seines Behältnisses hoch und über dessen Rand hinaus; Wirbel darin können ewig kreisen. Die Erklärung: Die Atome des Heliums haben sich in einem „makroskopischen" Quantenzustand versammelt. Dieses riesige Kollektiv ist recht behäbig – kleine Störungen oder Hindernisse können ihm nicht zusetzen. Also fließt es reibungslos dahin: Das Helium ist suprafluid.

Suprafluides Helium wurde erstmals in den 1930ern hergestellt. In jener Zeit begannen auch erste Experimente rund um die Wellennatur von Atomen. Deren Anwendungen reichen inzwischen von

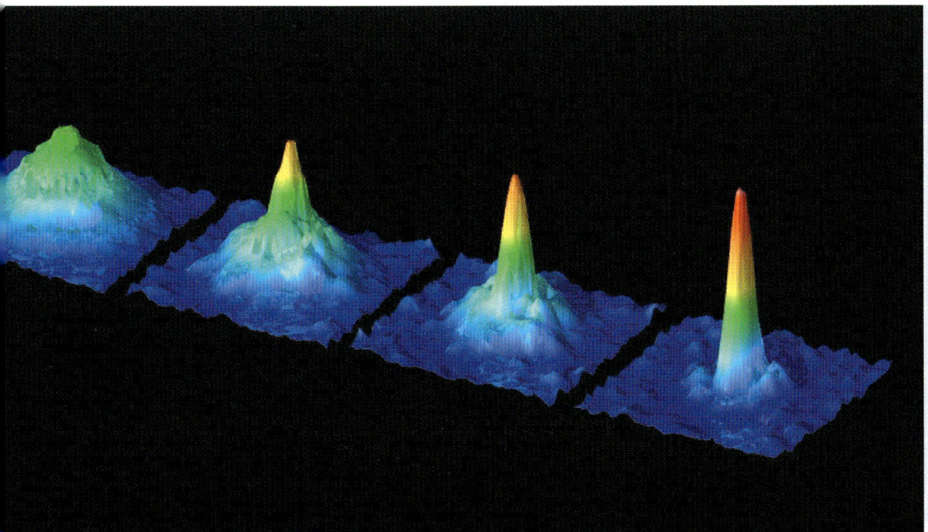

Entstehung eines Bose-Einstein-Kondensats: Der „Berg“ in den Messdaten (dargestellt ist die Dichteverteilung der Atome) wird höher und schlanker. Beleg dafür, dass sich immer mehr Teilchen in einem Quantenzustand versammeln. Die zugehörige Appatur ist unten abgebildet. (Bilder: G. Rempe, MPI für Quantenoptik, München)

Timing ist Trumpf beim Formationstanz und erst recht in einem Bose-Einstein-Kondensat. Hier ist die Choreographie der Atome absolut perfekt. (Bild: Frankfurt Galaxy)

der Analyse von Materialoberflächen bis hin zur Präzisionsvermessung des irdischen Schwerfeldes, das je nach Aufbau der Erdkruste von Ort zu Ort leicht variieren kann. In den letzten Jahren sind zudem neuartige Experimente möglich geworden, nachdem es gelungen war, bestimmte Gase extrem abzukühlen. Und zwar fast bis zum Absoluten Nullpunkt, der bei frostigen minus 273,15 Grad Celsius liegt. Bei diesen Bedingungen gelingt es, Atome zu einem „Bose-Einstein-Kondensat“ zusammen zu rotten.

Dass es diesen exotischen Zustand der Materie geben müsse, zu diesem Schluss kam Albert Einstein bereits 1925 aufgrund theoretischer Überlegung, die sich auf Vorarbeiten des Inders Satyendra Nath Bose stützten. Erste Hinweise auf das Bose-Einstein-Kondensat wurden später bei suprafluidem Helium entdeckt. Der Durchbruch folgte jedoch erst 1995, als es den US-Amerikanern Carl Wieman und Eric Cornell sowie dem Deutschen Wolfgang Ketterle gelang, ein Kondensat in „Reinkultur“ herzustellen. Die Forscher arbeiteten dabei mit Gasen, die sie fast bis zum Absoluten Nullpunkt herunter kühlten – „fast“ heißt: bis auf Millionstel Grad. Dafür gab es 2001 den Nobelpreis für Physik.

Was hat es mit dem Bose-Einstein-Kondensat auf sich? Für gewöhnlich bewegen sich Gasatome ziemlich ungeordnet, da geht es drunter und drüber. Damit ist es nun schlagartig vorbei. Wie auf Kommando tanzen sie beim Bose-Einstein-Kondensat alle in Reih und Glied. Von individuellen Atomen kann man jetzt nicht mehr sprechen. Vielmehr tritt nun ein Ensemble auf

INFO

COOLES TEILCHENBALLETT

Quantengase gelten als die kältesten „Objekte“ des Universums. Es sind lichte Teilchenwolken, die im Labor weit unter minus 273 Grad Celsius gekühlt werden. Physiker sprechen hier von „Mikro-“ oder gar von „Nanokelvin“. Bei diesen Bedingungen regiert die Quantenphysik das Geschehen: statt wie üblich wild durcheinander zu schwirren, „tanzen“ alle Gasteilchen – je nach Typus – entweder im Gleichschritt, wie beim „Bose-Einstein-Kondensat“, oder sie gehen sich aus dem Weg wie beim „Fermigas“. Diese „ultracoolen“ Gase sind ideale Versuchsobjekte, um Quantenphänomene unter die Lupe zu nehmen. Wissenschaftler versprechen sich von ihnen neue Erkenntnisse über Suprafluidität und Supraleitung. Dabei geht es um Flüssigkeiten, die völlig reibungslos fließen, und um Materialien, die elektrischen Strom verlustfrei transportieren.

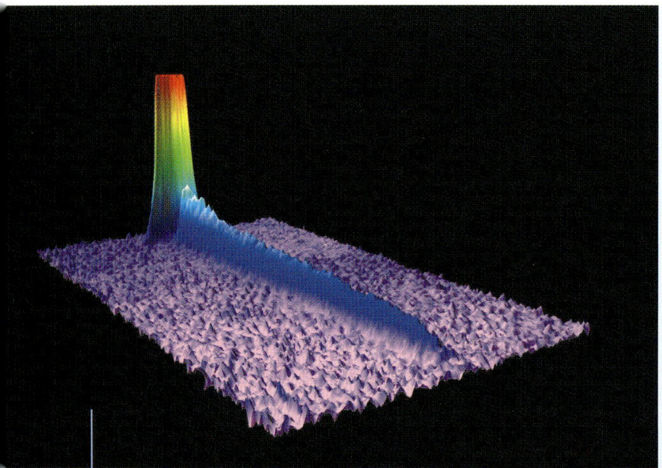

Teilchenstrom eines Atomlasers, graphisch aufbereitet: Aus einem Bose-Einstein-Kondensat (bunte Säule links im Bild – dort ist die Dichte der Atome besonders hoch) entweicht ein durchgängiger Atomstrahl. Er ist als blauer Keil dargestellt. (Bild: MPI für Quantenoptik, München)

Beim Hantieren mit Quantengasen ist eine Menge Hightech nötig. (Bild: 5. Physikalisches Institut, Uni Stuttgart)

Ultrakalte Wölkchen sind die Lieblingskinder der Atomoptik, mit Laserstrahlen kann man sie zum Leuchten bringen. (Bild: G. Rempe, MPI für Quantenoptik)

die Bühne, dessen Mitglieder – es können hunderttausende sein – sich nicht unterscheiden lassen. Gemeinsam bilden sie alle eine große „Materiewelle". Klingt unglaublich? Das ist noch gar nichts: Gemeinsam mit dem Team von Nobelpreisträger Ketterle ist es Stuttgarter Physikern sogar gelungen, einen Verstärker für Materiewellen zu bauen. Der vermehrt die Atomzahl eines Bose-Einstein-Kondensats mit viel Fingerspitzengefühl – so, dass die Wellenform der ursprünglichen Atom-Clique erhalten bleibt. Die Wellenlänge eines Bose-Einstein-Kondensats liegt im Übrigen bei einigen zehn Mikrometern und ist damit groß genug, um sie mit einem normalen Mikroskop unter die Lupe zu nehmen.

Atomare Optik

Experimente wie diese sind mittlerweile unter dem Stichwort „Atomoptik" bekannt. Licht und Materie vollziehen dabei eine Art Rollentausch. Während in der normalen Optik Lichtwellen über Spiegel – also mit Hilfe von Materie – manipuliert werden, lassen sich Materiewellen auch per Laserlicht dirigieren. Dahinter steckt der Wunsch, mit Atomen einmal so vielseitig experimentieren zu können wie mit Licht. Und einige Paradestücke sind bereits gelungen, etwa der Atomlaser. Dieser sendet kein Licht aus, sondern fein dosierte Materiewellen. Der Sinn solcher Finessen? Mit atomarer Optik lassen sich Atomuhren bauen, die so genau sind, dass sie einen allmählichen Wandel der Naturkonstanten nachweisen könnten – wenn die denn tatsächlich variabel sind. Die Atomare Optik ebnet ferner den Weg für die so genannte Atomlithographie, mit der sich Werkstoffe strukturieren lassen, um Atom für Atom etwas Kompliziertes zusammen zu häufeln.

Im Jahr 2002 berichteten Münchner Wissenschaftler erstmals von der Umwandlung eines Bose-Einstein-Kondensats in einen so genannten Mott-Isolator: die Forscher hatten das nebulöse Atomkollektiv mit Laserstrahlen traktiert, worauf sich dessen Mitglieder zu einem dreidimensionalen Kristall arrangierten. Das Laserlicht drängte die Atome auf genau definierte Gitterplätze – die ursprüngliche Gemeinschaft zerfiel gewissermaßen in zahlreiche Splittergruppen. Solche, in Lichtnetzen gefangene Atome sind womöglich das Gewebe, aus dem eines Tages Quantencomputer entstehen könnten – von ihnen erhoffen sich Fachleute atemberaubende Rechenleistungen.

April 2004: Physiker Anton Zeilinger freut sich über die erste mit Quantentechnik verschlüsselte Banküberweisung. (Quelle: J. Godany, Wien)

Im Jahre 2002 erprobten Wissenschaftler die Quantenverschlüsselung in alpinen Höhen, indem sie codierte Lichtimpulse von der Zug- zur Karwendelspitze verschickten. Herzstück des Experiments war ein Lasersystem, mit dem die Forscher einzelne Lichtteilchen zwischen den Berggipfeln übertragen konnten. Andere Methoden der Quantenkryptographie bedienen sich nicht einzelner Lichtteilchen, sondern „verschränkter“ Zwillinge. (Bilder: Sektion für Physik, LMU München)

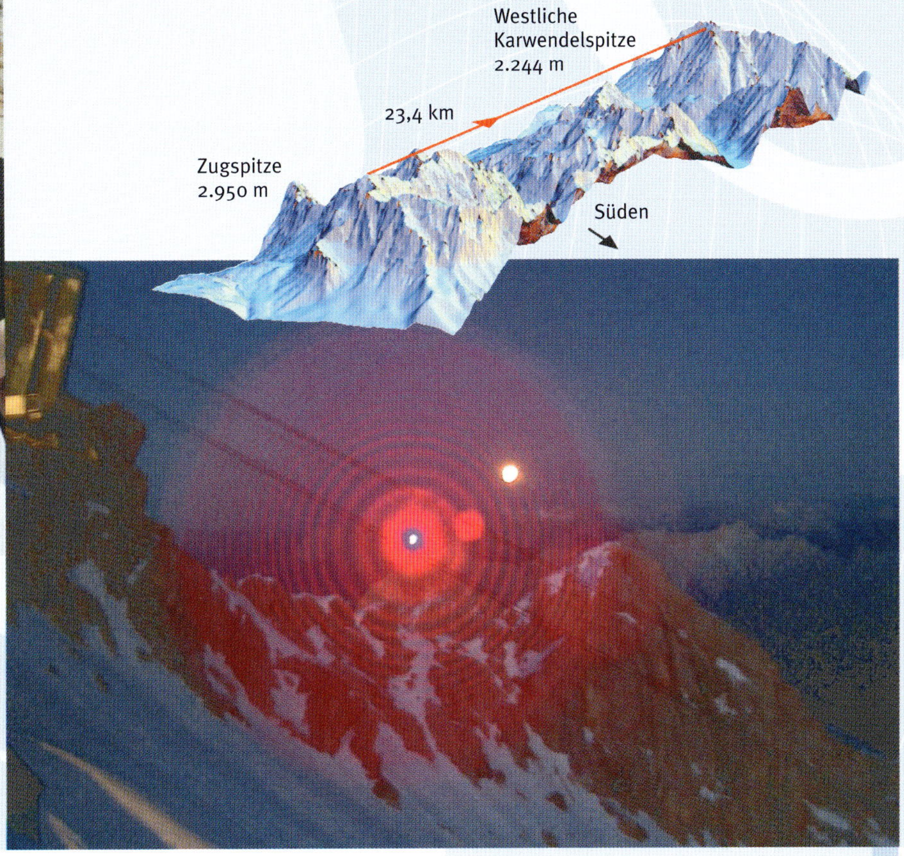

Zahlung per Quanten Express

Ein Quantenphänomen, das Forscher ebenfalls beflügelt, ist die „Verschränkung“ – ein heißes Thema auch in Sachen Datenverschlüsselung. Kupferdrähte und Lichtleiter sind schließlich die Adern unserer Informationsgesellschaft. Doch nicht alles was durch die Kabel saust, ist auch für neugierige Augen oder Ohren bestimmt. Wer möchte schon, dass die eigene PIN-Nummer in falsche Hände gerät? Seit jüngster Zeit nun können Kryptographen auf Beistand der Quantenphysiker hoffen. Deren Verfahren – natürlich Quantenverschlüsselung genannt – gilt als absolut zuverlässig. Dass eine Leitung angezapft wird, kann sie allerdings nicht verhindern. Der Clou ist vielmehr, dass ein Lauschangriff sofort auffallen würde. Bei der Quantenverschlüsselung bedient man sich bisweilen „verschränkter“ Photonen, Paaren von Lichtteilchen, die in besonderer Beziehung zueinander stehen. Eine Messung an einem der Teilchen liefert augenblicklich Informationen über dessen Partner und umgekehrt. Das gilt selbst dann, wenn sie Kilometer weit voneinander entfernt sind. Angesichts dieser Vorstellung sprach der ehrwürdige Einstein einst von „spukhafter Fernwirkung“. Forscher sehen dieses Phänomen heute differenzierter, die Verschränkung ist gleichwohl Realität: ein Team um den Wiener Physiker Anton Zeilinger nutzte sie sogar, um im April 2004 die weltweit erste Banküberweisung mit Quantenverschlüsselung zu tätigen. Dabei wechselten 3.000 Euro von der Bank of Austria an die Universität Wien – als Finanzspritze für Zeilingers Arbeitsgruppe.

INFO

DIE PC'S VON ÜBERMORGEN

Wie Quantencomputer aussehen werden, ist ungewiss. Aber mit den Zahlenfressern der heutigen Zeit werden sie aller Voraussicht nach wenig gemein haben. In Sachen Hardware setzen manche Forscher auf Atome in Lichtnetzen, einige sperren Atome in elektromagnetische Käfige, andere wiederum hoffen auf „Quantendots“ – besondere Nanostrukturen, die sich auf einem Halbleiter-Chip unterbringen lassen. Hardware hin oder her, der Clou beim Quantenrechnen liegt im Prinzip der Informationsverarbeitung: statt mit üblichen Bits jonglieren Quantencomputer mit „Quantenbits“. Diese beruhen auf dem Phänomen der Überlagerung, wonach Quantenobjekte gleichzeitig in verschiedenen Zuständen existieren können. Werden die Quantenbits noch passend verschränkt, lassen sich zahllose Rechenoperation *gleichzeitig* ausführen – und das bringt Tempo.

Kraftvolles Quartett

„Ist es der Sinn,
der alles wirkt und schafft?
Es sollte stehn:
Im Anfang war die Kraft!“

Aus Faust, Teil 1, von Johann Wolfgang von Goethe (1749 - 1832)

Empedokles der Grieche (ca. 483 - 425 v. Chr.) begründete einst die Lehre von den vier „Elementen“. Demnach beruht die ganze Vielfalt der Natur auf dem Reigen von Erde, Wasser, Feuer und Luft. Wobei „Hass“ und „Liebe“ – vulgo: Abstoßung und Anziehung – die Elemente immer wieder aufs Neue zusammenwürfeln. Seitdem hat sich unsere Sicht der Welt ziemlich verändert. An die Stelle der antiken Elemente traten Elementarteilchen, „Hass“ und „Liebe“ machten Platz für ein Quartett fundamentaler Naturkräfte. In der Physik heißen sie auch „Wechselwirkungen“. Zwei davon begegnen uns auf Schritt und Tritt: da ist zum einen die Schwerkraft, auch Gravitation genannt, sie fesselt uns an den Erdboden. Andererseits gibt es den Elektromagnetismus, der zum Beispiel den Strom aus der Steckdose treibt. Die übrigen Naturkräfte – namentlich „Schwache“ und „Starke“ Wechselwirkung – agieren eher im Verborgenen, genauer gesagt im Reich der Elementarteilchen.

Auch wenn Wissenschaftler darüber rätseln, wieso das Universum gerade vier Naturkräfte regieren, ein gemeinsamer Ursprung gilt als sicher. Und tatsächlich stießen Forscher in der zweiten Hälfte des 20. Jahrhunderts auf eine enge Verwandtschaft zwischen Elektromagnetismus und Schwacher Wechselwirkung. Die Starke Wechselwirkung entlarvten sie als fernen Cousin. Nur die Schwerkraft fügt sich bislang nicht ins Familienbild. Deshalb gilt sie als größte Hürde für eine umfassende Beschreibung aller Naturphänomene, die vom Volksmund mitunter „Weltformel“ genannt wird.

Das Kraftquartett im Einzelnen:
Alle Objekte folgen der Gravitation: sie zwang den Turm von Pisa in Schieflage, regelt die Gezeiten und ballt Sterne, Staub- und Gaswolken zu Galaxien. Isaac Newton (1643 - 1727) stieß auf einen ihrer Wesenszüge: die Massenanziehung. Der Legende nach brachte den Briten ein vom Baum fallender Apfel zur Einsicht, dass dieselbe Kraft, die das Fallobst zu Boden zieht, den Mond um die Erde kreisen lässt. Albert Einstein (1879 - 1955) erkannte später, dass die Ursachen der

Galaxien drehen im Sog der Schwerkraft eine Pirouette: Das kosmische Paar ist rund 300 Millionen Lichtjahre von der Erde entfernt. Nach Expertenmeinung werden die beiden Sternensysteme letztlich zu einer Riesengalaxie verschmelzen. Unserer heimischen Milchstraße dürfte Ähnliches widerfahren, wenn sie sich in Jahrmilliarden mit ihrem Nachbarn, dem Andromeda-Nebel, vereinigt. (Bild: NASA/STScI/ESA)

Nächtliches Europa aus der Vogelperspektive: Was wäre unsere Welt ohne Licht und Strom – sprich Elektromagnetismus? (Bild: NASA/NOAA)

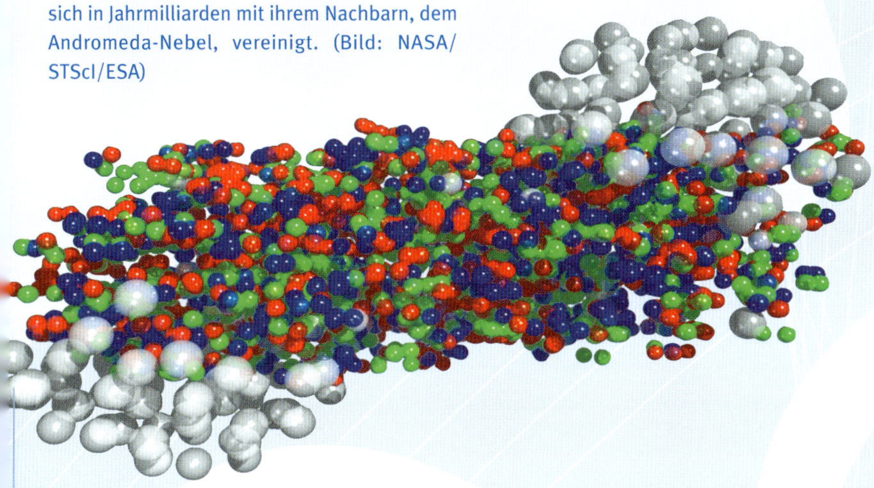

Beim Crash von Atomkernen entsteht für Sekundenbruchteile ein tobendes Konglomerat von Teilchen, vielfach heißer als das Innere der Sonne. Die Erforschung dieses „Quark-Gluon-Plasmas" (bunte Kügelchen) verrät einiges über die Starke Wechselwirkung und die Kindheit des Universums. Gilt es doch als Ursuppe, die einst das gesamte Weltall erfüllte – direkt nach dessen Geburt vor rund 14 Milliarden Jahren. (Bild: CERN)

Die Sonne versorgt seit über vier Milliarden Jahren unseren Planeten mit Licht und Wärme. Das Kraftwerk in ihrem Inneren „verheizt" via Kernfusion pro Sekunde rund 700 Millionen Tonnen Wasserstoff. Der dabei maßgebliche Prozess – pp-Zyklus genannt – wird von der Schwachen Wechselwirkung beeinflusst. (Bild: ESA)

Massenanziehung bei Raum und Zeit liegen, die zu einem kosmischen Netzwerk verwoben sind. Jedes Objekt verformt dieses Gefüge vergleichbar einem Schlafenden, der eine Matratze eindrückt, und fängt andere Körper per Schwerkraftmulde ein. Die Schwerkraft von Sternen kann sogar einen Lichtstrahl aus der Bahn werfen. Fachleute sprechen dann von einer „Gravitationslinse". Bei allem Erfolg ist Einsteins Relativitätstheorie in der Mikrowelt gleichwohl lückenhaft. Physiker bemühen sich deshalb, Einsteins Gedankengut mit dem Bild der Quantenwelt in Einklang zu bringen. Hilfreich scheint dabei die so genannte String-Theorie. Einige Forscher hoffen sogar, damit einen Zipfel der „Weltformel" in den Händen zu halten.

Ohne die Starke Wechselwirkung wäre das Universum längst in einem Teilchenschauer vergangen, denn sie ist der „Klebstoff", der Atomkerne zusammenhält und auch tief im Innern der Kernbausteine den Ton angibt. Gemäß der Quantentheorie tummeln sich dort „Quarks" und „Gluonen" in einem frenetischen Tanz. Und fast die gesamte Masse aller sichtbaren Dinge ist letztlich auf dieses Zusammenspiel zurückzuführen – vom Flohkrebs bis zum Gasplaneten.

Die Schwache Wechselwirkung ist für bestimmte Arten der Radioaktivität und für die Energieproduktion der Sonne von Bedeutung. Ihre Geschichte geht zurück auf die Entdeckung der Radioaktivität durch Henri Becquerel, der 1896 erstmals einen radioaktiven Prozess dokumentierte. Diesen „Beta-Zerfall" entschlüsselten Wolfgang Pauli und Enrico Fermi zu Beginn der 1930er und legten damit den Grundstein für das heutige Quantenmodell der Schwachen Wechselwirkung. Demzufolge wird sie durch Teilchen vermittelt, die W- bzw. Z-Bosonen genannt werden.

Der Brite James Clerk Maxwell (1831 - 1879) erkannte einst, dass Elektrizität und Magnetismus verschiedene Seiten einer Medaille sind. Heute wissen wir: ob wir sehen, tasten, schmecken oder riechen – unsere Umwelt nehmen wir letztlich per Elektromagnetismus wahr. Wenn wir uns einen Sonnenbrand holen oder uns der Wind durch die Haare bläst, dann ist Elektromagnetismus im Verein mit den Regeln der Quantenphysik am Werk. Elektromagnetische Wechselwirkung wird laut Quantentheorie von „Photonen" übertragen, kleine Energiebündel, die wir im sichtbaren Frequenzbereich als Licht empfinden. Neben der Gravitation ist es also diese Wechselwirkung, die am unmittelbarsten unseren Alltag bestimmt, die mechanische Kräfte überträgt und auch TV-Bilder in Bewegung setzt.

Zwischen Himmel und Erde

„Ich will euch mein Erfolgsrezept verraten: Meine ganze Kraft ist nichts als Ausdauer."

Louis Pasteur, franz. Chemiker und Mikrobiologe (1822 - 1895)

Seit Jahrhunderten hat es der Mensch verstanden, sich der klassischen „Elemente" und der in ihnen schlummernden Kräfte immer geschickter zu bedienen. Segelschiffe und Wassermühlen sind dafür nur zwei Beispiele. Aber nicht nur Menschen, nordamerikanische Präriehunde etwa belüften ihre unterirdischen Bauten ganz pfiffig nach den Regeln, die der Schweizer Ahnherr der Hydro- und Aerodynamik, Daniel Bernoulli (1700 - 1782), aufgestellt hat. So haben die Erdhundbauten lange unterirdische Kanäle, die mit hügelartigen Belüftungskaminen abgeschlossen sind – einige dieser Wälle sind höher, andere niedriger. Wenn der Wind über diese Öffnungen streicht, entsteht nach dem Gesetz von Bernoulli ein Unterdruck. Nun bläst der Wind am Boden etwas langsamer als in der Höhe. Deshalb stellt sich zwischen den verschiedenen Öffnungen ein Druckgefälle ein, das Frischluft durch die Stollen treibt. Das wissen die Präriehunde auch und wählen einen höheren Kamin für die Abluft, einen niedrigen für die Zuluft. Der Erdboden gleicht als Wärmespeicher allzu starke Temperaturschwankungen aus.

Luftströmungen sind an anderer Stelle ebenfalls von Bedeutung: beim Fliegen. Der Auftrieb ist allerdings ein ziemlich verwickeltes Phänomen. Wirbel spielen eine Rolle, die Zähigkeit der Luft, Flügelprofil und Anstellwinkel. Fazit ist: Durch ein kompliziertes Zusammenspiel strömt die Luft oberhalb der Tragfläche letztlich schneller als darunter. Nach dem Gesetz von Bernoulli geht damit ein Druckunterschied einher: Unterdruck an der Flügeloberseite, Überdruck unterhalb der Tragfläche. Daraus folgt eine Kraft gen Himmel – und diese weiß jeder Pilot als Auftrieb zu schätzen.

Die moderne Architektur bedient sich übrigens desselben Prinzips. Allerdings stellt sie es gleichsam auf den Kopf, um damit Hochhäuser zu belüften. Zu diesem Zweck haben Ingenieure so genannte Venturi-Flügel entworfen: im Grunde

⇠ ⇠ Fast 400 Tonnen kann ein Jumbo-Jet an den Start bringen. Um dieses Gewicht in die Luft zu stemmen, bedarf es starker Triebwerke und eines steilen Anstellwinkels – letzterer erhöht den Auftrieb. (Bild: Lufthansa)

⇢ Tragfläche im Luftstrom: unterhalb des Flügels (dessen Querschnitt ist schraffiert) entsteht Überdruck, darüber Unterdruck. Deren Zusammenwirken hält Flugzeuge in der Luft. (Bild: iserundschmidt)

⇠ Der Venturi-Flügel auf dem Dach dieses Berliner Gebäudes sorgt für angenehmes Büroklima, indem er – nur per Windkraft – Frischluft zwischen Innen- und Außenfassade leitet. Dies verhindert ein Aufheizen der Glasfront. (Planung: BRANDI IGH Ingenieure, Köln; Fotograf: J. Willebrand, Köln)

⇠ Präriehunde belüften ihre Bauten mit Hilfe des Bernoulli-Effektes. Die Bezeichnung „Präriehund“ ist allerdings irreführend, denn die Nager sind mit unseren häuslichen Vierbeinern keineswegs verwandt. Ihr Warnruf erinnert allerdings an Kläffen. (Bild: E. Hejda, Wien)

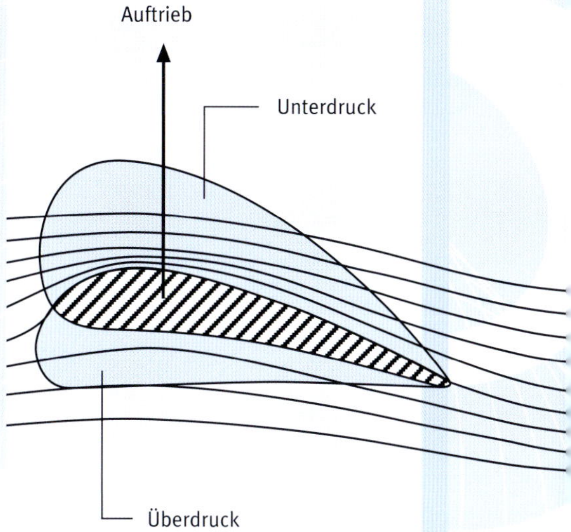

genommen umgedrehte Tragflächen auf den Dächern der betreffenden Gebäude. Bläst der Wind über diese Konstruktionen, so entsteht unterhalb des Venturi-Flügels ein Unterdruck. Und mit diesem Sog lässt sich kühle Luft in die Gebäude schaufeln. Besonders nützlich ist diese Form der Klimatisierung für Bürobauten mit weiter Glasfront, die im Sonnenlicht stets dazu neigen, sich aufzuheizen.

Fahrrad im Gegenwind

Natürlich hat es nie an Versuchen gefehlt, die Kraft des Luftstroms auch für das Fortkommen per Fahrrad zu nutzen. Ein „Hülfstreibapparat“-Patent wider den Wind, des Regensburgers Sebastian Müller aus dem Jahr 1893, fand vor den Augen eines zeitgenössischen Besprechers allerdings keine Gnade: „Der Propeller, der das Rad vorwärts reißen soll, muss ja auch erst angetrieben werden – das bedeutet vermehrten Kraftaufwand bzw., bei gleicher Kraft, weniger Power für den Primärantrieb.“

Es ist wahr, Meister Müller hatte einen Fehler gemacht, nur nicht den vom Kritiker bemängelten, vielmehr war der Propeller zu klein. Wenn man den Propeller genügend groß macht, kann auch Gegenwind ein Fahrrad vorwärts, also in den Wind treiben. Das Prinzip funktioniert sogar auf dem Wasser mit einem Boot, dessen Wasserschraube von einem Windrad angetrieben wird: das Boot fährt in den Wind, muss also nicht mehr kreuzen. Die Geschwindigkeit kann etwa ein Fünftel der des Gegenwindes erreichen.

INFO

BERNOULLI & CO.

Es gibt eine Menge berühmter Bernoullis, von denen einige auch noch miteinander verwandt ist. Die für die Naturwissenschaft wichtigsten sind Johann und Daniel. Johann war Vater des Daniel und neidete diesem seinen wissenschaftlichen Erfolg. Als Daniel 1735 zusammen mit seinem Vater einen Preis für Arbeiten über die Planetenbahnen bekam, warf ihn der Vater aus dem Haus, weil er meinte, den Preis alleine verdient zu haben. Die Nachwelt aber maß Daniel den höheren Rang zu.

Zu seinen wichtigsten Leistungen zählen Erkenntnisse über die Eigenarten bewegter Flüssigkeiten und Gase – insbesondere über den Zusammenhang zwischen Strömungsgeschwindigkeit und Druck. Auf den Punkt gebracht lautet Bernoullis Gesetz: der Druck einer Strömung fällt mit zunehmender Geschwindigkeit und nimmt zu, wenn die Geschwindigkeit sinkt. Die daraus folgenden Regeln über Auf- und Abtrieb haben sich in Schiff- und Luftfahrt millionenfach bewährt: ihnen gemäß lassen Kapitäne die Segel setzen und halten sich Flugzeuge in der Luft. Trotzdem widersprechen sie der Intuition: Wenn etwa zwei Rheindampfer dicht aneinander vorbeifahren, meint man, das zusammen gequetschte Wasser dazwischen sollte sie auseinander treiben. Tatsächlich jedoch entsteht ein Sog, der die Schiffe zueinander zieht – Bernoulli lässt grüßen.

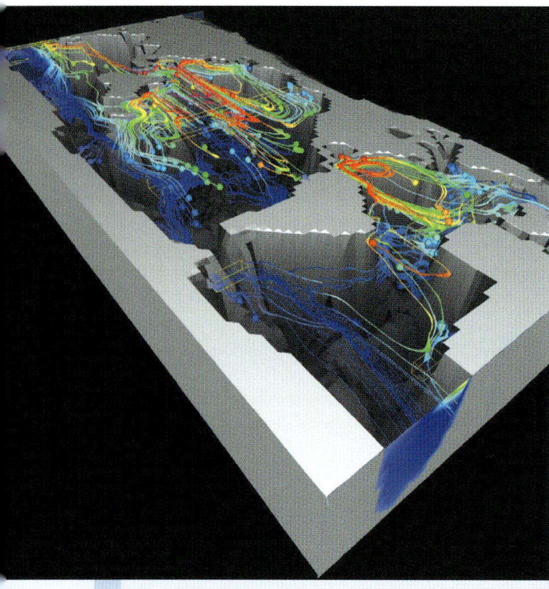

Computersimulation der weltweiten Meeresströmungen. In rot: der Wirbel des Golfstroms. Namenspatron ist der Golf von Mexiko, dort hat das warme Wasser seinen Ursprung. Das Bild unten zeigt eine vereinfachte Darstellung der globalen Ströme.

Gewaltige Wassermassen schlängeln sich rund um den Globus. In einigen Gebieten steigt leichtes Wasser an die Oberfläche, in anderen Regionen stürzt schweres Wasser in die Tiefe. Das Auf und Ab hält den Kreislauf in Schwung. (Bilder links und unten: Dt. Klima Rechenzentrum, Hamburg)

Wenn bei Windeinfall von der Seite Skippe geschickt die Segel setzen, können sie schnelle dahingleiten als der „wahre" Wind. (Bild: N. Krauss BMW)

INFO

FERNHEIZUNG FÜR EUROPA

Da die Sonne so häufig über der karibischen See brennt, haben die Engländer Grund zur Freude. Die Hitze lässt Unmengen an Wasser verdunsten, dadurch steigt der Salzgehalt des Meerwassers, das sich nun – unter anderem vom Wind getrieben – auf die Reise nach Norden macht. Ausläufer dieses Stroms finden bis nach Westeuropa und heizen unserem Kontinent kräftig ein. Norwegen bekommt genug ab für den Anbau von Erdbeeren und Pflaumen, Südengland kann mit Seebädern glänzen. Das nun erkaltete, schwere Wasser sinkt im Nordatlantik in die Tiefe und wälzt sich zurück Richtung Süden.

Wenn die globale Erwärmung wahr wird, fürchten die Gelehrten, könnte diese Wärmepumpe unterbrochen werden. Ein Motor des Golfstroms liegt nämlich am nördlichen Ende der Schleife. Und dort könnten abschmelzende Eismassen und vermehrte Niederschläge das Meerwasser zu stark verdünnen. Hintergrund: um abzusinken, muss das Meerwasser nicht nur kalt sein, sondern auch reichlich Salz enthalten, denn Salz erhöht die Dichte. Die Szenarien sind komplex, aber es ist durchaus möglich, dass eine globale Erwärmung für Europa mehr Kälte bedeuten könnte.

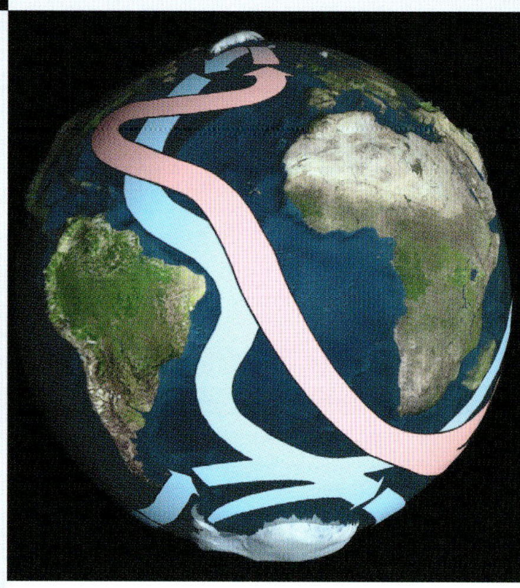

Das Kunststück, exakt gegen den Wind zu segeln, dürfte selbst ausgebufften Seeleuten Schwierigkeiten bereiten. Gewieften Skippern gelingt es aber immerhin, schneller als der „wahre" Wind zu segeln. Entscheidend ist dabei wie wahrer Wind (der Luftstrom über unbewegtem Grund) und Fahrtwind (bläst stets von vorne) ins Segel greifen. Das Zusammenspiel beider Stömungen – Segler sprechen vom „scheinbaren" Wind – kann das Boot mit Eiltempo vorantreiben. Strandsegler, an deren Fahrzeuge keine Wassermassen zerren und die nur den Rollwiderstand mit dem Boden überwinden müssen, erreichen auf diese Weise mehr als 120 Kilometer in der Stunde.

Wetter unter Druck

Wenn Luft erwärmt wird, verliert sie an Dichte, wird also leichter und steigt in der dichteren Luft der Umgebung auf. Jeder Heißluftballon bezeugt diesen Effekt. Und jede Kumuluswolke. Die entsteht, wenn eine Warmluftsäule aufsteigt und oben abkühlt, wobei Wasserdampf in unzähligen Tröpfchen auskondensiert, die in der Summe eine Wolke bilden. Aufwinde wiederum entstehen dort, wo das Sonnenlicht den Boden stärker erwärmt hat, etwa weil er dort dunkler war. Die aufstrebende Luft hinterlässt in Bodennähe einen leichten Unterdruck, der durch seitlich herbeiströmende Luft ausgeglichen wird. Blätter rascheln.

Wie viel Sonne eine Gegend abbekommt, hängt im globalen Maßstab vom Breitengrad ab. Am Äquator wird die meiste Energie eingestrahlt – schließlich steht die Sonne mehr oder weniger senkrecht am Himmel. Die dort aufsteigenden heißen Luftmassen sinken in kühleren, den Polen näheren Gegenden wieder ab. Auf

Die verquirlten Luftbewegungen in der Atmosphäre machten den alten Seglern ganz schön zu schaffen. Das gesamte Wettergeschehen spielt sich übrigens in einer hauchdünnen Schicht ab. Hätte die Erdkugel zwei Meter Durchmesser, so wäre der wetterrelevante Atmosphärenbereich gerade mal zwei Millimeter dick. (Bild: iserundschmidt, Quelle: The Atmosphere, Prentice-Hall Internat. Ltd.)

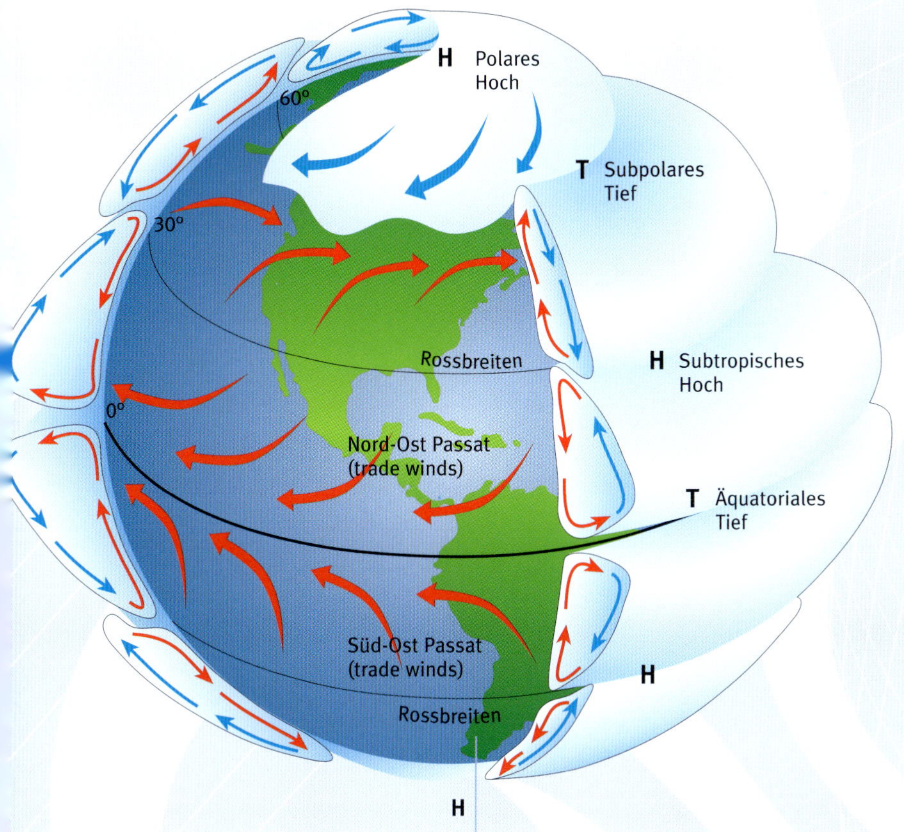

einer ebenmäßigen Erdkugel würde der globale Druckausgleich im Wesentlichen entlang der Längengrade erfolgen: warme Luft in großer Höhe vom Äquator zu den Polen, kühlere unten von den Polen zum Äquator. Da auf der Erde Wasser- und Landmassen unregelmäßig verteilt sind, ist das Bild allerdings komplizierter. Dazu gesellt sich außerdem der „Coriolis-Effekt“: Vom Äquator kommende Warmluft wird an den Polen abgekühlt, sinkt dort nach unten und treibt nahe der Erdoberfläche wieder in Richtung Äquator. Die Erde dreht sich darunter nach Osten weg. Im Polarbereich bläst einem ostwärts blickenden Beobachter daher der Wind ins Gesicht. Umgekehrt wird Luft in Bodennähe, die sich Richtung Pol bewegen möchte, nach Osten abgelenkt, erzeugt damit Wind aus Westen. Luftbewegungen auf der Nordhalbkugel werden also nach rechts abgelenkt, auf der Südhalbkugel nach links. Am Pol ist der Coriolis-Effekt am größten, am Äquator verschwindet er.

Das wahre Bild ist noch wesentlich komplexer, gegenwärtige Modelle gehen von drei großen Zirkulationszellen aus. Mit denen ist eine Reihe von Luftdruckgürteln verbunden, wie das Äquatoriale Tief, das Subtropische Hoch, das Subpolare Tief und das Polare Hoch. Die alten Hochseesegler wussten die Windverhältnisse geschickt zu nutzen, wovon die Namen der halbwegs stabilen Luftströme zeugen: „trade winds“ (Handelswinde) heißen die dem Äquator nahen Passatwinde aus östlicher Richtung, die einst die Schätze der Welt um den Globus trugen. Leider treiben in dieser Region auch Wirbelstürme ihr Unwesen. Hurricanes und Taifune, gespeist von mindestens 26 Grad warmem Tropenwasser. Wenn es

RABIATE WIRBEL

INFO

Tornados sind vergleichsweise kleine, schnell rotierende Luftwirbel, die meist während eines Gewitters in der Frühjahrs- und Sommerzeit entstehen. Hierzulande sie sind selten, in den USA jedoch verwüsten sie regelmäßig ganze Landstriche. Tornados produzieren ernorme Windgeschwindigkeiten, solide Quellen nennen 500 Kilometer pro Stunde. Sie können immer dann auftauchen, wenn die Bedingungen für ein ordentliches Gewitter gegeben sind: also eine bodennahe, mit Feuchtigkeit gesättigte Luftschicht von einer kühlen, hohen überdacht wird. Dann ist die Energie für etwas Großes da, denn die leichte Warmluft gehört eigentlich nach oben, die schwere Kaltluft nach unten. Ein Wirbel ist ein effektives Mittel, den unvermeidlichen Ausgleich herbei zu führen. (Bild: Photodisc)

⇣ Blitzschlag, ausgelöst per Wolkendraht (Bild: A. Rakov, University of Florida)

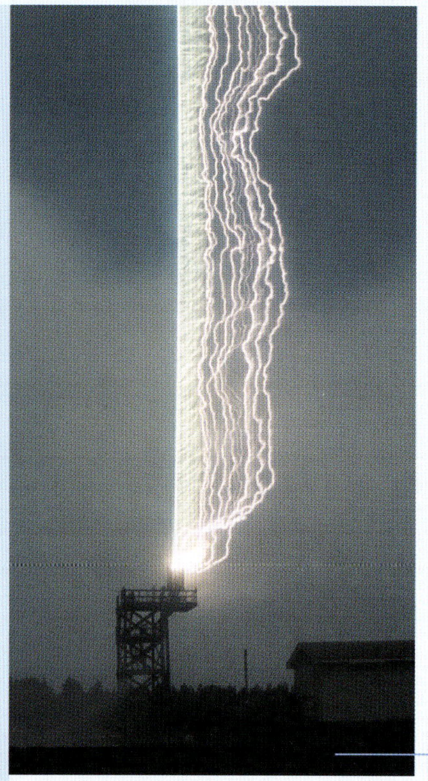

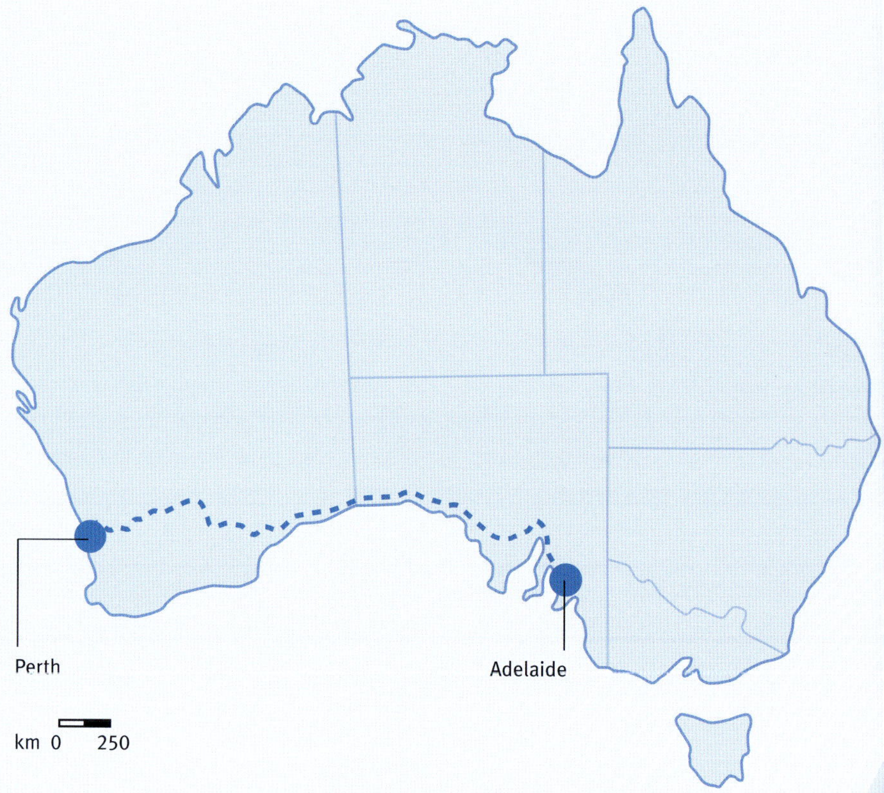

⇡ Optische Solitonen teilen mit ihren wässrigen Verwandten die Eigenschaft, über lange Strecken ohne Schwächung reisen zu können. Wasserwellen werden durch die besondere Form des Wasserkanals zu Solitonen, Lichtimpulse durch die speziellen Eigenschaften von Lichtfasern. Kürzlich wurde in Australien ein mit Solitonen arbeitendes Glasfasernetz in Betrieb genommen, das tausende von Kilometern lang ist und ohne Zwischenverstärker auskommt, wodurch erhebliche Kosten entfallen. Die Leitung zwischen Perth und Adelaide kann 1,6 Terabit pro Sekunde übertragen. Ein DVD-Video wäre damit in 30 Sekunden überspielbar. (Bild: iserundschmidt)

INFO

WETTERLEUCHTEN

Über Gewitter ist lang und breit geforscht worden. Genau geklärt ist das dennoch Phänomen nicht. So viel ist klar: In einem Tohuwabohu von Wolken, Waser und Wind werden elektrische Ladungen getrennt. Offenbar spielen hierbei Ionisationsvorgänge durch kosmische Strahlung eine Rolle, aber auch Reibungseffekte zwischen Wassertröpfchen und der umgebenden Luft – ähnlich wie bei einem Nylon-Pullover, der am Körper scheuert. Letztlich wird der obere Teil von Gewitterwolken meist positiv, der untere meist negativ gepolt. Über Entladungen – den Blitzen – gleicht sich alles wieder aus. Nur ein Drittel der Blitze finden von den Wolken zum Boden, der Rest wird zwischen den Wolken und mit der Luft ausgetauscht. Weltweit zischen etwa 100 Blitze pro Sekunde durch die Atmosphäre, von elektrischen Spannungen befördert, die zwischen 10 und 100 Millionen Volt liegen. Die Luft wird dabei plötzlich auf 30.000 Grad Celsius erhitzt, dehnt sich schlagartig aus und dann donnert es.

nach Verdunstung in der Höhe kondensiert, werden gewaltige Energien freigesetzt. In den Subtropen wiederum galt es die Rossbreiten zu beachten, eine windschwache Region, in der die Pferde über Bord mussten, wenn es an Futter und Trinkwasser zu mangeln begann. Es war nicht leicht auf See zu sein.

Flackern am Himmel

Diese Luftbewegungen beschäftigen heute ein ganzes Heer von Forschern, die im Übrigen auch das elektrische Geschehen in der Atmosphäre untersuchen: Wenn sich über dem Gelände des Zentrums für Blitzforschung an der University of Florida der Himmel verdunkelt, frohlocken die Wissenschaftler; erst recht, wenn es zu grummeln beginnt. Wenn dann noch eine mutmaßlich mit Blitzen schwangere Wolke heranzieht, kommt Action auf: Die Forscher schicken Miniraketen in die Höhe, die einen mit Kevlar verstärkten Kupferdraht hinter sich herziehen, der am Startturm verankert ist. Und dann passiert's: Blitzentladungen rauschen den Raketendraht hinunter und hinauf, wobei der Draht vollständig verdampft. Das eigentlich Interessante aber wird in der Nähe des Starturms registriert: von Detektoren für hochenergetische Strahlung. Und die kriegen gut zu tun: Sie registrieren Röntgenstrahlung, Gammastrahlung sowie hochenergetische Elektronen und Positronen. Die herkömmliche Gewittertheorie gibt das nicht her, die Wissenschaftler tippen deshalb auf den „Runaway-Prozess". Das ist eine exotische Entladungsart, bei der Elektronen fast auf Lichtgeschwindigkeit beschleunigt werden, wobei eine Menge Energie freigesetzt wird.

⇡ Wasserspiele im Dienste der Wissenschaft: Anlässlich einer Tagung über „nicht-lineare“ Wellenphänomene wird Russels Wasserbuckel nachgestellt. Solche „solitären“ Wellen können übrigens auch von Seebeben ausgelöst werden und sich in Küstennähe als verheerende „Tsunamis“ äußern. (Bild: Heriot-Watt University, Edinburgh)

⇣ „Elfen“ galten lange als Hirngespinnste gestresster Piloten – bis es gelang, diese Leuchterscheinungen auf Film zu bannen. Dieser Schnappschuss zeigt eine Elfe über dem Mittleren Westen der USA, aufgenommen aus einem Forschungsfluzeug. Die Beobachter tauften sie „Big Red“. Ihre Spitze reicht bis in 90 km Höhe. (Bild: University of Alaska, Fairbanks)

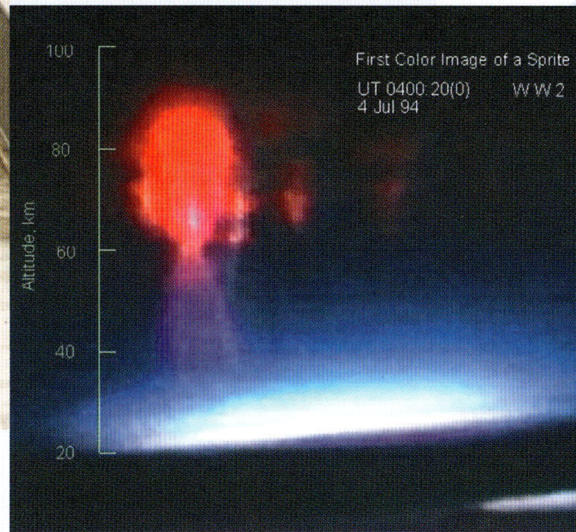

Von Wasser und Wellen

Auch das „nasse Element“ hat Ungewöhnliches zu bieten. Im Jahre 1834 ritt der junge Ingenieur John Scott Russell den Edinburgh-Glasgow-Kanal entlang, als eine von Pferden gezogene Barke anhielt. Nichts Besonderes, vom Bug der Barke aber löste sich ein Wasserbuckel, der es in sich hatte: Er eilte den Kanal entlang, ohne an Höhe oder Geschwindigkeit abzunehmen. Russell ritt über einen Kilometer neben dem Buckel her, in der festen Überzeugung, eine große Entdeckung gemacht zu haben. Das war auch so, allein, die Zeitgenossen dachten anders. Heute ist das „Soliton“ genannte Phänomen, das bei speziellen Bedingungen auftritt, in einer ganzen Reihe physikalischer Gebiete bekannt. Besonders wichtig: die Optik. Wenn Lichtpakete als Solitonen durch eine Glasfaser laufen, stabilisieren sie sich selbst wie Russells Wasserbuckel und sind somit weniger anfällig für Störungen – wichtig für die optische Nachrichtenübertragung.

Wasser ist noch für viele andere interessante Phänomene gut. 1836 gab ein französisches Marine-Handbuch den Rat, Schiffe in wellenreicher See in gehöriger Distanz zueinander ankern zu lassen, anderenfalls sie sich mit womöglich fatalen Konsequenzen anzögen. Eine mögliche Ursache wurde erst 160 Jahre später gefunden: Zwischen der Bordwänden beider Schiffe kann nur ein im Vergleich zu den Außenseiten eingeschränktes Wellenspektrum existieren. Der äußere „Wellenüberschuss“ kommt einem Druck gleich, der die Schiffe aufeinander zu treibt. Ein ähnlicher Effekt wird in der Gestalt der „Casimir-Kraft“ heute sogar für die Nanotechnologie interessant.

INFO

ELFE UND KOBOLDE ÜBER DEN WOLKEN

Seit Menschen über den Rand ihrer Atmosphäre hinaus sehen können, tun sich neue Wunder auf. Eines erscheint, wenn vom oberen Wolkenrand ein besonders starker Blitz zu Boden rast: über der Gewitterwolke, in 50 bis 80 Kilometern Höhe, flackert dann zuweilen ein rotes, flächiges Leuchten. „Elfen“ (engl. Sprites) hat die Wissenschaft diese Erscheinung getauft. „Kobolde“ dagegen sind ebenso ätherische schmale, senkrecht leuchtende Streifen, die für das menschliche Auge gerade noch erkennbar sind. Und es gibt noch weitere Rätsel zwischen Himmel und Erde wie „blaue Jets“, die aus einer Gewitterwolke mit irrsinnigem Tempo fast senkrecht in die Höhe schießen. Piloten, die über solche Dinge berichteten, wurde zunächst nicht geglaubt, erst Satellitenmessungen und Fotos vom Space Shuttles aus machten das Naturschauspiel dingfest. Zurückzuführen ist es offenbar auf „Funkensprünge“ zwischen den Wolken und elektrisch geladenen Luftschichten in großer Höhe.

Über dem Horizont

„Bei der Eroberung des Weltraums sind zwei Probleme zu lösen: die Schwerkraft und der Papierkrieg. Mit der Schwerkraft wären wir fertig geworden.“

WERNHER VON BRAUN (1912 - 1977), AMERIKANISCHER RAUMFAHRTPIONIER DT. HERKUNFT

Die Gravitationskraft gelangte in der Öffentlichkeit zu großem Ruhm, weil sie von Isaac Newton in eine Formel gebannt wurde, die die Bahn der Planeten und des Mondes berechenbar machte. Die Schwerkraft ist eine relativ schwache Kraft, was auch Newton bemerkte, tatsächlich braucht man schon einen Planeten vom Format der Erde, um an dessen Oberfläche ein Weizenbier dauerhaft im Glas zu halten. Mars, der an seiner Oberfläche immerhin noch ein Drittel der Erdanziehung produziert, hat sein Wasser weitgehend preisgeben müssen. Der Mars ist staubtrocken und seine Lufthülle im Vergleich zur irdischen nur ein Hauch. Das Weizenbier würde sich dort – wegen des geringen Luftdrucks – schnellstens verflüchtigen.

„Schwach“ ist natürlich relativ, Versicherungen führen die Gravitation als Schadensursache an vorderster Stelle, und auf der Ebene der Sterne und Galaxien, des Kosmos, ist die Schwerkraft dominant.

Die Schwerkraft muss unter Umständen kunstvoll gestrickt sein, um auf einem Planeten intelligentes Leben zuzulassen. Die Fachwelt ist sich derzeit nämlich nicht sicher, ob Sonneneinstrahlung, Masse und chemische Zusammensetzung für einen Planeten tatsächlich die wesentlichen Größen für eine wohnliche Welt sind, oder ob nicht auch ein natürlicher Begleiter, wie wir ihn haben, zwingend dazu gehört. Der Mond nämlich erzeugt auf der ihm zugewandten Seite der Erde durch seine Schwerkraft eine Beule, vornehmlich aus Wasser. Auf der dem Mond abgewandten Seite der Erde entsteht ebenfalls eine Beule, die durch Fliehkräfte produziert wird. Denn Erde und Mond bewegen sich um einen gemeinsamen Schwerpunkt, der knapp unter der Erdoberfläche liegt. Weil die Erde rotiert, wandern auch die Beulen über unseren Planeten, was sich unter anderem in den Gezeiten bemerkbar macht. Der auf Dauer wichtigere Effekt: Der Mond stabilisiert so, mechanisch, die Drehachse der Erde. Wäre das nicht der Fall, hätte die Erde auch Epochen

⇠ Erde und Mond pflegen seit Jahrmilliarden eine innige Beziehung. Der Erdtrabant sorgt für Ebbe und Flut und stabilisiert die Drehachse unseres Planeten. (Bild: Photodisc)

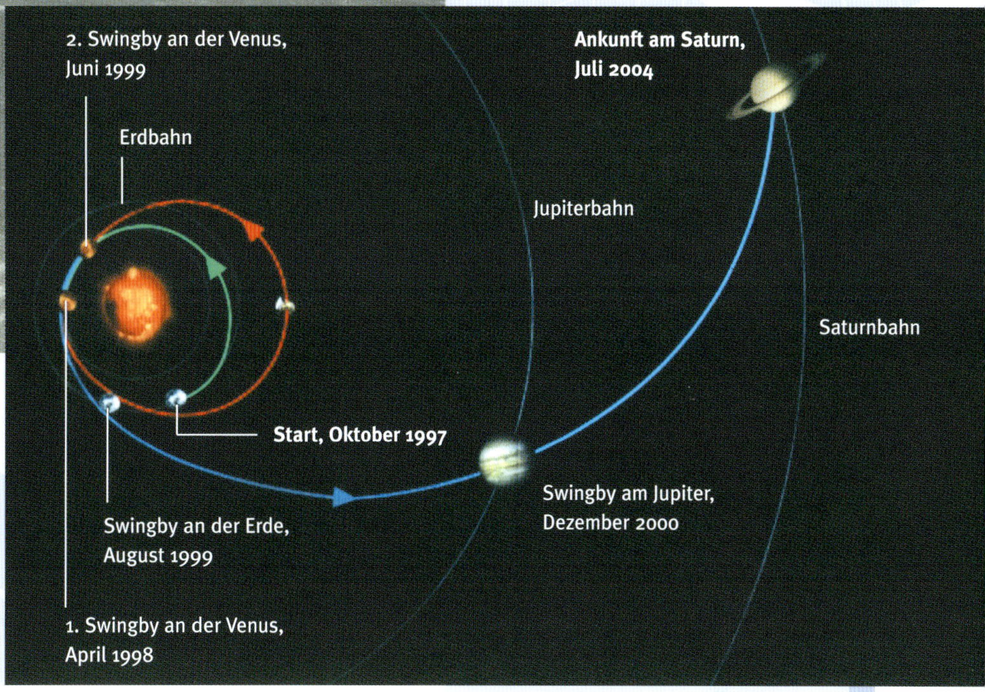

⇠ Besuch beim „Herrn der Ringe“: Seit dem Sommer 2004 kreist die Raumsonde *Cassini* um den Planeten Saturn. (Bild: NASA/JPL)

erlebt, in denen die Erdachse in der Ebene der Erdbahn lag. Unter solchen Umständen wären an den Polen extreme Temperaturunterschiede aufgetreten, die womöglich klimatische Katastrophen und damit das Ende allen höheren Lebens bedeutet hätten.

Dem Erdtrabanten haben wir womöglich auch die Existenz unserer technischen Zivilisation zu verdanken. Die mittlerweile respektable Einschlagstheorie nämlich sieht den Mond als das Produkt des streifenden Zusammenstoßes der Erde mit einem marsgroßen Himmelskörper an. Beim großen Crash vor über vier Milliarden Jahren wurde ein großer Teil der auf dem Erdmantel schwimmenden Erdkruste in den Weltraum befördert. Die Restkruste war lückenhaft. Sie ließ Raum für Ozeanbecken, und hatte nun auch genügend Bewegungsfreiheit, in Schollen über den heißen, in geologischen Zeiträumen durchaus mobilen Erdmantel zu driften. An den Rändern zusammen stoßender Kontinentalschollen türmten gigantische Kräfte dann Gebirge wie die Alpen oder den Himalaya auf. Ohne diese Plattentektonik wäre die Erde eine ziemlich glatte Kugel und – bis auf gelegentlich hoch wachsende Vulkankegel – vollständig von Wasser bedeckt. In einer Wasserwelt aber hätte unsere Technik nicht entstehen können. Kein anderer Planet unseres Sonnensystems hat eine derart mobile Kruste.

Die Erde im Blick

Das Interesse an der Schwerkraft wird in Zukunft wachsen, weil die Techniken zu ihrer Messung ständig besser werden. Seit Juli 2000 umzirkelt CHAMP die Erde, ein Satellit, dessen Position im Zusammenspiel mit eben dem GPS-Satellitensystem bestimmt wird, das auf der Erde Autofahrern den Weg weist. Das Ergebnis ist eine Karte des Schwerefeldes der Erde. Seit März 2002 zeichnet an dieser Karte das

INFO

VON PLANET ZU PLANET

Die Raumfahrt beherrscht das Spiel mit der himmlischen Gravitationskraft mittlerweile perfekt. So hangeln sich Sonden durch die Gravitationsfelder verschiedener Himmelskörper und gewinnen dabei an Schwung (engl. Swingby), was Treibstoff spart. Die *Voyager*-Sonden hat es so als erste ganz aus dem Sonnensystem getrieben. Und auch die Raumsonde *Cassini* bedient sich solcher Manöver, um – vorbei an Venus, Erde und Jupiter – den Saturn anzusteuern. Nach siebenjähriger Reise und einer Strecke von rund drei Milliarden Kilometern erreichte der irdische Gesandte im Juli 2004 den Ringplaneten. (Bild: NASA)

INFO

URGEWALTEN

Titanische Kräfte formten nicht nur die Erdoberfläche. Brachiale Gewalten vermuten Forscher auch hinter den Narben des Roten Planeten. Die Furchen auf seiner Oberfläche rühren mutmaßlich von tektonischen Kräften her, die die Marskruste regelrecht aufgerissen haben und den *Valles Marineris* – einen Canyon mit 600 Kilometer Breite am Zentralteil – entstehen ließen. An anderer Stelle ragt mit dem *Olympus Mons* der höchste Vulkan des Sonnensystems 25 Kilometer weit in den Himmel. Zudem gibt es Hinweise auf Erosion durch Wind und Wasser. Die Frage ob letzteres einst in flüssiger Form über den Mars strömte, führte jahrzehntelang zu hitzigen Debatten. Inzwischen jedoch deutet vieles auf ein „Ja" hin. Die neuesten Messdaten der Sonde *Mars Express* und die der mobilen Roboter *Opportunity* und *Spirit* lassen wenig Zweifel. (Bild: ESA)

Das Projekt GRACE kartiert das Schwerefeld unseres Planeten, indem es kleinste Änderungen in der Flugbahn zweier Satelliten erfasst. Die Abbildung ist nicht maßstabsgetreu, tatsächlich halten die GRACE-Sonden rund 200 Kilometer Abstand. (Bild: NASA)

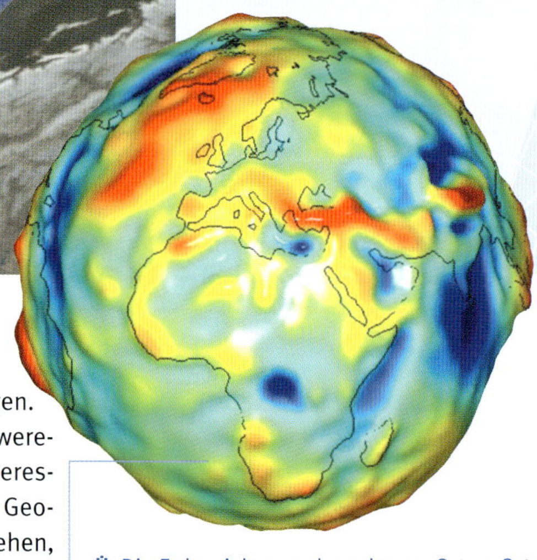

Die Erdanziehung schwankt von Ort zu Ort. Auf dieser Karte sind Bereiche hoher Schwerkraft rot, Bereiche geringer Schwerkraft blau dargestellt. (Bild: U Texas/NASA/GFZ)

Satellitenpaar GRACE mit, das in 220 Kilometern Abstand hintereinander fliegt, dabei seine Relativposition bestimmt, Beschleunigungskräfte misst, Korrekturen bestimmt etc. Das Ergebnis ist eine noch genauere Karte des Schwerefeldes der Erde, die schon geophysikalische Eigenheiten wie die höhere Massenkonzentration an zusammen prallenden Kontinentalplatten erkennen lässt. Und 2006 wird eine modifizierte russische Interkontinentalrakete GOCE in einen nur 250 Kilometer hohen Erdorbit heben. GOCE ist ein Satellit mit hoch empfindlichen Beschleunigungsmessern, die noch den zehnten Teil eines Billionstels der am Boden gefühlten Erdschwere bestimmen können. Die Auflösung der resultierenden Schwerefeldkarten wird bei 100 Kilometern liegen. Ozeanographen werden aus den Schwerefeldanomalien dann auch tiefe Meeresströmungen rekonstruieren können, Geophysiker die Wurzeln der Gebirge sehen, mehr über Erdbebenursachen erfahren, Lagerstätten ausfindig machen und mehr. An den Gravitationsunternehmungen sind deutsche Wissenschaftler maßgeblich beteiligt.

Wenn der Raum erzittert

Als Beschreibung der Gravitation ist Einsteins Relativitätstheorie nach wie vor eine Klasse für sich. Zu ihren subtilsten Vorhersagen zählt die Existenz von Gravitationswellen, von kleinen Stauchungen und Dehnungen des Raumes, die sich im Weltraum mit Lichtgeschwindigkeit ausbreiten, ähnlich Wellen auf einem See. Auf der Erde liegt man bereits seit einigen Jahren auf der Lauer, hier ist u. a. die Messstation GEO600 in der Nähe von Hannover zu nennen. Doch bislang sind diese extrem schwachen Wellen den Forschern nicht ins Netz gegangen. LISA heißt das Satellitentrio von NASA und ESA, das sich ab 2011 ebenfalls um ihren Nachweis kümmern soll: drei Raumsonden, die in einem gleichschenkligen Dreieck von fünf Millionen Kilometern Seitenlänge wie die Erde um die Sonne kreisen und mit Lasern aufeinander zeigen. Die Laserstrahlen werden von Testmassen in den Raumsonden reflektiert – frei schwebende hochpolierte Platin-Gold-Würfel mit vier Zentimetern Kantenlänge – und zur Interferenz gebracht.

↑ Vorbeiflug am Saturn mit Tempo 0,99c, d. h. mit 99 Prozent Lichtgeschwindigkeit. (Computersimulation: D. Weiskopf, Uni Stuttgart)

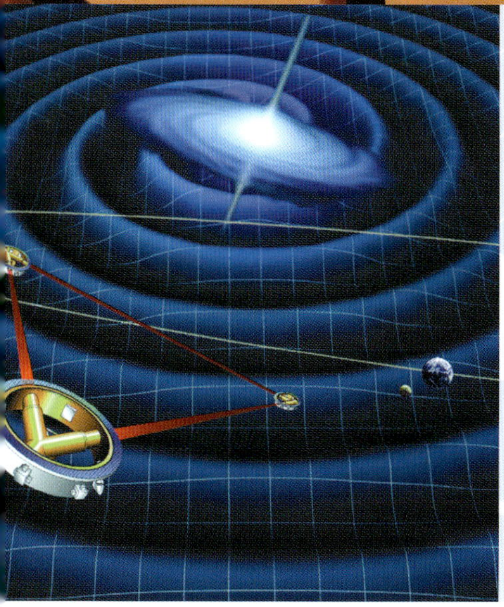

← Das Sonden-Trio LISA soll die Ausläufer von Schwerkraftwellen aufspüren. Als Quelle der Erschütterungen ist hier eine Galaxie angenommen. Abgebildet ist außerdem ein Ausschnitt der Erdbahn, Mond und Erde sind rechts im Bild. (Bild: ESA)

INFO

MIT TOPSPEED

Albert Einsteins Relativität ist nichts Exotisches, wer mit einem Elektronenmikroskop zu tun hat, muss bei Experimenten mit flinken Elektronen „relativistische Korrekturen" berücksichtigen, auf die Anfänger für gewöhnlich stolz sind. Was aber sagt die Theorie darüber, wie Mr. Spock den Saturn sehen würde, wenn er fast lichtschnell vorbei flöge? Es fällt sehr schwer, sich das vorzustellen. Wie steht es etwa um die relativistische Längenkontraktion? Gemäß Einstein werden schließlich alle Objekte, die fast lichtschnell daherkommen, in Flugrichtung gestaucht. Nun, der Effekt ist vorhanden. Man kann ihn messen, aber erstaunlicherweise nicht sehen. Was daran liegt, dass hier noch Lichtlaufzeiten mit ins Spiel kommen. Relativistische Objekte erscheinen daher gedreht und verzerrt, nicht platt gedrückt. Und tatsächlich ist es Wissenschaftlern mittlerweile gelungen, Spocks Sehfeld physikalisch korrekt zu simulieren – mit Computerhilfe. Fazit: der Ring des Saturn sähe ganz schön verbeult aus.

Wenn der Raum im Strahlengang von Gravitationswellen erschüttert wird, teilt sich das den Interferenzmustern mit und schließlich – per Funk – den Wissenschaftlern am Boden. Ein Gravitationswellennachweis wäre eine weitere Bestätigung der Relativitätstheorie.

Wenn auch Gravitationswellen fernab ihres Entstehungsortes so schwach sind, dass sich ihre Entdeckung irdischen Instrumenten bislang entzogen hat – an der Quelle reicht ihre Kraft nach neuesten Erkenntnissen sogar, ein „Schwarzes Loch" aus der Bahn zu werfen. Tatsächlich ist in dieser dynamischen Welt nichts auf Dauer sicher, selbst unsere heimische Milchstraße – mit hundert Milliarden Sternen ein imposantes Territorium – wird sich in einigen Milliarden Jahren mit ihrem Nachbarn, der Andromeda-Galaxie, zu einem neuen Sternensystem vereinen. Und dann gibt es Streit: In beiden Galaxien sitzt im Zentrum ein Schwarzes Loch, eine Region, in der Millionen Sonnenmassen so dicht gepackt sind, dass selbst Licht ihr nicht entkommen kann. Bisher wurde angenommen, dass sich die Schwarzen Löcher bei solchen Fusionen immer zu einem neuen, noch mächtigeren vereinigen, dabei werden im großen Stil Gravitationswellen frei gesetzt. Neue Rechnungen zeigen, dass bei Verschmelzungen unterschiedlich großer Galaxien die entstehenden Gravitationswellen das Schwarze Loch des kleineren Partners aus dem Verband herausbugsieren können. Die Astronomie mit Gravitationswellen wird spannende Geschichten zu erzählen haben.

Relativistischer Augenschmaus

Wird je ein Mensch Augenzeuge solcher Ereignisse werden können? Das würde nur unter touristisch attraktiven Bedingungen Sinn machen, mit einem schnellen Raumschiff-Antrieb. Optimistische Physiker halten wieder die Casimir-Kraft, gespeist aus der Nullpunkts-Energie des Vakuums, für fähig, einen Warp-Drive zu befeuern. Würde der funktionieren – Wissenschaftler wüssten schon, was dicht an der Lichtgeschwindigkeit Reisende zu sehen bekämen. Der Saturn etwa wäre im lichtschnellen Vorbeiflug wunderbar verformt und verfärbt. Ach ja, dem Casimir-Effekt wird übrigens noch viel mehr zugetraut, er könnte sogar für die stetige Ausdehnung des Universums verantwortlich sein, und als eine Art Antigravitation auf großer kosmischer Skala wirken. Aber es muss nicht immer Casimir sein.

Tanz
der Elemente

Tanz in allen Töpfen

„Wir kennen die Temperatur im Inneren eines fernen Sternes, wissen aber nicht, wie es in einem Soufflé aussieht.“

NICOLAS KURTI (1908 – 1998)
PHYSIKER, OXFORD

Hart knirschen die Kristalle in der Salzmühle. Zertrümmert zu feinen Kristalliten fallen sie durch die sprudelnde Wasseroberfläche, und tobende Wassermoleküle lösen die Natrium- und Chlor-Atome aus ihrem engen Verbund. Ein Paar hantiert in der Küche. Auf mehreren Flammen entsteht hier ein opulentes Menü. An der Salzmühle betätigt sich eine Frau im Abendkleid. Sie kocht Erbsen. In ihrem Topf mischen sich die Elemente und umspülen als siedende Lösung das organische Gewebe des garenden Gemüses.

Eigentlich ist die Salzmühle ein Witz, denn Salz verliert ja beim Lagern seinen Geschmack nicht. Daher muss es auch nicht „frisch“ gemahlen werden. Aber die Mühle ist schick und macht Spaß, und das ist auch nicht ganz unwichtig. Übrigens dient das Salz im Kochwasser gar nicht als Gewürz. Es hat nur indirekt Einfluss auf den Geschmack der fertigen Erbsen. Dennoch ist es von großer Bedeutung: Es sorgt dafür, dass die Erbsen ihren Mineralgehalt nicht verlieren. Denn in ungesalzenem Wasser wandern Natrium, Kalium und andere Mineralien, die in den Zellen der Erbsen gelöst sind, durch deren Membranhäute ins Kochwasser. Die Erbsen werden regelrecht ausgewaschen und schmecken fade. Eine genügend hohe Konzentration an Natrium im Kochwasser gleicht das Konzentrationsgefälle aus und verhindert so den drohenden Aromaverlust. Sie wirkt wie eine Waage mit gleichen Gewichten auf den Waagschalen.

Jetzt ist der Koch an der Reihe. Routiniert gibt er ein Steak in die Pfanne. Brutzelnd verdampft das Wasser aus den äußeren Gewebeschichten, zischt als Tröpfchen durch das heiße Öl, das optimale Brat-Temperatur hat. Diese liegt ein gutes Stück über 140 Grad Celsius, aber noch unter 200 Grad, damit das Fleisch nicht anbrennt. So bekommt es eine braune, aromatische Kruste. Es ist allerdings ein Irrglaube, dass das Fleisch dabei seine Poren schließt. In seiner Außenschicht laufen chemische Reaktionen ab, die nach dem Biochemiker Louis Camille Maillard (1878–1936) benannt sind. Der französische Forscher hatte entdeckt, dass beim Erhitzen in den Zellen des Fleisches Proteine mit dem ent-

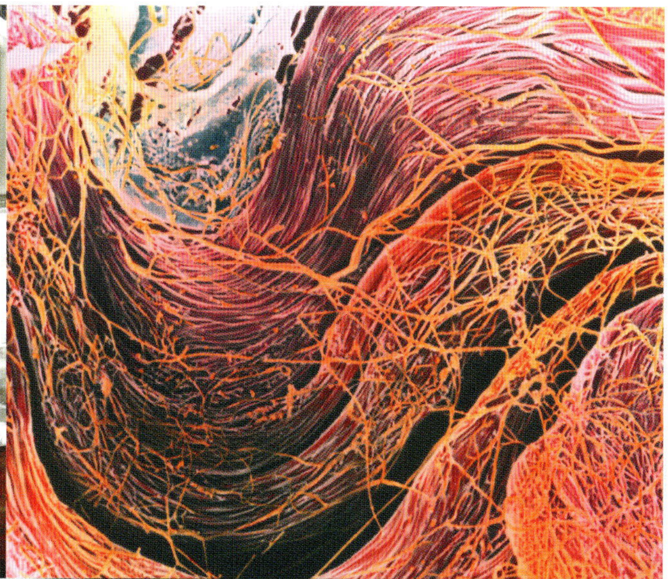

⇠ ⇡ Auch in der Küche begegnen uns die chemischen Elemente. In den unterschiedlichsten Kombinationen bilden sie Topf und Pfanne, Suppe, Salat, Hauptgang und Dessert. In diesen Erscheinungsformen reagieren die Elemente wie überall im Universum. (Fotos: photocase.de)

⇗ Kollagen ist das häufigste Protein der Säugetiere. Die einzelnen Kollagenfasern bestehen aus großen Molekülen, die eine stabile Helixstruktur – eine Art dreifacher Wendeltreppe – bilden. Das Bild zeigt Kollagenfasern aus dem Bindegewebe. (Foto: sciencephoto.com)

haltenen Zucker reagieren. Das sorgt für die karamellbraune Färbung und den Bratengeschmack. Da sehr viele verschiedene Maillard-Reaktionen möglich sind, kann ein erfahrener Koch den Geschmack des Fleisches breit variieren. Er kann sie zum Beispiel durch Einpinseln mit einer zuckerhaltigen Marinade noch fördern: Honigmarinade auf dem Enten- oder Gänsebraten sorgt so für ein volles Aroma.

Hinter den routinierten Handgriffen der Köchinnen und Köche verbirgt sich eine nur wenig erforschte Welt, denn der Tanz im Suppentopf folgt einem komplexen Regelwerk aus physikalischen und chemischen Gesetzmäßigkeiten. Die meisten Abläufe sind bis heute nicht umfassend verstanden. Die Hauptdarsteller dieses Tanzvergnügens sind jedoch alte Bekannte. Es sind die chemischen Elemente, die uns in den verschiedensten Materieformen im Kochtopf begegnen: Salz und Zucker als kristalline, feste Materie, Fleisch oder Gemüse aufgebaut aus komplexen Biomolekülen, aber auch in Form der wunderlichen weichen Materie, zu der Gefrierbeutel aber auch die Mayonnaise zählen. In diesen Erscheinungsformen reagieren die Elemente wie überall im Universum: Sie bilden neue Substanzen und Gemische und setzen dabei Energie um. Mal gelingt das, und es entsteht etwas neues, manchmal zerfällt aber auch alles wieder in seine Bestandteile, wie eine schlecht gerührte Vinaigrette.

Diesmal jedoch ist alles geglückt. Der Salat glänzt frisch unter seiner würzigen Ölhaut, die Steaks sind auf den Punkt gegart und trotz aller Hektik ist sogar das Abendkleid sauber geblieben. Die Gäste sitzen bereits drüben an ihren Plätzen. Es kann losgehen!

INFO

STEAK HAWAII

Köche wollen, dass das Fleisch butterweich und saftig wird. Beim Garen nutzen sie aus, dass Hitze die Fleischfasern aus Kollagen aufbricht und in weichere Gelatine-Moleküle zerfallen lässt. Durch einen chemischen Trick lässt sich dieser Effekt noch unterstützen, denn Kollagen kann man auch anders knacken. Ananas enthält, wie auch Feigen oder Papaya, ein Enzym, das die stabile Struktur des Kollagens zersetzt. Wer das weiß, wird bald die zartesten Steaks zustande bringen. Mit einer Injektionsnadel kann man den frischen (!) Fruchtsaft leicht in das Fleisch hineinspritzen. Danach müssen die Enzyme einige Stunden wirken. Dazu schlägt man die Steaks in Aluminiumfolie und legt sie bei etwa 70 Grad Celsius (nicht heißer!) in den Backofen. Anschließend wie gewohnt in der Pfanne braten – fertig ist eine physikalisch-chemische Köstlichkeit!

(Foto: photocase.de)

Von der Ursuppe zur harten Materie

„Es gibt nichts Praktischeres als eine gute Theorie."
IMMANUEL KANT (1724-1804)
DT. PHILOSOPH

Der Urknall hatte eine unvorstellbare Hitze entfaltet. Als das junge Universum danach abkühlte, entstand erst langsam die Materie. Nach den leichten, einfachen Elementen bildete sich nach und nach das ganze Spektrum der Atome, wie wir es heute kennen.

Zunächst bevölkerten Wasserstoff, Helium und das Metall Lithium den Weltraum in großen kosmischen Gaswolken. Doch an einigen Orten verdichteten sie sich zu Sternen, und dort setzte sich ein völlig neuer Mechanismus in Gang, der noch heute an verschiedenen Orten im Weltall immer wieder abläuft. Bei großer Hitze von einigen Millionen Grad verschmelzen Wasserstoffatome zu Helium. Sobald ein Stern seinen Wasserstoffvorrat verbrannt hat, bläht er sich zum so genannten Roten Riesen auf und produziert immer schwerere Atome bis hinauf zum Eisen, die ersten 26 Elemente des Periodensystems. Die restlichen Elemente entstehen nur, wenn große Sterne sterben: Gigantische Supernova-Explosionen brüten Kobalt, Nickel, Kupfer sogar das schwere Uran aus und schleudern sie in die Weite des Alls.

114 verschiedene Atomsorten kennt unser Periodensystem heute, rund 90 kommen auf natürliche Weise auf der Erde vor. Mit einer verblüffend kleinen Auswahl davon begnügt sich ausgerechnet die komplexeste irdische Materie, die lebenden Organismen. Unser Körper besteht hauptsächlich aus Wasserstoff, Sauerstoff, Kohlenstoff und Stickstoff. Hinzu kommt eine Prise Calcium für die Knochen, Eisen für die roten Blutkörperchen und einige Spurenelemente. Aus diesen wenigen Bausteinen bestehen die Milliarden verschiedenartiger Moleküle, die in den Zellen unseres Körpers ihr kompliziertes biochemisches Ballett tanzen. Die atomaren Bausteine entstammen dem Kosmos – wir sind also nichts als Sternenstaub.

Wie wir selber bestehen auch die einzelnen Atome aus wenigen, einfachen Bausteinchen. Jedes Atom enthält nur drei verschiedene Bestandteile: Elektronen bilden seine Hülle, Protonen und Neutronen den winzigen Kern. Eine Ausnahme ist der sparsame Wasserstoff, der mit einem Pro-

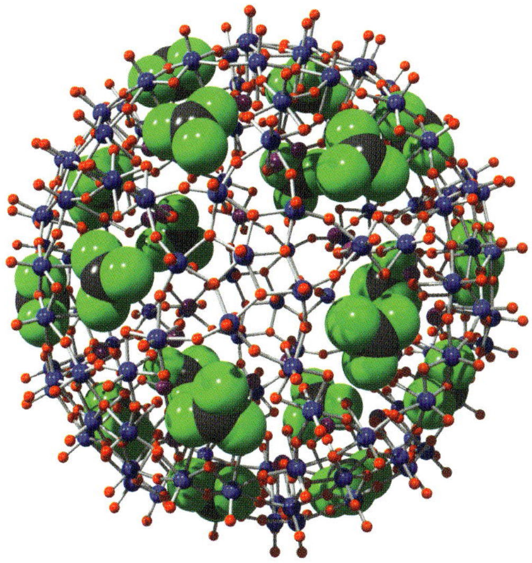

⇢ Diese „Zauberkugel“ ist ein riesiges Molekül aus 132 Molybdän-Atomen (blau) und anderen Atomen. Es besitzt 20 Poren, in die kleinere Moleküle (große grüne und schwarze Kugeln) hinein passen. (Grafik: A. Müller, Uni Bielefeld)

⇠ ⇣ Der Krabbennebel ist der Rest einer Supernova. Solche Supernovae und normale Sterne wie unsere Sonne (unten) brüten fast alle Elemente unserer Welt aus. (Fotos: ESO, ESA)

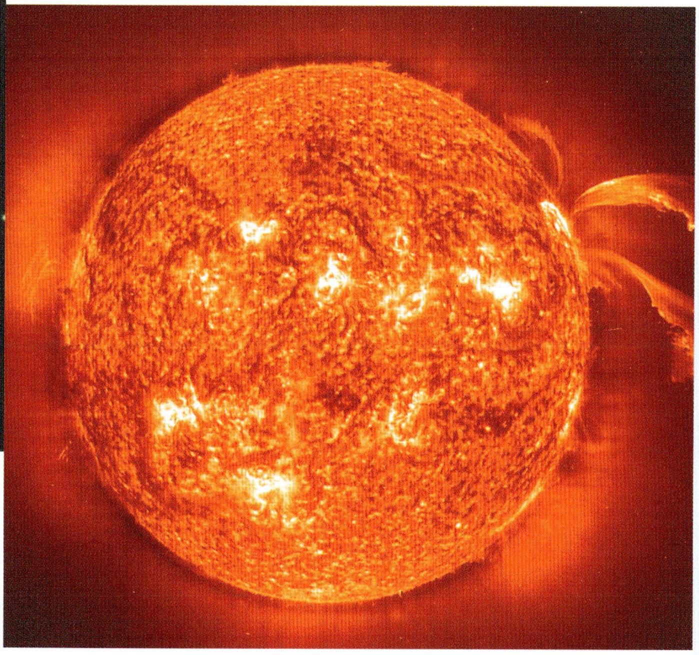

GIBT ES ATOME?

INFO

„Haben's schon eins gsehn?“, kanzelte Ernst Mach alle Kollegen ab, die ihm mit Atomen kamen. Der berühmte österreichische Physiker des 19. Jahrhunderts wurde später mit der Maßeinheit „Mach“ für die Schallgeschwindigkeit unsterblich. Beim Atom aber irrte er sich gewaltig: Vehement bekämpfte er die Atomisten wie Ludwig Boltzmann, seinen genialen Wiener Widersacher. Zwar hatten die Griechen schon in vorchristlicher Zeit die Idee vom Atom als kleinstem Materiebaustein entwickelt. Doch im Zuge der wissenschaftlichen Entwicklung hatte man diese Vorstellung – gemeinsam mit der Vier-Elemente-Lehre – mittlerweile über Bord geworfen. So dauerte es eine ganze Weile, bis das Atom wieder zu wissenschaftlicher Glaubwürdigkeit kam. Mach selber konnte erst überzeugt werden, als ihm nach der Jahrhundertwende in einem Experiment die Wirkung einzelner Atome als Lichtblitze vorgeführt wurden.

ton und einem Elektron auskommt. Die Zahl Drei spielt offenbar eine besondere Rolle in der Natur, denn die Protonen und Neutronen bestehen wiederum aus jeweils drei Teilchen, den berühmten Quarks. Physikern gelang es nach und nach, diese Welt von größter Einfachheit zu entdecken und immer noch erschließen sie die ungeheure Komplexität und Vielfalt, die in der Kombination ihrer Bestandteile begründet liegt.

Jedes Element hat besondere chemische Eigenschaften, die vom inneren Aufbau der zugehörigen Atomsorte abhängen. Die Materialien unserer Umwelt bestehen aus vielen Atomen. Ihre Eigenschaften hängen von den chemischen Bindungen ab, mit denen sich die Atome zu größeren Strukturen organisieren. Dafür sind die Elektronen aus der äußersten „Schale“ der Atome zuständig. Aus Sicht eines Atomkerns sind diese Elektronen ferne Trabanten – ungefähr wie der Planet Pluto von der Sonne aus gesehen. Da sie relativ frei beweglich sind, können sie mit den Außenelektronen anderer Atome Bindungen eingehen. Je nach Art der chemische Bindung bauen sie verzweigte Moleküle oder regelmäßige Kristalle.

Auf der Erde begegnet uns Materie in den drei Aggregatzuständen gasförmig, flüssig und fest. Welchen Aggregatzustand ein Stoff einnimmt, bestimmen die Bindungen zwischen seinen Atomen oder Molekülen. Ist dieser Elektronenkitt schwach, dann ist der Stoff bei den Temperaturen und dem Druck unserer Atmosphäre ein Gas. Seine Moleküle fliegen frei durch den Raum, wie die Kugeln eines dreidimensionalen Billards.

Mit stärkeren Bindungskräften wird ein Stoff flüssig. Die Atome oder Moleküle gleiten eng aneinander vorbei, wie Tänzer auf einer sehr vollen Tanzfläche. In Festkörpern sind die Bindungskräfte am stärksten: Fast wie die Stecker von Legosteinen fügen sie die Atome aneinander

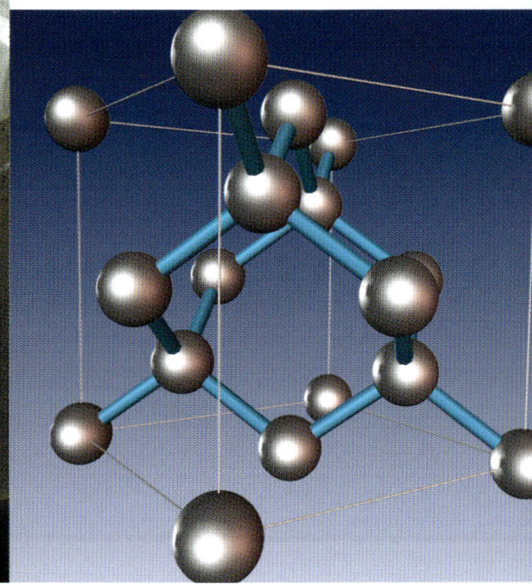

Druck, Temperatur und andere Umgebungsbedingungen beeinflussen das Kristallwachstum. Sie prägten die Gestalt dieses Bergkristalls. (Foto: T. Seilnacht, www.seilnacht.tuttlingen.com)

Ein Eiskristall wächst im Labor in eineinhalb Stunden zu einem Dendriten mit einem Durchmesser von über 2 cm. (Fotos: K. Libbrecht, CALTECH, Pasadena)

INFO

WIE KANN MAN KRISTALLGITTER „SEHEN"?

Röntgenlicht oder Neutronenstrahlen können Kristallgitter sichtbar machen, weil ihre Wellenlängen ähnlich groß sind, wie die Abstände der Atome im Gitter. Jedes Atom bricht diese Wellen in alle Raumrichtungen. Es wirkt dadurch fast wie ein kleiner Sender, der Störwellen ausstrahlt. In manchen Ausbreitungsrichtungen löschen sich die überlagerten Wellen aller Atom-„Sender" aus, in anderen verstärken sie sich. Ein Film oder Schirm kann das als Muster aus Lichtpunkten sichtbar machen. Jedes Punktmuster enthält dann Informationen über die räumliche Struktur des Kristallgitters. Daraus können Physiker dann den exakten Aufbau des Kristallgitters berechnen.

und ordnen sie zu wundervoll gleichmäßigen Kristallgittern. Bei fehlerfreier Perfektion sprechen Physiker vom idealen Kristall. Die meisten harten Materialien unserer Umwelt sind allerdings weder ideal noch reine Kristalle. Und auch zwischen flüssig und fest gibt es einen Spielraum: Viele Materialien sind weich. Sie bestehen aus großen Molekülen, die sich zu noch größeren Strukturen anordnen.

Nicht alle Kristalle sind hart und durchsichtig wie Kochsalz oder Bergkristall. Auch Metalle bestehen zum Beispiel aus winzigen Kristallen. In metallischen Kristallgittern sind die äußeren Elektronen der Atome relativ frei und verbinden die Atome nicht so fest. Deshalb leiten Metalle gut elektrischen Strom oder Wärme und können sich plastisch verformen. Manche Elemente können sogar – abhängig von den äußeren Bedingungen – unterschiedliche Kristallgitter aufbauen: Reiner Kohlenstoff formiert sich zum Beispiel unter hohem Druck zum harten Diamantkristall, sonst bevorzugt der Verwandlungskünstler den weniger festen, schmierig-glänzenden Graphitkristall.

Kristalle wachsen auf sehr komplexe Weise. Deshalb weicht ihre äußere Gestalt oft stark vom geometrischen Aufbau ihres Atomgitters ab. Das Atomgitter verhält sich zum Kristall wie eine Ziegelmauer zu einem Haus: Dessen äußere Form hängt nicht von der Art ab, wie die Ziegel aneinander gesetzt sind. Ebenso wenig sagt die Gestalt eines Bergkristalls etwas über sein atomares Kristallgitter aus. Sie gibt dafür Hinweise auf Temperatur, Druck und andere Bedingungen während seines Wachstums. Je nach Umweltbedingungen können Kristalle in vielfältig verästelten Formen wachsen, die Dendrite genannt werden. In einer kalten Wolke entstehen zum Beispiel Eiskristalle als Dendrit-Sterne. Gemeinsam bilden diese dann die Schneeflocken.

Doch nicht nur die Natur, auch wir Menschen können aus kristallinem Material winzige Strukturen herstellen: Mikrochips

⇢ Rohdiamanten und geschliffene Brillianten sind Kristalle aus Kohlenstoff-Atomen. Bei rund 800°C brennen sie sogar an der Luft. (Fotos: De Beers)

⇠ Das Kristallgitter eines Diamanten ist vollständig aus Kohlenstoff-Atomen aufgebaut. (Grafik: U. Schwarz, MPI für chemische Physik fester Stoffe)

aus Silizium sind Alltag geworden. Um in Zukunft noch feinere Strukturen verfügbar zu machen, gibt es verschiedene Ansätze. Eine Idee fasziniert die Forscher besonders: Sie möchten den natürlichen Drang von Atomen und Molekülen ausnutzen, von selbst Strukturen zu bilden.

⇣ Eine Reihe von Kobaltatomen auf einer Oberfläche aus Platinatomen. Dieser „Nanodraht" verhält sich wie ein kleiner Magnet, obwohl er nur ein Atom dick ist! (Bild: K. Kern, MPI für Festkörperforschung)

Ein Testfeld für solche selbstorganisierenden Strukturen können Kristalloberflächen sein. Stuttgarter Physiker brachten beispielsweise einzelne Kobaltatome dazu, sich auf einer gestuften Platinoberfläche in gleichmäßigen, nur ein Atom dicken Reihen anzuordnen. Die Atome richteten sich in den Reihen von allein zu einem gemeinsamen Magnetfeld aus, wie die Eisenatome in einem massiven Magneten. Die Physiker nutzten dabei einen besonderen Effekt: Kobaltatome wirken wie kleine Kompassnadeln mit einem Nord- und einem Südpol. Vielleicht führt diese Entdeckung eines Tages zur Entwicklung magnetischer Datenspeicher mit extrem hoher Kapazität.

Zur Selbstorganisation ist auch der Tausendsassa Kohlenstoff fähig. Forscher können ihn mittlerweile dazu bringen, aus vielen Tausend Atomen sehr gleichmäßige Nanoröhrchen

INFO

EINFACH IDEAL!

Idealisieren macht's einfacher. Nach diesem Motto arbeiten Physiker, um die komplexen Vorgänge der Natur berechnen zu können. Wenn das Ergebnis stimmt, lassen sie dafür schon mal alle Fünfe gerade sein. Wenn man z.B. ausrechnen will, wie lange eine Kaffeetasse vom Schreibtisch zum Boden braucht, muss man nicht für jedes einzelne Atom eine neue Flugbahn kalkulieren. Es reicht, sich die Tasse als kompakten Klotz zu denken – und nur ein Malheur zu berechnen. Ähnlich ist es beim idealen Kristall, der Vorstellung eines absolut regelmäßigen Kristallgitters ohne Fehler. In der Natur gibt es diesen Kristall nicht. Doch das Bild taugt als Modell zur Vereinfachung vieler Berechnungen. Manchmal jedoch versagt es auch völlig: Sandstein etwa verhält sich gar nicht ideal, denn er besteht aus unzähligen Einzelkristallen, die selbst wiederum voller Fehler sind. Es liegt im Geschick der Physiker zu erkennen, wann ihre Modellvorstellung statthaft ist und wann nicht.

zu bilden. Diese winzigen, sehr harten Röhrchen öffnen vielleicht die Tür zur Entwicklung ganz neuer Materialien.

Die Herstellung solcher Strukturen ist immer schwierig, denn auch in der Welt der kleinsten Teilchen benötigt der Aufbau und Erhalt von Ordnung sehr viel Energie. Nur mit hohem Aufwand und peinlicher Sauberkeit gelingt es daher der Halbleiterindustrie, künstlich fast 100%ig ideale „Einkristalle“ aus Silizium zu ziehen. Die Natur bevorzugt dagegen einen Mittelweg, eine gepflegte Unordnung: Natürliche Kristalle sind voller Fehler, selbst wenn sie

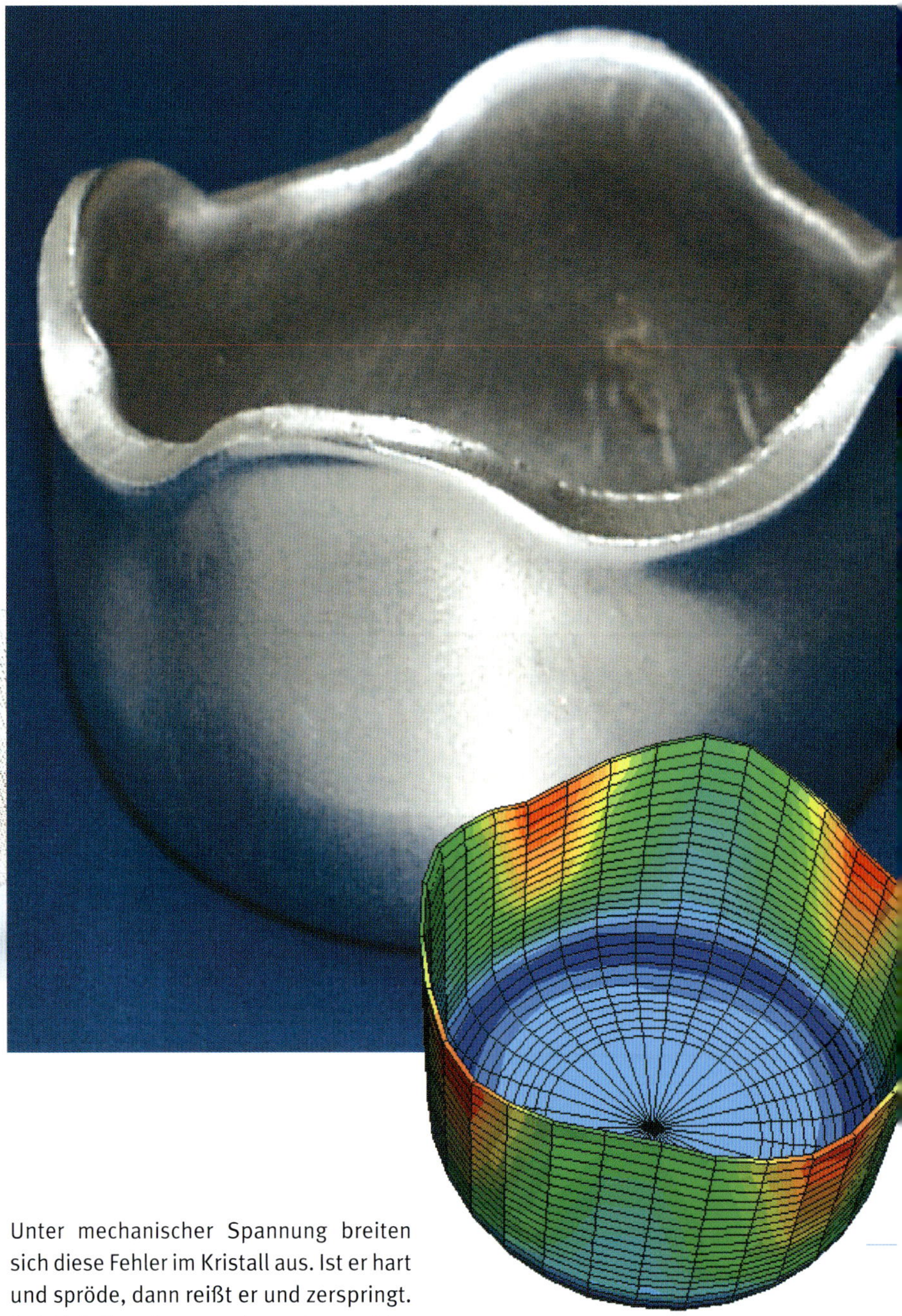

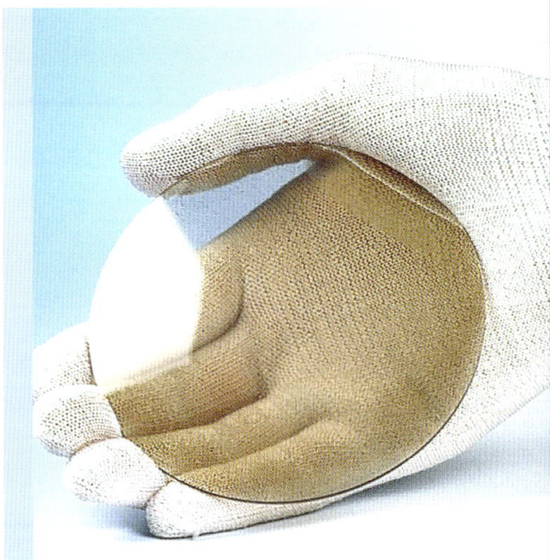

INFO

BRILLANTER DURCHBLICK

Materialforscher können heute über zehn Zentimeter große Scheiben aus künstlichem Diamant herstellen. Dazu benutzen sie ein Gasgemisch aus Wasserstoff und Methan. Bei Temperaturen von 800 Grad Celsius reagieren die beiden Gase chemisch und setzen Kohlenstoff-Atome frei. Ein trickreiches Verfahren bringt den Kohlenstoff dazu, sich auf einer kühleren Oberfläche zu einer gleichmäßigen Scheibe aus kleinen Diamantkristallen abzulagern. Solche superharten Fenster werden in Laseroptiken oder Hochleistungs-Mikrowellenröhren eingesetzt. Physiker arbeiten auch an elektronischen Chips aus Diamant für Spezialanwendungen.
(Foto: P. Koidl, Fraunhofer-IAF)

perfekt aussehen. Chemische Verunreinigungen geben ihnen Farbe und schaffen die bunte Palette der Edelsteine und Halbedelsteine. Fast immer verzerren Störstellen und Versetzungen die Kristallgitter. Unter mechanischer Spannung breiten sich diese Fehler im Kristall aus. Ist er hart und spröde, dann reißt er und zerspringt. Bei Metallen dagegen kann das weiche Kristallgitter der Spannung durch Versetzungen ausweichen, und das Stück verformt sich. Materialforscher können diesen Prozess mittlerweile auf Supercomputern simulieren. So können sie studieren, wie technische Bauteile ermüden.

Die Grundlage einer solchen Simulation ist immer ein mathematisches Modell, das die Abläufe im Inneren der Materialien möglichst detailgetreu beschreibt. Ideale, hoch geordnete Kristalle können die Forscher schon lange sehr gut mit den Mitteln der Quantentheorie erfassen: Das Verhalten der Atome und Elektronen im Kristallgitter erinnert an die schwingenden Saiten einer riesigen Harfe, deren harmonischer Gesamtklang sich elegant in mathematische Formeln fassen lässt. Das verhalf auch der Halbleitertechnologie mit ihren fast perfekten Kristallen zum Durchbruch.

Metalle und viele andere Werkstoffe wie Steine oder Sandkörner sind nun aber ein Gemisch aus vielen kleinen Kristallen. Diese so genannten Kristallite verhalten sich im Materialverbund wie ein ganzes Orchester voller Harfen, die alle wild durcheinander tönen. Welche dieser Harfen nun den Ton angeben, welche Schwingungseigenschaften also für das Materialverhalten entscheidend sind, ist schwer zu beurteilen. Nur mühsam gelingt es den Forschern, entsprechende Formelsätze zu entwickeln. Mittlerweile kann man auf dem Computer

↑ Sind alte Kirchenfenster unten dicker, weil das Glas über die Jahrhunderte unter der Schwerkraft fließt? Zum Glück nicht. Das Foto zeigt einen Ausschnitt des Passionsfensters im nördlichen Seitenschiff des Kölner Domes. (Foto: Dombauverwaltung Köln)

← Presst man aus einem Metallblech einen „Napf", dann bildet dieser am oberen Rand unerwünschte Zipfel. Das liegt daran, dass die Atome beim Umformen in manche Richtungen besser fließen als in andere. Diese Computersimulation kommt der Wirklichkeit schon sehr nahe. (Bilder: D. Raabe, MPI für Eisenforschung)

das Fließen von Metallen beim Verformen sehr realistisch nachbilden. Unter Druck verhalten sie sich wie zäher Honig, aber mit einem wichtigen Unterschied: Die Atomgitter der Kristallite sorgen dafür, dass das Metall nicht in jede Richtung gleich gut fließt. Presst man aus einem Blech einen Becher, dann treibt dieses ungleiche Fließen unerwünschte Zipfel aus seinem Rand heraus. Ein neues Computer-Modell simuliert diese Zipfelbildung sehr erfolgreich. Das ist besonders für die Autoindustrie interessant, die ihre Karosserieteile möglichst ohne solche Materialfehler pressen möchte.

Augenscheinlich klar und makellos sind dagegen Gläser. Doch weit gefehlt! Gläser treiben die innere Unordnung auf die Spitze. In ihnen bilden die Atome ein völlig unregelmäßiges räumliches Netzwerk. Zwar ordnet sich jedes Atom mit seinen nächsten Nachbarn noch wie in einem Kristall an. Aber schon die übernächsten Nachbarn brechen aus dieser Ordnung aus: Weil Gläsern die atomare Fernordnung eines regelmäßigen Kristallgitters fehlt, ähneln sie eher einer Flüssigkeit. Schuld daran ist die extreme Zähigkeit einer abkühlenden Glasschmelze: Beim Erstarren bleiben die Atome auf dem Weg zu einem ordentlichen Kristallgitter einfach stecken.

Sind Gläser also vielleicht sehr langsam fließende Flüssigkeiten? Haben Jahrhunderte alte Kirchenfenster unter dem Einfluss der Schwerkraft messbar dickere „Füße" bekommen? Zum Glück für unsere Kulturschätze ist das nicht der Fall. Erst nach einem Vielfachen der rund 15 Milliarden Jahre, die unser Universum alt ist, wäre ein solches Fließen messbar.

INFO

SCHMETTERLINGE BEFLÜGELN DEN COMPUTER

Schmetterlinge schillern in den schönsten Farben des Sonnenlichts, denn ihre Flügel enthalten winzige Strukturen mit besonderen Eigenschaften. Forscher imitieren diesen Effekt in Photonischen Kristallen. Das sind künstliche Kristall-Gitter aus einem lichtdurchlässigen Material. Im Gegensatz zu echten Kristallen sind ihre Gitterbausteine aber deutlich größer. So groß, dass die Wellen des sichtbaren Lichtes in den Zwischenräumen zu schwingen beginnen, wie eine Klavierseite. Dank dieser Mikrostruktur ist der Kristall in der Lage, Licht in seine Farben zu zerlegen, festzuhalten und sogar zu speichern. Aus Photonischen Kristallen könnten vielleicht einmal Schaltkreise für Computer entstehen, die mit schnellem Licht anstatt vergleichsweise langsamen Elektronen arbeiten. (Fotos: S. Tränkner, Forschungsinstitut Senckenberg; U. Gösele, MPI für Mikrostrukturphysik)

Die Entdeckung der **Weichheit**

„Die Tragödie der Wissenschaft – das Erschlagen einer schönen Hypothese durch eine hässliche Tatsache."

Thomas Henry Huxley (1825-1895)
Brit. Zoologe

Die großen Epochen der menschlichen Kultur tragen die Namen harter, kristalliner Werkstoffe: Steinzeit, Bronze- und Eisenzeit. Eigentlich ist das ungerecht, denn seit grauen Vorzeiten sind auch weiche Materialien für uns lebenswichtig. Aus Leder und Naturfasern machen Menschen seit Jahrtausenden Schuhe, Kleider oder Segel. Eine uralte Handelsroute trägt sogar den Namen einer edlen Naturfaser, die Seidenstraße.

Unter dem Begriff „weiche Materie" fassen die Physiker sehr verschiedene Materialien zusammen. Sie können ziemlich flüssig wie Mayonnaise sein oder relativ fest wie ein Gefrierbeutel oder eine Seidenfaser. Doch auch eine zähe Faser verhält sich nur beim Ziehen fest. Sie lässt sich aber leicht zusammen knäulen.

All diese weichen Materialien sind aus großen Molekülen aufgebaut. Weich sind sie deshalb, weil ihre Moleküle kein Kristallgitter bilden, sondern untereinander verschiebbar bleiben. Dennoch können sich die einzelnen Moleküle zu großen Strukturen anordnen. Ihr Verhalten erinnert an Fische eines Schwarms: Jeder einzelne Fisch ist relativ frei, trotzdem zeigt der Schwarm von weitem betrachtet eine innere Ordnung. Das liegt daran, dass alle Fische koordiniert ihre Nase in eine Richtung drehen. Verhielte sich der Schwarm wie ein Kristall, dann müsste jeder Fisch eine starre Position einnehmen. Der Schwarm könnte nur als steifer Block durchs Wasser ziehen.

Ein anderes Extrem sind Fische, die sich kaum um ihre Nachbarn kümmern. Sie koordinieren ihre Bewegungen nicht gemeinsam, sondern schwimmen als ungeordneter Haufen durcheinander. Ungefähr so verhalten sich die Moleküle, die eine einfache Flüssigkeit bilden. Wasser zählt dazu, allerdings mit Einschränkungen. Tatsächlich können seine Moleküle nämlich auch oberhalb des Gefrierpunkts in fast kristallinen Formationen tanzen, die aber sehr schnell wieder zerfallen.

Die Moleküle weicher Materie ordnen sich in Strukturen an, die mit einem Fischschwarm vergleichbar sind. (Foto: stock.xchng)

Seide ist eine sehr feine und zugleich feste Naturfaser. Menschen schätzen sie schon seit Jahrtausenden. Die Bilder zeigen Fragmente historischer Seidenstoffe, wie sie über die Seidenstraße gehandelt wurden. (Fotos: Deutsches Textilmuseum Krefeld)

Diese Computersimulation zeigt von links oben nach rechts unten, wie sich in Wasser aus 840 Wassermolekülen (blau) 100 amphiphile Moleküle zu einer Zweischicht-Membran organisieren: Deren Wasser liebende Köpfe sind rot, die Fett liebenden Füße grün dargestellt. Jeder „Schnappschuss" repräsentiert einen Zeitschritt von etwa einer Femtosekunde, das ist der Millionste Teil einer Milliardstel Sekunde! (Grafik: R. Lipowsky, www.mpikg-golm.mpg.de/lipowsky)

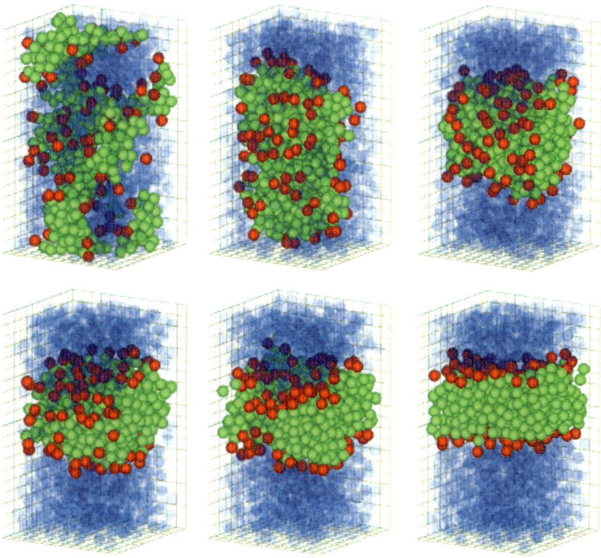

Weiche Materie ist also ein Zwischending. Sie bezieht ihre Eigenschaften aus einem Wechselspiel zwischen Ordnung und Unordnung. Deshalb verhält sie sich sehr komplex, wie zum Beispiel als Flüssigkristall in einem LCD-Bildschirm: Elektrische Felder können seine Moleküle zu lesbaren Zeichen anordnen. Mit Wasser oder Salatöl ginge das nicht.

Eine vertrautere Form weicher Materie sind Emulsionen wie Milch, Mayonnaise – oder Waschwasser. In ihnen mischen sich eine wässrige und eine ölige Phase, was eigentlich unmöglich ist. Stabile Emulsionen entstehen erst, wenn Amphiphile mitmischen. Ihr Name stammt aus dem Altgriechischen und heißt „beides liebend": Die eine Seite eines amphiphilen Moleküls „liebt" Wasser, die andere Fett. So können sie als dünne Schicht Wasser- und Öl-Moleküle miteinander verbinden, indem sie winzige Öltröpfchen in Wasser emulgieren – oder umgekehrt. Im Waschmittel sorgen sie als Tenside dafür, dass hartnäckige Fettflecken mit dem Waschwasser gelöst werden.

Aufsehenerregend sind die stabilen, feinen Mikroemulsionen. In ihnen mischen sich die wässrige und die ölige Phase nicht als Tröpfchen. Sie durchdringen sich als verzweigte, bewegliche Röhren, deren Wände aus einer Amphiphilschicht bestehen.

Zum wahren Meister der weichen Materie hat es aber die Natur gebracht. Jeder lebende Organismus baut komplexe weiche Strukturen. Dabei scheinen die Moleküle von selbst zu „wissen", wie sie sich mit anderen Molekülen verbinden müssen. Zellmembranen etwa, die in der Natur sehr unterschiedliche Aufgaben erfüllen, bestehen aus Amphiphil-Molekülen in einer Doppelschicht. Da in der Natur ihre Umgebung praktisch immer wässrig ist, strecken sie auf beiden Seiten der Membran ihre Wasser liebenden Köpfe nach außen. Ihre Fett liebenden Füße stekken im Inneren der Membran zusammen. Eine Computersimulation zeigt, wie sich Amphiphile von selbst im Wasser zu einer Doppelschicht-Membran organisieren.

Der Mensch hat längst von der Natur gelernt: Heute leben wir im Zeitalter der weichen Materie schlechthin, denn zu ihr zählen auch die allgegenwärtigen Kunststoffe. Es gibt sie in jeder erdenk-

Kontaktlinsen bestehen aus einem Netzwerk von Polymermolekülen. Die Anforderungen an das Material sind hoch: Der Linsenhersteller muss sie präzise bearbeiten können. Sie müssen gute optische Eigenschaften haben. Und das empfindliche Auge muss sie vertragen, weshalb sie zum Beispiel ausreichend Sauerstoff durchlassen müssen. Zugleich dürfen sich keine gefährlichen Bakterien in den Poren ansiedeln. (Foto: wöhlk-contact-linsen)

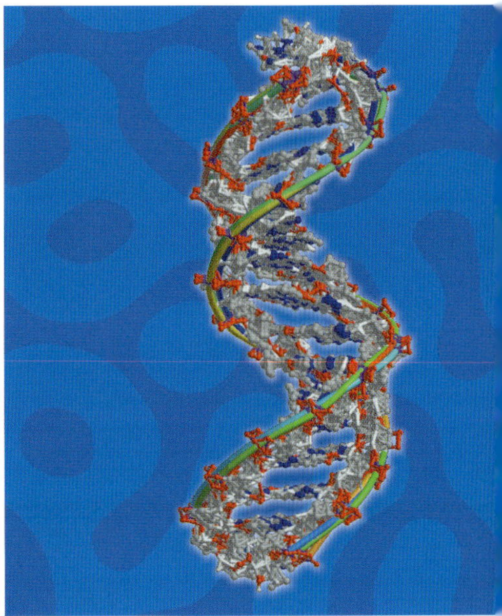

Die Erbsubstanz DNA ist ein Biopolymer. Bei Bakterien besteht sie aus einigen Millionen Monomer-Grundbausteinen. Bei Säugetieren erreicht sie mit rund drei Milliarden Monomeren eine Länge von einem Meter. (Grafik: H. M. Berman et al., The Protein Data Bank)

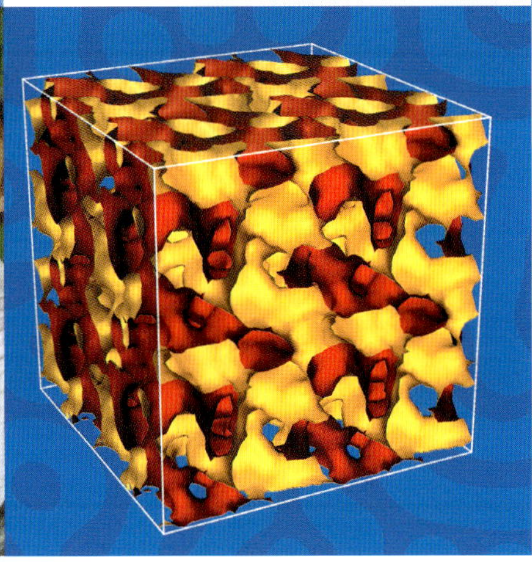

Computersimulation einer Mikroemulsion aus Öl, Wasser und Amphiphilen: Die gleichen Anteile von Wasser und Öl mäandern durcheinander, ohne Tröpfchen zu bilden. Mikroemulsionen sind besonders feine, stabile Mischungen. (Grafik: G. Gompper, Forschungszentrum Jülich)

INFO

DER WASCH-TURBO

Wissenschaftler des Forschungszentrums Jülich entdeckten eher zufällig, dass ihr neues Polymer ein Wasch-Turbolader ist: Es kann die Effizienz von Tensiden (waschaktive Substanzen) um fast 1000 Prozent erhöhen. Dr. Hitoshi Endo zeigt links ein Glas mit einem herkömmlichen Tensid: Zwischen der wässrigen und der öligen Phase sitzen nur ein paar Zentimeter Emulsion, in der das unfrisierte Tensid Öl und Wasser mischt. Nach Zugabe des Jülicher Polymers dehnt sich die Emulsionsphase plötzlich auf das komplette Glas aus, wie Dr. Jürgen Allgaier rechts stolz zeigt. Tenside sind auch wichtige Bestandteile von Hautcremes, Lotionen, Farben und Lacken. (Foto: Forschungszentrum Jülich)

lichen Form. Ihre Materialeigenschaften reichen vom reißfesten Autogurt bis hin zur weichen, aber optisch präzisen Kontaktlinse.

Kunststoffe bestehen aus einem Netzwerk großer Polymermoleküle. Polymere sind lange Molekülketten, die aus kleinen immer gleichen Grundbausteinen aufgebaut sind, den Monomeren. Ihr Name kommt von den altgriechischen Wörtern „mono" und „méros", was zusammen „ein Teil" heißt. Wie Perlen reihen sich Monomere zu einer Kette und bilden so ein Polymer („viele Teile"). Solche Molekülketten können sich sehr variabel aneinander lagern und untereinander verschiedene chemische Bindungen eingehen. Das beeinflusst entscheidend die Eigenschaften des Materials. An Polymeren zeigt sich deutlich das – für weiche Materie typische – Wechselspiel zwischen Unordnung und Ordnung: So verknäult ein Molekül auch im Material stecken mag – es bleibt doch eine hochgeordnete Kette von immer gleichen Monomerbausteinen. Nicht nur Kunststoffe, sondern auch viele Biomoleküle sind Polymere: Dazu gehören einige Eiweiße, Collagen, Zellulose oder die DNA.

Polymere dringen heute sogar schon in das Gebiet der Elektronik vor, eigentlich eine Domäne harter kristalliner Halbleiter. Das ist erstaunlich, weil Kunststoffe wegen ihrer schlechten elektrischen Leitfähigkeit bislang eher als Isolatoren – zum Beispiel zur Ummantelung von Kabeln oder als Isolierband – eingesetzt werden. Chemiker und Physiker haben aber entdeckt, wie sie Polymeren die Eigenschaften von elektrischen Leitern oder Halbleitern beibringen können.

Herausgekommen sind dabei „organische" Elektroniken auf Kunststoff-Folien. Diese Folien ermöglichen zwar längst

Diese hohle Polymerkapsel ist etwa fünf Mikrometer (Millionstel Meter) klein. (Bild: MPI für Kolloid- und Grenzflächenforschung)

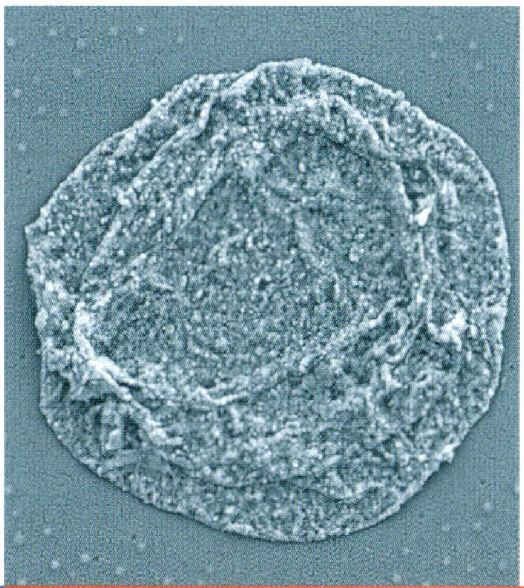

Flexibles Display auf einer Kunststofffolie. Die organischen Leuchtdioden sorgen für eine leuchtkräftiges und kontrastreiches Bild. (Foto: Covion, Philips PolyLED)

Flexible Polyimid-Folie mit organischer Elektronik. Selbst wenn man die knapp acht Zentimeter große Folie scharf biegt, arbeitet die Elektronik noch. (Foto: Philips Research)

nicht so fein strukturierte, also hoch integrierte und schnelle Schaltkreise wie das herkömmliche Silizium. Dafür sind sie aber viel billiger und außerdem biegsam. Wo es also weniger auf Leistungsfähigkeit ankommt, könnten sie bald ihre Vorteile ausspielen: als elektronisches Papier, intelligente Warenetiketten und Verpackungen, in Kleidung und vielen anderen Alltagsgegenständen.

Als Displays gibt es sie schon, zum Beispiel in einem MP3-Player. Solche Organischen Displays bestehen aus OLEDs, Organischen Leuchtdioden. Diese sind leuchtkräfiger als heutige Flüssigkristall-Bildschirme. Und sie sind auch noch schräg ablesbar, was bei Flüssigkristallen wegen des polarisierten Lichts nicht geht. Noch leiden OLED-Displays an ihrer geringen Haltbarkeit. Aber die Chancen stehen gut, dass sie schon bald den Flüssigkristall-Anzeigen kräftig Konkurrenz machen.

Aus Polymeren können auch Materialien mit völlig neuen Eigenschaften entstehen. Forscher können zum Beispiel hohle Polymerkapseln herstellen, die nur wenige Mikrometer (Millionstel Meter) groß sind. Dazu beschichten die Forscher zuerst kleine Teilchen mit Polymermolekülen. Danach lösen sie diese Teilchen auf, und die Überreste wandern durch die poröse Polymerwand hindurch nach draußen. Fertig ist eine leere Kapsel. Durch die poröse Wand können die Forscher die Kapseln nicht nur leeren, sondern auch neu befüllen. Eines Tages könnten sie als „Mini-U-Boote“ medizinische Wirkstoffe durch die feinsten Äderchen unseres Köpers transportieren.

INFO

BIEGSAME SOLARZELLEN

Warum sind Farbstoffe farbig? In den Farbstoff-Molekülen schlucken Elektronen bestimmte Licht-Wellenlängen aus dem Spektrum des weißen Lichts. Dabei nehmen sie deren Energie auf. Trickreiche Materialstrukturen können diese Energie in elektrische Energie umwandeln: So funktionieren Solarzellen. Die neuste Entwicklung sind Solarzellen auf Basis von Polymer-Farbstoffen. Diese Solarzellen wandeln sehr effektiv Licht in elektrische Energie um. Zudem sind sie flexible Folien. Das unterscheidet sie von heutigen Solarzellen aus kristallinen Halbleitern. Die Foliensolarzellen könnten eines Tages – auf der Kleidung getragen – das Handy bei einem Spaziergang aufladen.

Magischer Tanz im Oktett

„Wo damals die Grenzen der Wissenschaft waren, da ist jetzt die Mitte.“

Georg Christoph Lichtenberg (1742-1799)
Dt. Aphoristiker und Physiker

Die Materie der Erde ist in ständigem Wandel, dafür sorgen chemische und physikalische Prozesse. Materie trifft auf Materie und bildet neue Materie – manchmal sogar Riesenmoleküle. Was hierbei zwischen den Molekülen passiert, bestimmen hauptsächlich die Außenelektronen der Atome. Wie bei einer Zwiebel sind die Elektronen eines Atoms in verschiedenen Schalen übereinander angeordnet. Daher können nur die Elektronen der äußeren Schale mit der Umgebung in Kontakt treten. Maximal acht Elektronen finden dort Platz. Bei den meisten Elementen ist die Außenschale nur teilweise gefüllt. Diese Atome suchen sich Partner, mit denen sie gemeinsam die Elektronenzahl in der äußeren Schale vervollständigen können – sie teilen sich dabei eine Außenschale. Das bringt den Reaktionspartnern einen Energiegewinn: Sie verhalten sich wie eine Fahrgemeinschaft, die Sprit sparen will, indem sie ihr Auto möglichst voll besetzt. Dieses Bestreben der Atome, eine mit acht Elektronen vollbesetzte Außenschale zu bekommen, nennt man Oktettregel. Wasserstoff und Helium bilden eine Ausnahme, denn sie verfügen nur über eine einzige Schale, die maximal zwei Elektronen aufnehmen kann.

Das Streben nach einer vollbesetzten Elektronenschale ist der Motor und Choreograph jeder chemischen Reaktion. Daher bestimmt die Zahl seiner Außenelektronen die chemischen Eigenschaften eines Elements. Es gibt acht verschiedene Typen von Atomen, man teilt sie in Hauptgruppen ein. Die Elemente der ersten Hauptgruppe haben nur ein Außenelektron. Ihre Chancen, einen Sitz in einer „Fahrgemeinschaft“ zu erhalten, stehen hoch: Natrium reagiert daher selbst mit Wasser heftig. Ihr ähnlich reaktionsfreudiger Gegenpart sind die Elemente der siebten Hauptgruppe, etwa Fluor oder Chlor. Diese wollen mit aller Gewalt ihre mit sieben Elektronen besetzte Außenschale auffüllen. Die Edelgase der achten Hauptgruppe sind dagegen chemisch sehr träge; sie sind ja schon voll besetzt. Reagieren ein Element mit wenig Außenelektronen und eines mit fast voll besetzter Schale, dann wird viel Energie frei. Ein Beispiel ist die Knallgas-Reaktion: Ein mit

Henri Matisse „Der Tanz“, 1910 (Foto: Mauritius, © Succession H. Matisse/VG Bild-Kunst, Bonn 2005)

Ein Fahrzeugkatalysator ist ein heterogener Katalysator mit einer großen Oberfläche, die eine dünne Schicht aus einer Platin-Rhodium-Legierung trägt. Sobald diese heiß ist, oxidiert sie gefährliche Substanzen zu Kohlendioxid und Wasser. Das Treibhausgas Kohlendioxid lässt sich leider noch nicht vermeiden. (Bild: OMG AG, Hanau-Wolfgang)

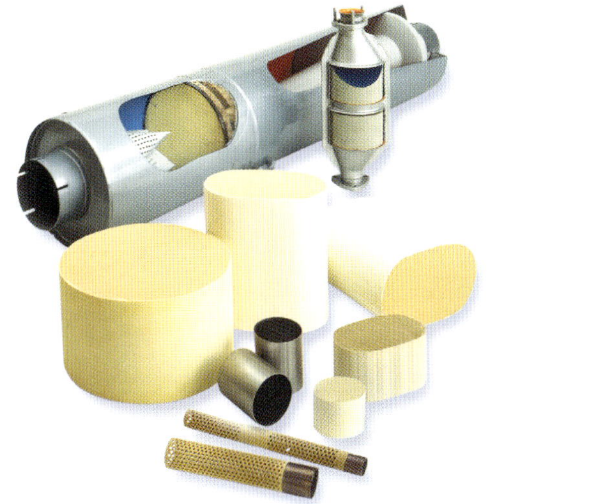

Dieses Riesenmolekül ist etwa sechs Nanometer (Milliardstel Meter) groß. Es besteht aus fast 2000 Molybdän- und Sauerstoffatomen. Seine Schöpfer, Chemiker der Uni Bielefeld, nennen es „Nanoigel“. Als molekularer Käfig kann es in seinem Inneren etwa 400 Wassermoleküle aufnehmen. Es erlaubt so die Erforschung der mikroskopischen Struktur von Wasser. (A. Müller, Universität Bielefeld)

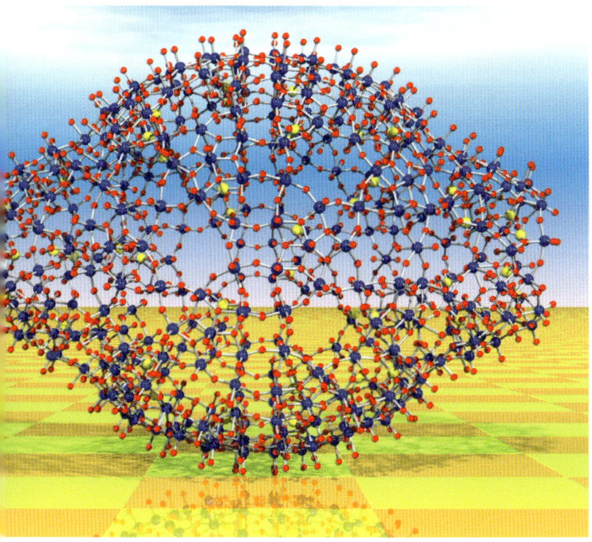

Dieses chinesische Schriftzeichen heißt Heiratsvermittler und zugleich Katalysator. (Bild: P. Kreitmeier, O. Reiser, Univ. Regensburg)

触媒

sechs Außenelektronen ausgestattetes Sauerstoff-Atom reißt die beiden Elektronen von zwei Wasserstoffatomen an sich. Es knallt heftig, die Wasserstoffatome bleiben an ihm kleben, und ein H_2O-Molekül ist entstanden.

Tatsächlich steuert also das Energieverhältnis alle chemischen Reaktionen: Entweder es wird Energie frei oder sie muss von außen zugeführt werden, zum Beispiel in Form von Wärme oder elektrischem Strom. Freiwillig läuft eine Reaktion nur dann ab, wenn sie Energie freisetzen kann – wie etwa eine Verbrennung. Fast neunzig Prozent aller chemischen Reaktionen auf der Erde setzen Energie frei, laufen aber dennoch nicht freiwillig ab. In diesen Fällen verhindert ein so genannter Energieberg die Reaktion. Er liegt als gewaltiges Hindernis vor dem günstigen Energietal, das die Reaktionspartner erreichen wollen. Solche Reaktionen muss man anschieben. Entweder schubst man sie mit viel Kraft – also Energie – über den Berg hinweg, oder man setzt einen „Bergführer“ ein, der den Reaktionspartnern eine Abkürzung ins Energietal weist. Diesen Bergführer nennt man Katalysator. Man kann ihn sich auch als einen Heiratsvermittler vorstellen. Die Chinesen verwenden in der Tat für beide das gleiche Schriftzeichen. Während der Reaktion verbraucht sich ein Katalysator nicht. Er steht also sofort dem nächsten „heiratswilligen“ Molekülpaar zur Verfügung.

Es gibt sehr unterschiedliche Katalysatoren: Die großen Enzym-Moleküle zum Beispiel besetzen als Katalysatoren eine wichtige Rolle im biochemischen Spiel des Lebens. Auch die Oberflächen von

INFO

WAHLVERWANDTSCHAFTEN

Heute wissen wir, dass Energien entscheidend für den Ablauf chemischer Reaktionen sind. Diese Erkenntnis ist nicht selbstverständlich. Zu Goethes Zeiten vermutete man eine Art innere Verwandtschaft bestimmter Stoffe zueinander. Reagierten zwei Stoffe heftig miteinander zu einem stabilen dritten, schloss man auf starke Verwandtschaft. Wenn eine dritte Substanz aber in der Lage war, diese Verbindung wieder aufzulösen, um mit einem der beiden Ausgangsstoffe eine neue Verbindung einzugehen, hieß der Effekt „Wahlverwandtschaft“. Nach diesem chemischen Fachbegriff benannte Goethe seinen berühmten Roman. Hier sind es keine chemischen Stoffe, die Verbindungen eingehen, sondern Menschen, die zum Paar werden und sich wieder trennen. Der Experimentator Goethe benutzte sogar einen Katalysator: Ein dubioser Mann namens „Mittler“ beschleunigt die menschlichen Bindungsprozesse. Heute müsste der Roman wohl „Reaktionskinetik“ heißen.

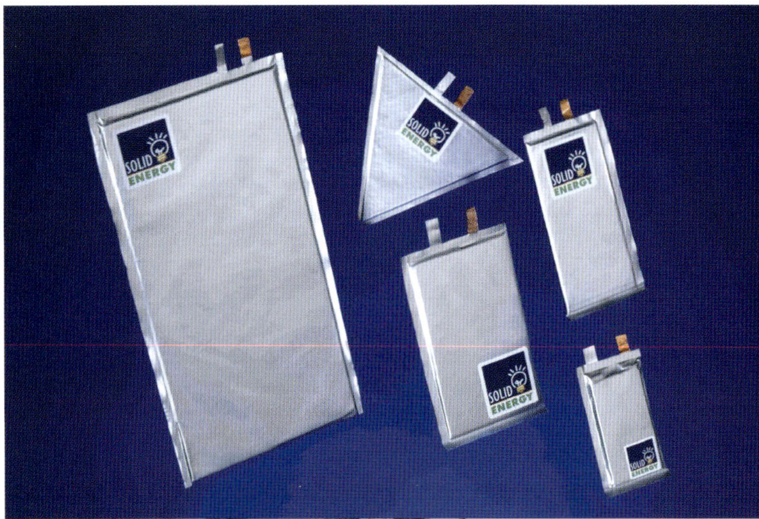

Lithium-Polymer-Akkus können sehr flach gefertigt werden. Da sie in eine Folie eingeschweißt sind, bleiben sie flexibel. (Foto: Solid Energy/Fraunhofer Gesellschaft)

Bus mit Elektroantrieb, den eine Brennstoffzelle mit Strom versorgt. Im Dach sind Drucktanks für den Wasserstoff untergebracht. Der Prototyp wird seid 2000 getestet. (Foto: MAN/Siemens)

Großer Brennstoffzellen-Stapel für ein Kraftwerk. (Foto: Siemens)

INFO

DER KAFFEEHAUS-KATALYSATOR

Ein Experiment für den Chemieunterricht im Straßencafé: Ein Zuckerwürfel brennt nicht. Davon kann man sich mit einem Feuerzeug schnell überzeugen. Die Oberfläche verkohlt zwar ein wenig, doch eine von selber weiterlaufende Verbrennung will nicht in Gang kommen. Das ändert sich schlagartig, wenn man den Würfel mit etwas Zigarettenasche bestäubt. Plötzlich lässt er sich leicht entzünden. Die Zigarettenasche übersteht den Brand unverändert. Das beweist ihre Rolle als Katalysator.

kristallinen Materialien können als Katalysatoren wirken. Für diese heterogenen Katalysatoren interessieren sich vor allem Physiker und Physikochemiker. An der Oberfläche bricht das räumliche Atomgitter eines Kristalls abrupt ab. Die an der Oberfläche sitzenden Atome haben deshalb freie Elektronenschalen-Anschlüsse – wie die äußeren Tänzer einer Tanzgruppe, die noch eine Hand frei haben. Nähern sich fremde Moleküle dieser Oberfläche, können sie dort andokken. Die reaktive Oberfläche bricht diese Moleküle dann auf und ihre Bruchstücke können auf der Katalysator-Tanzfläche neue chemische Bindungen eingehen.

Um Energie zu speichern, werden chemische Reaktionen manchmal so lange an ihrem Ablauf gehindert, bis ihre Energie benötigt wird. Man kann sich das wie die Feder einer aufgezogenen mechanischen Uhr vorstellen, die ihre innere Spannung kontrolliert an das Uhrwerk weitergibt.

Nach diesem Prinzip funktionieren Batterien und Akkumulatoren. Die chemische Reaktion in deren Innerem läuft nur solange ab, wie man Strom entnimmt. Schaltet man ab, wird die Reaktion angehalten. Solche „elektrochemischen Zellen" haben zwei Elektroden: eine positive Anode und eine negative Kathode. Beide stehen über einen Elektrolyten – zum Beispiel Batteriesäure – in Kontakt. Leider können solche Zellen nur sehr wenig Energie speichern. Ein Kilogramm Benzin enthält 300mal soviel nutzbare Energie wie ein Bleiakku gleichen Gewichts. Um so weit wie ein Benzin-PKW mit vollem Tank fahren zu können, müsste ein Elektroauto also erheblich schwerer sein.

Auf der Suche nach besseren Technologien entstand der Lithium-Akku. Er kann immerhin bis zu einem 80stel des Energieinhalts von Benzin speichern. Lithium ist nach dem altgriechischen líthos für Stein benannt und das Leichteste aller Metalle. Es ist das dritte Element des Periodensystems und das erste, dessen äuße-

⇢ Eine kleine Brennstoffzelle, die zum Beispiel ein Laptop betreiben kann. Zukünftige Mikrobrennstoffzellen sollen samt einer Brennstoff-Kartusche sogar in ein Notebook hinein passen. Sie würden ihm zu längeren Betriebszeiten verhelfen – und zu einem Auspuff! (Foto: Smart Fuel Cell)

re Elektronenschale volle acht Plätze besitzt. Dieser „Achtsitzer" ist allerdings sehr dürftig mit nur einem einzigen Elektron ausgestattet. Deshalb gibt das Lithium sein freies Elektron gerne mit besonders viel Energie an einen Partner ab. Das nutzen Lithium-Batterien und -Akkus aus. Sie erreichen so Betriebsspannungen bis zu 3,7 Volt. Das ist das Dreifache einer herkömmlichen Nickel-Cadmium-Zelle.

Batteriehersteller entwickeln zurzeit sogar Lithium-Akkumulatoren, die flach und biegsam sind. Diese Lithium-Polymer-Akkus haben Folienelektroden. Eine Kunststofffolie übernimmt die Rolle des Elektrolyten, so kann keine ätzende Flüssigkeit mehr auslaufen. Solche Akkus könnten als dünne Folie sogar hinter dem Bildschirm eines Notebooks verschwinden und so ein viel flacheres Gehäusedesign ermöglichen.

⇣ Innen sieht ein Lithium-Polymer-Akku wie ein Sandwich aus: Schicht auf Schicht folgt einer Anodenfolie eine Kunststoff-Elektrolytfolie, dieser eine Kathodenfolie, und so weiter. (Grafik: Varta Microbattery)

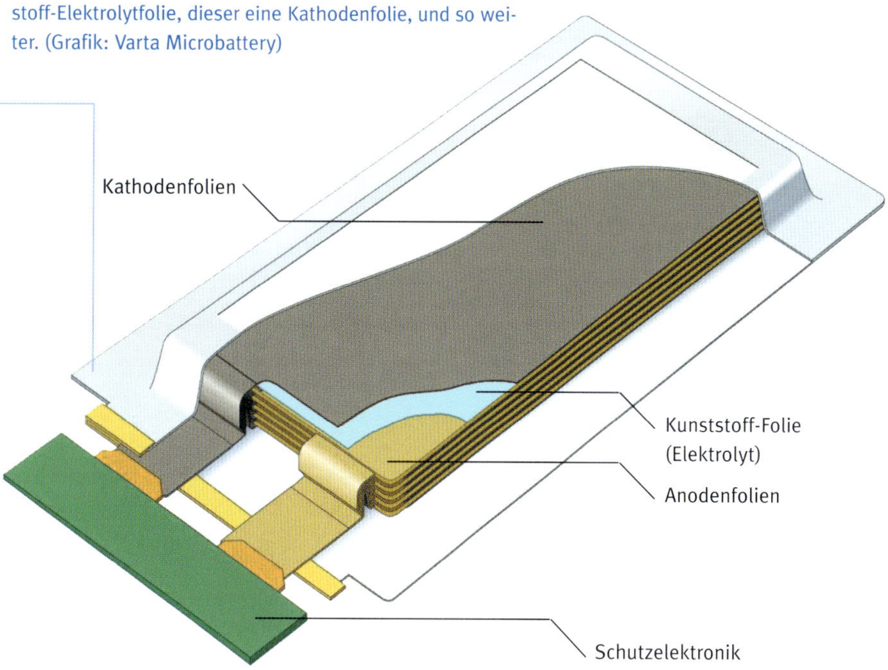

Brennstoffzellen sind leere elektrochemische Zellen. Sie speichern keine Energie sondern verbrauchen einen externen Brennstoff. Der besteht aus Wasserstoff und Sauerstoff, den Komponenten von Knallgas. Anstatt die Mischung aber explodieren zu lassen, lässt die Brennstoffzelle beide Stoffe gemächlich miteinander reagieren – zum Beispiel durch eine Membran. Die bei der Reaktion auszutauschenden Elektronen werden dabei über einen äußeren Stromkreis von der einen Seite der Zelle zur anderen geleitet und verrichten als elektrischer Strom nützliche Arbeit. Das einzige Abgas ist reiner Wasserdampf. Brennstoffzellen können stationär in kleinen oder großen Kraftwerken arbeiten. Als mobile Stromerzeuger können sie Elektroautos versorgen – oder sogar als Mikrobrennstoffzellen tragbare Elektrogeräte.

Allerdings bereitet der Wasserstoff große Probleme. Es gibt ihn zwar fast unbegrenzt im Wasser. Ihn daraus chemisch zu gewinnen, braucht aber viel Energie. Seine Produktion darf außerdem nur wenig Treibhausgas Kohlendioxid freisetzen. Auch Lagerung und Transport sind aufwendig. Nur als hoch komprimiertes Gas oder sehr kalte Flüssigkeit von -253 °C erreicht Wasserstoff eine praktikable Energiedichte: Drei Liter flüssigen Wasserstoffs enthalten ungefähr so viel freisetzbare Energie wie ein Liter Benzin.

Zum reinen Wasserstoff gibt es Alternativen, wie den Alkohol Methanol. Er enthält viel Wasserstoff in chemisch gebundener Form. Daher muss die Brennstoffzelle erst für das Methanol „fit" gemacht werden: Sie muss aus ihm den Wasserstoff freisetzen können. Das ist bei Niedertemperatur-Brennstoffzellen, die als einzige für den mobilen Einsatz geeignet sind, ein großes Problem. Heute setzen die Brennstoffzellen-Forscher vor allem auf die Direktmethanol-Brennstoffzelle, die das Methanol direkt in ihrem Inneren chemisch zersetzt. Allerdings werden dabei auch geringe Mengen von Kohlenmonoxid frei: Das droht die Zelle genau wie einen lebenden Organismus zu vergiften. Man sieht: Die Entwickler von Brennstoffzellenautos müssen noch viele Probleme lösen.

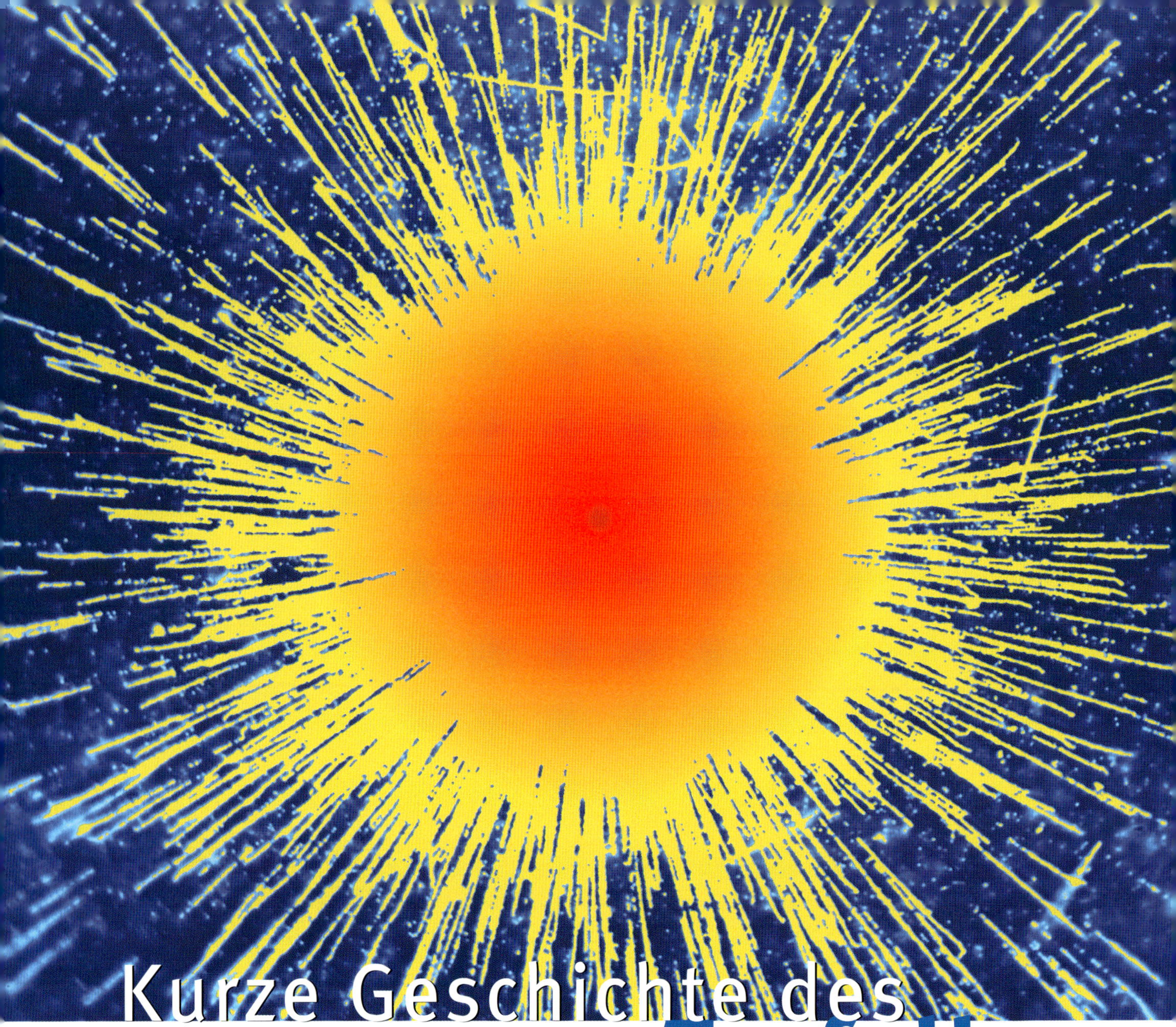

Kurze Geschichte des Zerfalls

„Das Zerfallen des Atoms war in meiner Seele dem Zerfall der ganzen Welt gleich. Plötzlich fielen die dicksten Mauern. Alles wurde unsicher, wackelig und weich."

WASSILY KANDINSKY (1866-1944)
RUSS. MALER & GRAFIKER

Während der österreichische Physiker Ernst Mach die Existenz von Atomen noch vehement bestritt, entdeckte im März 1896 der französische Forscher Antoine-Henri Becquerel schon die Spuren des Zerfalls ihrer Kerne: In seiner Schublade hatte Uransalz durch eine Lichtschutzverpackung hindurch Fotoplatten belichtet. Dieses Phänomen untersuchten Becquerels Doktorandin Marie Curie und ihr Mann Pierre Curie genauer und nannten es Radioaktivität. 1903 erhielten Becquerel und die Curies dafür den Nobelpreis für Physik.

Heute wissen wir, dass neunzig Prozent aller Atomkerne radioaktiv zerfallen. Bei Radioaktivität denken wir sofort an Kernreaktoren und Kernwaffen. Dabei vergessen wir oft ihre wichtige Rolle in der Natur: Natürliche radioaktive Stoffe kommen überall auf unserem Planeten vor. Sogar in unserem Körper zerfallen pro Sekunde etwa 8000 Atomkerne.

Für diese Verwandlung von Atomkernen sorgen zwei Mechanismen. Der Erste führt zum so genannten Alpha-Zerfall, der Zweite verantwortet den Beta-Zerfall. Für den ersten Mechanismus sind zwei einander entgegengesetzte Kräfte verantwortlich, die im Atomkern um die Vorherrschaft ringen. Die starke Coulomb-Kraft will die positiv geladenen Protonen auseinander treiben, denn gleichnamige Ladungen stoßen sich ab. Die noch stärkere Kernkraft hält die Kernbausteine jedoch zusammen. Die Kernkraft hat aber nur eine sehr kurze Reichweite. Deshalb kann die weitreichende Coulomb-Kraft größere Kerne leichter zerreißen. Siegt irgendwann die Coulomb-Kraft, dann schießt ein Viererpaket von je zwei Neutronen und zwei Protonen aus dem Kern: ein Alpha-Teilchen. Wegen der kurzen Reichweite der Kernkraft gibt es mit wachsendem Atomgewicht – also immer größerem Kernradius – immer mehr instabile Atomkerne. Die künstlich erzeugten superschweren Elemente jenseits des Urans zerfallen so schnell, dass man Schwierigkeiten hat, ihre Existenz überhaupt festzustellen.

Alpha-Zerfall des Elements Radium, der stärksten bekannten radioaktiven Substanz. Die Strahlung ist eine Million mal so stark wie die des Urans. (Foto: C. Powell, P. Fowler, D. Perkins / Science Photo Library)

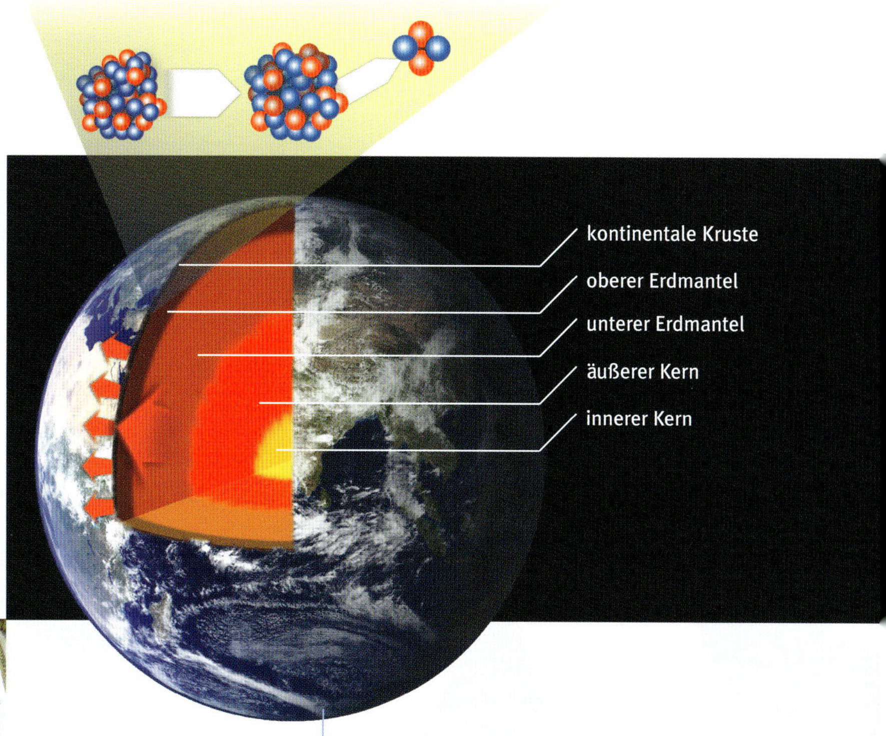

Auf den Kontinenten kommt der größte Teil der Erdwärme nicht aus dem Erdinneren. Sie entsteht zu 50 bis 80 Prozent in den Granitgesteinen der nur 35 km dünnen Erdkruste. Diese beherbergt relativ hohe Konzentrationen der Alphastrahler Uran-238, Uran-235, Thorium-232 und des Betastrahlers Kalium-40. Oben: ein Alpha-Zerfall. (Grafik: R. Wengenmayr, Foto der Erde: NASA)

Das Darmstadtium entstand erstmals 1994 in den Beschleunigeranlagen der Gesellschaft für Schwerionenforschung in Darmstadt. Hier sieht man den Linearbeschleuniger UNILAC. (Foto: A. Zschau, GSI)

Element 110, das Darmstadtium, „lebt" zum Beispiel nur wenige Hundert Millionstel Sekunden.

Quarks sind die Akteure des Betazerfalls. Die Kernbausteine Neutron und Proton enthalten jeweils drei Quarks. Diese Winzlinge sind noch mindestens Zehntausend mal kleiner als ein Atomkern. Ein Neutron besitzt ein Up-Quark und zwei Down-Quarks. Beim Beta-Zerfall wandelt sich eines der Down-Quarks in ein Up-Quark um. Damit ist aber aus dem Neutron ein Proton geworden. Der Atomkern hat ein Proton hinzugewonnen. Zur Erhaltung der elektrischen Ladung bildete sich gleichzeitig ein Antineutrino und ein Elektron. Aus dem Atom ist ein neues chemisches Element entstanden, das im Periodensystem auf den nächsten Platz nach oben rückt. Aus Sauerstoff würde so plötzlich Fluor, wenn dieses Element nicht – zum Glück für uns – so stabil wäre.

Radioaktive Kerne können auch Gammastrahlung aussenden. Wie das Licht ist sie eine elektromagnetische Strahlung. Sie enthält aber noch viel mehr Energie als Röntgenstrahlung und ist für uns daher sehr gefährlich. Sie kann dicke Betonmauern durchdringen und in unserem Körper Krebs auslösen.

Dennoch sind natürliche Radionuklide, also radioaktive Elemente, wichtig für uns und unsere Umwelt. Ein Beispiel ist die Erdwärme. Sie ist nach der Sonnenenergie die zweitgrößte Energiequelle auf der Erdoberfläche. Ein großer Teil dieser Wärme kommt gar nicht aus dem heißen Kern der Erde. Sie entsteht direkt unter unseren Füßen, weil in der rund 35 Kilometer dünnen Erdkruste natürliche Radionuklide zerfallen. Auf diese Weise erzeugen die Granitgesteine der Kontinentalplatten 50 bis 80 Prozent der gesamten Erdwärme.

INFO

ISOTOPE UND HALBWERTSZEITEN

Die chemischen Eigenschaften eines Elements sind bestimmt durch die Zahl seiner Protonen und Elektronen. Die Zahl der Neutronen kann variieren. Diese Variationen heißen Isotope. Uran zum Beispiel hat 92 Protonen. Das häufigste Uranisotop heißt Uran-238, denn es hat 146 Neutronen, also insgesamt 238 Kernbausteine. Isotope eines Elements sind unterschiedlich stabil, weil ihre Kerne verschieden aufgebaut sind. Viele Protonen auf engem Raum können durch eine große Zahl von Neutronen zusammen gehalten, also stabilisiert werden. Uran-238 ist viel stabiler als das leichtere Uran-235. Wann ein bestimmtes Atom zerfällt, kann die Physik nicht voraussagen. Sie kann aber sicher sagen: Von einer Anzahl mehrerer Atome eines Isotops ist nach Ablauf einer charakteristischen Zeitpanne nur noch die Hälfte übrig. Man nennt diese Zeitspanne Halbwertszeit.

Die Überreste eines der zwei Milliarden Jahre alten natürlichen Kernreaktoren von Oklo (gestrichelt umrandet): Heute sind sie für Menschen ungefährlich. (Foto: R. Loss, Curtin University of Technology, Australien)

Uranpechblende (Urannitrit), das in das Mineral Dolomit eingewachsen ist. Es stammt aus der Lagerstätte Schlema-Aberoda. (Bild: Wismut GmbH)

INFO

URAN UND CO.

Das Uran und seine Zerfallsprodukte liefern den Hauptbeitrag zur natürlichen Radioaktivität in der Erdkruste. Uran ist das schwerste Metall in der Natur. Es kommt überwiegend in Form des Isotops Uran-238 vor. Dessen Halbwertszeit von rund 4,5 Milliarden Jahren entspricht fast genau dem Alter der Erde. Deshalb besitzt die Erde heute etwa die Hälfte ihres ursprünglichen Uranvorrats. Nur 0,7 Prozent des Urans entfallen auf das spaltbare Isotop Uran-235, denn mit einer Halbwertszeit von 710 Millionen Jahren zerfällt es sechsmal schneller als Uran-238. Ein Produkt des Uran-Zerfalls ist das radioaktive Edelgas Radon.

1938 stießen der Chemiker Otto Hahn, sein Assistent Fritz Straßmann und die Physikerin Lise Meitner auf die Kernspaltung. Otto Hahn erhielt für seine Laborarbeit 1944 den Nobelpreis für Chemie. Die Natur war den Forschern allerdings längst zuvorgekommen: 1972 fanden Wissenschaftler in den Uranerzminen von Oklo die Reste natürlicher Kernreaktoren. Oklo liegt auf dem afrikanischen Kontinent nahe dem Äquator, in Gabun.

Die Oklo-Reaktoren waren vor zwei Milliarden Jahren aktiv. Sie funktionierten im Prinzip wie unsere heutigen Leichtwasser-Reaktoren: Regenwasser bremste die Neutronen aus dem radioaktiven Gestein so ab, dass eine Kettenreaktion in Gang kam. Die Brennstoffmischung bestand damals zu etwa 97 Prozent aus Uran-238 und zu drei Prozent aus spaltbarem Uran-235. Als alles spaltbare Material verbraucht war, kam die Reaktion von selbst zum Stillstand. Solche natürlichen Reaktoren gibt es schon lange nicht mehr, weil heutige Uranerze zu wenig Uran-235 enthalten. Wegen der hohen Zerfallsgeschwindigkeit dieses Isotops sind die natürlichen Vorräte stark zusammengeschrumpft. In den Brennstäben heutiger Reaktoren muss daher der Uran-235-Anteil durch Anreicherung künstlich erhöht werden.

Aus dem Uranerz Pechblende isolierte Marie Curie erstmals das berühmte Element Radium. Dafür bekam sie 1911 einen zweiten Nobelpreis, diesmal für Chemie. Die Pechblende stammte aus den riesigen Uranerz-Vorkommen im Erzgebirge. Damals war sie nutzlos und kündigte den Bergleuten das traurige Ende einer Silberader an. Erst ab Mitte des 19. Jahrhunderts begannen die Menschen, Uran zu verarbeiten. Die ersten Anwendungen waren farbenprächtiges Uranglas und Uranglasuren.

Die Bergleute im Erzgebirge litten häufig an einer tödlichen Krankheit. Zwei Ärzte aus Schneeberg erkannten im 19. Jahrhundert, dass es Lungenkrebs war. Später entpuppte sich das radioaktive Edelgas Radon als Ursache. Es entsteht beim Zerfall von Uran im Erz und kann sich in der Grubenluft der Bergwerke gefährlich konzentrieren. Die hohe Sterblichkeit der Bergleute war allerdings schon früher bemerkt worden. Joachimstal (Jachimov) im

Officinalglas aus Uran, wie es früher in Apotheken verwendet wurde. Die getönten Flaschen sollten empfindliche Substanzen vor Licht schützen. (Fotos: R. J. Schwankner, FH München)

Der Übertage-Uranbergbau riss tiefe Wunden in die Landschaft. Das Bild zeigt die Hammerberg-Halde Schlema. (Bild: Wismut GmbH)

heutigen Tschechien trug unter Eingeweihten einen schaurigen Namen: Tal der jungen Witwen.

Anfang des 20. Jahrhunderts sorgte das Radon allerdings zunächst für ein kleines Wirtschaftswunder im Erzgebirge: Die vielen stark radonhaltigen Quellen galten als gesundheitsfördernd, und so war der Besuch eines Radon-Heilbades in Mode.

Später wurde das westliche Erzgebirge zu einem Schauplatz des kalten Krieges. Von 1946 bis 1991 förderte die Wismut SDAG in Sachsen und Thüringen 231.000 Tonnen Uran, überwiegend für die Kernwaffenproduktion der Sowjetunion. Die DDR war damals der viertgrößte Uranlieferant der Welt.

Doch Mensch und Natur zahlten einen hohen Preis für die Uranförderung. Viele wurden krank, ganze Ortschaften fielen dem Übertageabbau zum Opfer. Am Schluss türmten sich tausend Millionen Tonnen Erzabfall zu riesigen, radioaktiven Halden. Heute saniert der Nachfolger Wismut GmbH im Auftrag der Bundesrepublik aufwendig die Gruben, Halden und unterirdischen Gänge.

Die Geschichte des Urans zeigt die gefährliche Schattenseite mancher Entdeckungen: Noch heute bedroht uns das Uran aus dem Erzgebirge in vielen Kernwaffen und als radioaktiver Abfall. Keiner der Forschungs-Pioniere konnte das voraussehen. Nach den ersten Atombombenabwürfen auf Japan begann Otto Hahn, sich energisch gegen die Herstellung von Kernwaffen zu engagieren. Gemeinsam mit vielen Kolleginnen und Kollegen machte er der Politik und der Öffentlichkeit die Katastrophe eines drohenden Atomkriegs deutlich. Wie jede große Entdeckung bedeutete die Erkundung der Radioaktivität Chance und Risiko zugleich. Mit unserem Wissen wächst immer auch unsere Verantwortung. Heute ist diese Verantwortung vor allem in zwei Bereichen der Naturwissenschaften deutlich: in der Kernphysik und in der Biologie.

INFO

DIE GEFÄLSCHTE MUMIE

Im Jahr 2000 wurde in Pakistan eine Mumie entdeckt. Angeblich sollte sie eine Tochter des persischen Königs Xerxes (519-465 v. Chr.) sein. Doch eine Archäologin bekam Zweifel und wandte sich an ein Team deutscher Physiker. Die Forscher bestimmten den Gehalt des radioaktiven Kohlenstoff-Isotops C-14 in der Mumie. Mit dieser so genannten C-14 Methode kann man das Alter organischer Fundstücke feststellen. In jedem lebendigen Organismus ist das Verhältnis der Kohlenstoff-Isotope C-12 und C-14 konstant. Wenn der Organismus aber stirbt, nimmt der Anteil an C-14 ab, denn das Isotop zerfällt mit der Zeit. Durch Zurückrechnen auf das ursprüngliche Verhältnis lässt sich deshalb ermitteln, wann ein Organismus zuletzt gelebt hat. Im Falle der Mumie war das Ergebnis schockierend: Die Frau hatte 1995 noch gelebt. So wurden Wissenschaftler zu Detektiven und ein Sensationsfund zum Kriminalfall. (Foto: G. Morgenroth, Physik in unserer Zeit)

Die Bausteine des Lebens

„Die Wissenschaft fängt eigentlich erst da an interessant zu werden, wo sie aufhört.“
Justus von Liebig (1803-1873)
Dt. Chemiker

Naturforscher stecken seit Jahrhunderten ihre Nase mitten ins Leben – oder dessen Überreste: Stinkender Fisch, verrottendes Holz und faulende Kalbshaxen lagen vor etwa 330 Jahren in einer abgedunkelten Kammer eines Londoner Herrenhauses. Vermutlich um Atem ringend beugten sich Robert Boyle und sein Assistent darüber. Sie wollten das geheimnisvolle Leuchten des verwesenden organischen Materials enträtseln, die Biolumineszenz. Heute wissen wir, dass Bakterien aus der Zersetzung Energie gewinnen und dabei leuchten: Ein biologischer Organismus produziert also durch chemische Energiegewinnung das physikalische Phänomen Licht.

Die Biophysik erforscht kleine Dinge wie einzelne Moleküle, aber auch Objekte von geradezu astronomischer Komplexität wie das Gehirn. Im Mikrokosmos der Moleküle gibt es extrem geordnete Strukturen, für die sich Biophysiker besonders interessieren. Das sind die Membranen, die lebende Zellen und deren Organellen wie Häute umhüllen. Diese Membranen müssen das Innere der Zelle oder Organelle schützen und zugleich für den Austausch lebenswichtiger Substanzen durchlässig sein. Trotz ihres einfachen Grundaufbaus aus nur zwei Molekülschichten sind sie komplexe Gebilde, in denen sich viele verschiedene Biomoleküle mit speziellen Funktionen finden.

Besonders faszinierende Membranträger sind die Mitochondrien. Diese Zellorganellen sind die Kraftwerke der Zellen. Mit ihrer Energie laden sie Transporter-Moleküle auf, die sie dann dorthin bringen, wo sie gebraucht wird. Dieser Transporterstoff heißt ADP (Adenosindiphosphat). Ein ADP-Molekül kann man sich wie eine kleine Federmechanik vorstellen, die durch das Mitochondrium gespannt wird. Tatsächlich geschieht das nicht mechanisch, sondern chemisch. Dabei wird das ADP zu ATP (Adenosintriphosphat), das nun seine Energieladung zu einem Verbraucher, bei-

Biolumineszenz nennt man es, wenn Lebewesen Licht erzeugen. Die bekannteste lebende Lampe ist der Leuchtkäfer, auch bekannt als Glühwürmchen. (Foto: www.dietmar-nill.de)

Ein Opfer für die Wissenschaft: Robert Boyle und sein Assistent untersuchen organischen Abfall. (Karikatur: Roland Wengenmayr / Nachrichten aus der Chemie)

Die Abbildung zeigt, wie das Protein „Aquaporin" mithilfe seiner feinen Kanäle Wasser durch eine Zellmembran transportiert. Die Wasser liebenden Köpfe der amphiphilen Phospolipid-Moleküle sind als gelbe Kugeln, die Fett liebenden Füße im Inneren der Membran durch grüne „Fäden" dargestellt. (Grafik: B. L. de Groot, H. Grubmüller, Science)

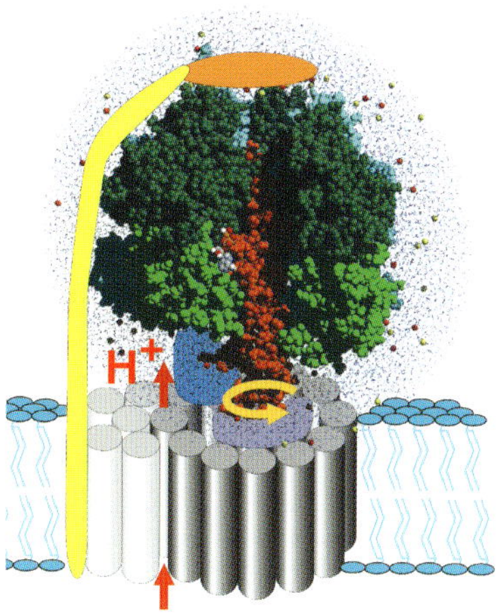

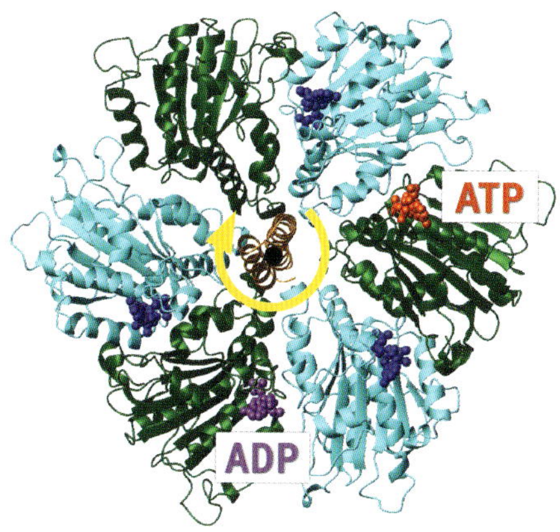

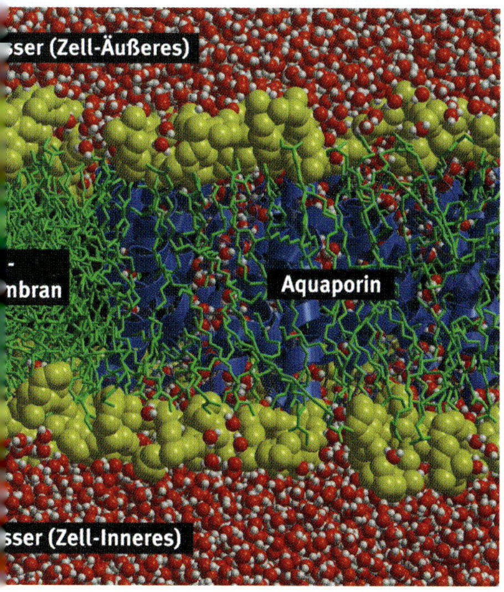

spielsweise der Zelle einer Muskelfaser, transportiert. Dort löst es seine „Feder" aus und kurbelt einen biochemischen Prozess an. Wieder als ADP kehrt es danach zum Mitochondrium zurück. Die Mitochondrien unseres Körpers produzieren täglich zusammen 50 Kilogramm ATP für den Energiekreislauf. Ohne diesen Stoff wären wir in wenigen Minuten tot.

Erst kürzlich gelang es den Forschern zu demonstrieren, wie die ATP-Produktion funktioniert. Dazu ließen sie einen Supercomputer zwei Jahre lang mit 200.000 virtuellen Atomen jonglieren. Das Ergebnis war ein Film mit einer Hauptdarstellerin, die in der Membran des Mitchondriums verankert ist: das Enzym F-ATPase. Dieses große Biomolekül ist eine molekulare Dreitaktmaschine. In seinem Inneren rotiert eine Kurbelwelle und „spannt" die ADP-Feder zum ATP. Mit nur 20 Nanometern (Milliardstel Meter) ist die F-ATPase die kleinste bekannte Nanomaschine der Welt.

Eine Stufe höher in der Hierarchie der Biomembranen steht die Hülle der kompletten Zelle, die Zellmembran. In ihr reihen sich Phospolipid-Moleküle in einer doppelten Molekülschicht. Diese Struktur erlaubt es den Molekülen, ihre Fett liebenden „Füße" vor dem Wasser zu verstecken, das die Membran außerhalb und

INFO

DIE KLEINSTE MASCHINE DER WELT

Links: Die F-ATPase sitzt in der Membran des Mitochondriums (blau). Die grauen Zylinder unten stellen vereinfacht den molekularen Elektromotor dar, der die „Kurbelwelle" (orange) im Kopf (grün) des Moleküls antreibt. Ein Strom aus elektrisch geladenem Wasserstoff (H+, rote Pfeile) treibt ihn an. Der gelbe Pfeil zeigt die Drehrichtung. Der Kopf ist über einen Halter (gelb, stark vereinfacht) fixiert und hier vorne aufgeschnitten.

Rechts: Blick von unten in den Kopf. In den dunkelgrünen „beta-Untereinheiten" sitzen drei Taschen, in denen die Kurbelwelle das ADP (lila, unten) zu ATP (rot, rechts) auflädt. Die dritte Tasche links oben ist gerade entleert.

→ Zähne sind nicht nur das härteste Material, das ein lebender Organismus hervorbringt, sondern auch sehr dauerhaft: Diese stammen aus einem mittelalterlichen Friedhof bei Lauchheim. (Foto: W. Filser, MaxPlanck Forschung)

→ Dieser Blick in eine lebende Zelle zeigt, wie Aktinfilamente (rötlich braun) des Zellskeletts an die Zellmembran (blau) binden (Pfeil). (Bild: O. Madelia et al., Science)

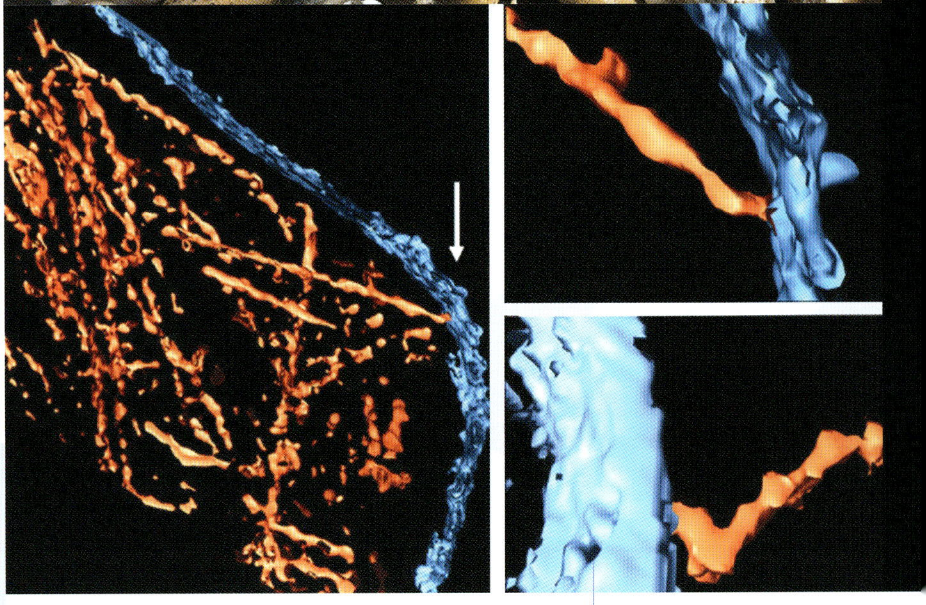

INFO

FORTPFLANZUNG IN DER MOLEKÜLSCHAUKEL

Die Zellmembran spielt aktiv bei der Zellteilung mit, dem Fortpflanzungsprozess der Zellen. Bei der Teilung muss die Zelle ihre Membran an der richtigen Stelle einschnüren, meist in der Mitte. Wenn das schiefgeht, bleibt eine der Tochterzellen unvollständig und ist nicht lebensfähig. Wie eine Zelle ihre Mitte findet, untersuchen Biologen am Darmbakterium Escherichia Coli. Beobachtungen zeigen, dass im Bakterium drei Proteine eine Art Molekülschaukel bilden. Diese Schaukel schwingt zwischen den beiden Enden des stäbchenförmigen Einzellers hin und her. Die Biologen vermuten, dass die Schaukel mit ihrem tiefsten Punkt die Mitte der Zelle und damit die richtige Stelle zum Teilen markiert. Physikern gelang es, diesen Prozess im Computer zu simulieren. Sie griffen dazu in den mathematischen Werkzeugkasten der „nichtlinearen Dynamik", zu dem auch die Chaostheorie gehört. Und tatsächlich schaukelten in ihrem virtuellen Bakterium die Moleküle fast wie im echten E. coli – ein wichtiger Schritt zum Verständnis der Zellteilung.

innerhalb der Zelle umgibt. Trotz ihres fetten Innenlebens muss die Membran aber das lebenswichtige Wasser ins Zellinnere transportieren können. Die Forscher konnten in einer Simulation zeigen, wie das funktioniert. Den Wassertransport übernimmt ein spezielles Protein namens Aquaporin. Es bildet in der Membran eine Pore mit winzigen Kanälen, die reinstes Wasser transportieren. An dieser Pforte endet eine lange Reise durch den Körper, die mit einem kräftigen Schluck begann.

Physikalische Methoden wie die Mikroskopie eröffnen den Wissenschaftlern immer tiefere Einblicke in ihre Untersuchungsobjekte. Mitte des zwanzigsten Jahrhundert enthüllte die Röntgenstrukturanalyse erstmals den Aufbau biologischer Makromoleküle. So bahnte die Physik den Weg zur Entschlüsselung der DNA-Struktur. Allerdings lieferte sie zunächst nur ein großes Puzzle. An einem legendären Samstagmorgen des Jahres 1953 setzten der Physiker Francis Crick und der Genetiker James Watson es dann richtig zusammen. Den zwei jungen Forschern, die an ihrer Universität in Cambridge den zweifelhaften Ruf von „Klassenclowns" genossen, gelang damit ein Volltreffer. Zusammen mit dem Physiker Maurice Wilkins, der die Röntgenstruktur-Messungen gemacht hatte, erhielten sie den Nobelpreis für Medizin.

Wissenschaftler träumen schon lange davon, dem Tanz der Moleküle in einer noch lebenden Zelle zuschauen zu können. Zehn Jahre haben Forscher an einer Methode gefeilt, die das ermöglicht. Sie ähnelt der Computertomographie, benutzt

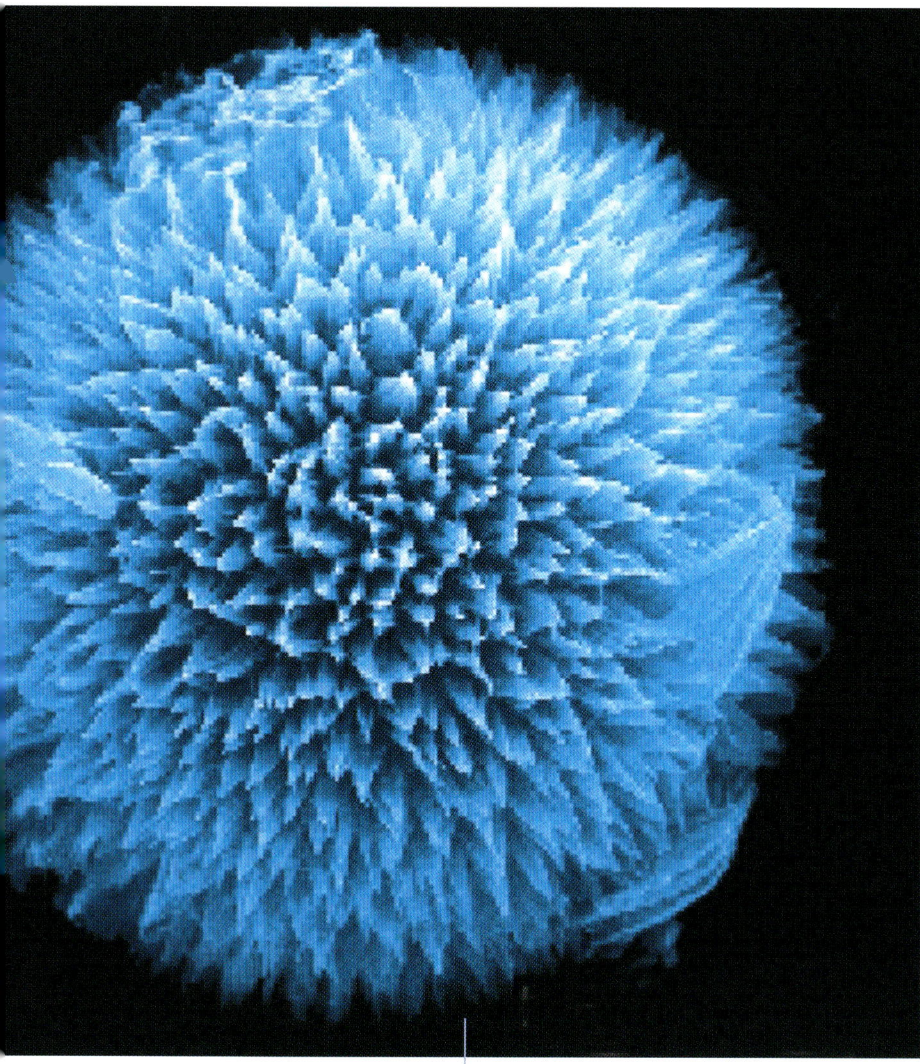

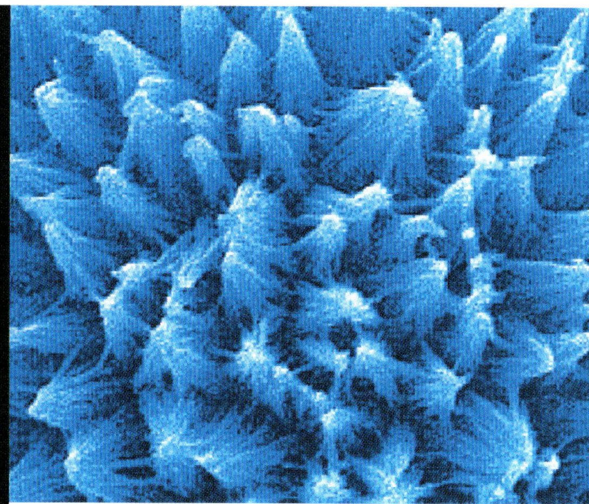

← ↑ Künstlich hergestellte Biomineralien, der Baustoff von Knochen und Zähnen. Im Gelatinegel wachsen je nach Bedingungen kugel-, igel- oder hantelförmige „Komposite“ aus organischem und kristallinem Material. Sie kommen der natürlichen Materialzusammensetzung von Knochen und Zähnen schon sehr nahe. (Bilder: O. Hochrein, MaxPlanckForschung)

↓ Ein Chip der „Gedanken liest“: Die Elektronik nimmt Signale von lebenden Nervenzellen auf, verarbeitet sie und gibt sie an ein Computersystem weiter. (Foto: Infineon Technologies/Max-Planck-Institut)

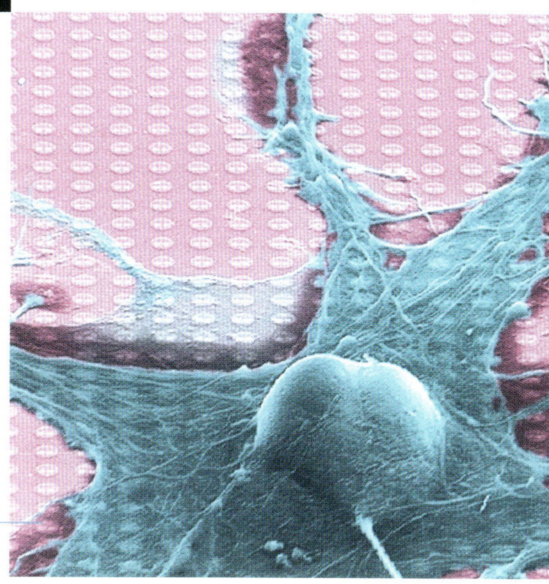

aber Elektronen als Strahlung und kann so molekulare Strukturen sichtbar machen. So gelangen sensationelle Schnappschüsse von verästelten Aktinfilamenten in einer lebenden Zelle. Diese Proteine stützen nicht nur die Zelle als Skelett, sondern bilden auch „Highways“ für den Transport von Stoffen im Zellinnern.

Ein weiteres Wunder des Körpers sind unsere Zähne. Es ist erstaunlich, dass weiche, lebende Materie etwas so Hartes herstellen kann. Knochen oder Zähne sind so genannte Komposite aus einem organischem Material und winzigen Mineralkristallen wie Apatit. Mittlerweile züchten Forscher solche Komposite im Reagenzglas nach. Ihnen gelingen dabei kugel- oder hantelförmige Körper aus Mineralkristallen und Gelatine. Diese künstlichen Gebilde sehen nicht gerade wie Zähne aus. Ihre Zusammensetzung entspricht aber schon sehr genau dem Zahnschmelz und sie sollen einmal einen neuen Zahnersatz ermöglichen.

In den biochemischen Labors schließt sich ein Kreis. Die Forscherinnen und Forscher bringen weiche, lebende Materie erfolgreich in eine enge Verbindung mit harten, leblosen Kristallen: Lebende Nervenzellen sitzen auf Halbleiterchips und tauschen mit der Elektronik Signale aus. Wir können heute nur darüber spekulieren, ob uns implantierte Chips eines Tages befähigen werden, allein über Gedanken mit Maschinen zu kommunizieren. Vielleicht bringt uns diese Forschung auch etwas ganz Anderes. Lassen wir uns überraschen.

Die Welt hinter den Dingen

Illustration: M. Potocnik

Ausflug zur Erde

▲ *Wolken aus interstellarem Staub in der Region Centaurus, in Astronomenkreisen „Thackerays Globulen" genannt – nach dem Südafrikaner A. D. Thackeray, der sie 1950 als erster entdeckt hat. (Foto: NASA)*

ie dunklen Wolken aus interstellarem Staub in der Region Centaurus zeichnen sich durch eine hohe Gebärfreudigkeit aus – was neue Sterne und Sonnensysteme angeht. Für wirklich brauchbare Planeten aber, mit Lagunen und Skigebieten, muss einiges zusammenkommen: die jeweilige Sonne darf nicht zu stark scheinen und nicht zu schwach, der Planet muss einen vernünftigen Abstand zur Sonne haben, einen passend dimensionierten Mond, der die Drehachse stabilisiert, und so weiter. Kurz: Es gibt genug zu tun für Leute wie Spock, der sich nach seiner Pensionierung dem Geschäft des „Planetforming" gewidmet hat, der Steuerung neuer Welten ins Wohnliche. Dass die Früchte ihrer Arbeit erst in Millionen Jahren reifen stört Vulcanier wie Spock nicht – ein Förster bekommt die Verwandlung des von ihm gepflanzten Eichenwaldes in Möbel normalerweise ja auch nicht mit. Genügend Zeit also, sich mal wieder den kleinen blauen Planeten anzuschauen, der es Spock schon vor ein paar Jahrzehnten angetan hatte, gelegen am Rande eines unbedeutenden Arms einer eher durchschnittlichen Spiralgalaxie. Mit der von ihm günstig als Altersruhesitz erworbenen Enterprise steuerte er Terra an.

Immanuel Kant, der große Königsberger Philosoph, hatte es 1755 klar erkannt: Das Sonnensystem musste aus einer Materiescheibe entstanden sein. Heute macht das Hubble-Teleskop zahlreiche solcher „protoplanetaren" Scheiben im Orion-Nebel sichtbar. Trotzdem müssen bewohnbare Planeten nicht häufig sein, denn es gibt viele Prozesse, die die Scheiben zerstören. Unser eigenes Sonnensystem ist offenbar auch von Störkräften attackiert worden, die Drehachse der Sonne jedenfalls ist um sieben Grad gegen die Planetenbahnebene geneigt.

▲ *Mögliche „protoplanetare" Scheiben im Orion-Nebel. Es handelt sich um junge Sterne, die von Wolken aus Gas und Staub umgeben sind. Aus ihnen könnten einmal Planeten entstehen. (Foto: NASA)*

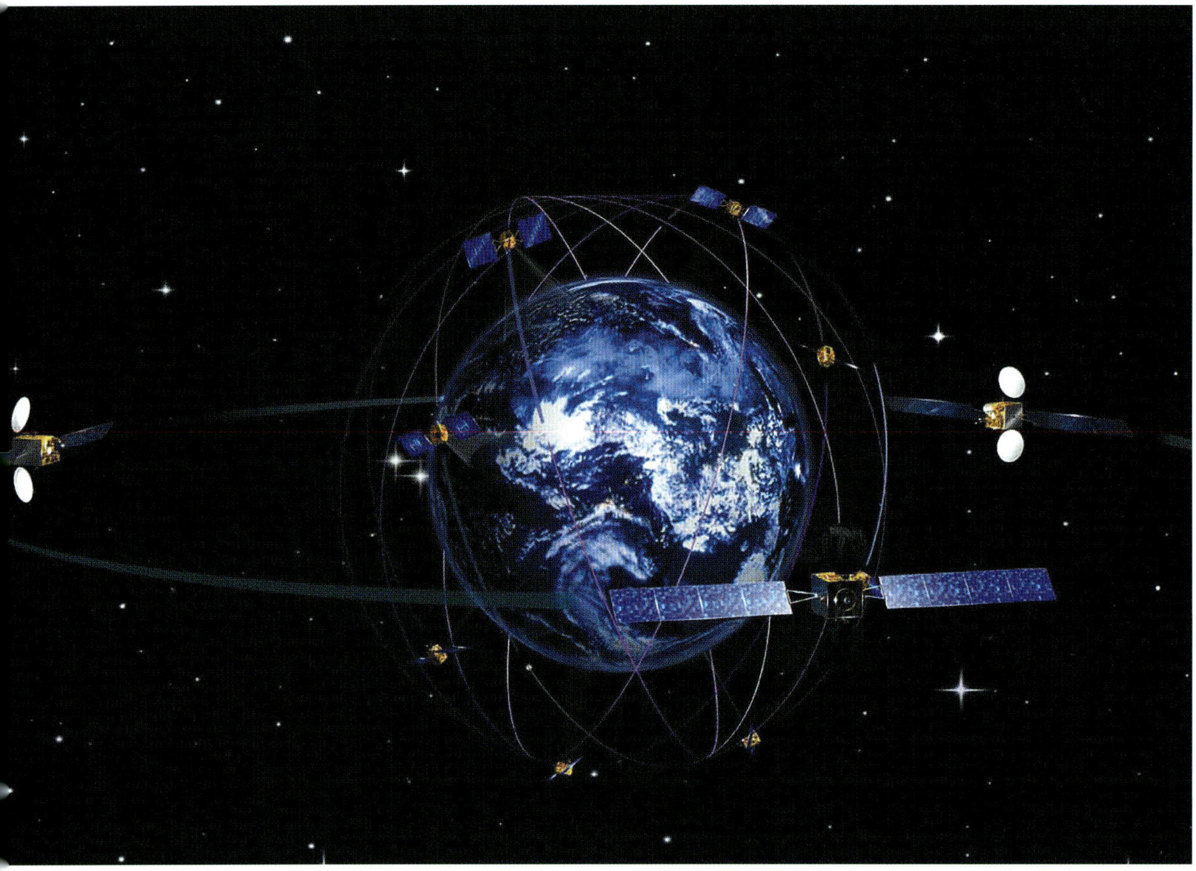

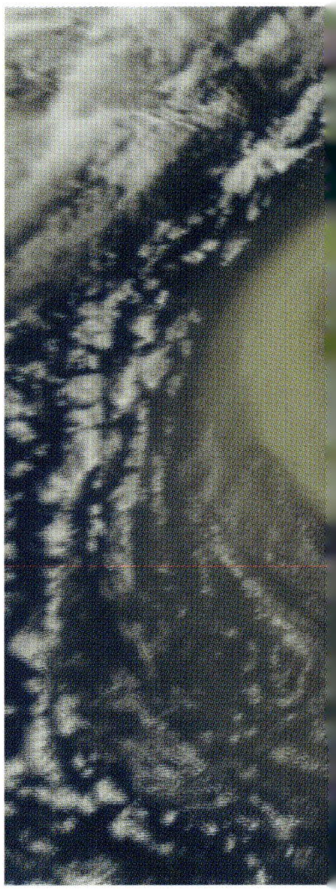

▲ *Das europäische zivile Navigationssystem Galileo wird am Ende aus 30 Satelliten bestehen. Es soll ab 2008 die Europäer unabhängig machen von den amerikanischen bzw. russischen Systemen GPS und Glonass. (Grafik: ESA)*

Einstein im Kornfeld

Erdbeobachtungssatelliten wie Envisat können vom Weltraum aus den Zustand von Nutzpflanzenfeldern präzise ermitteln. Globale Positionierungssysteme gestatten die metergenaue Steuerung von Landwirtschaftsmaschinen. In der Kombination wird „Precision Farming" möglich, eine hochtechnologische Form von Landwirtschaft, die die Umwelt schont: Dünge- und Spritzmittel werden punktgenau nur noch dort ausgebracht, wo der Satellit Bedarf ermittelt hat. Die Technik wird sich in naher Zukunft nur für große Anbauflächen lohnen, die im Osten Europas aber vorhanden sind.

Damit wäre auch Albert Einstein endgültig am Boden angekommen. Denn nach der Relativitätstheorie beeinflussen sowohl das Gravitationsfeld der Erde als auch ihre Rotation die Uhren der GPS-Satelliten. Auch ihre Signale werden im Schwerefeld der Erde durch relativistische Effekte abgelenkt – all dies muss berücksichtigt werden. Ohne die Allgemeine und die Spezielle Relativitätstheorie gäbe es kein GPS! Theorien über die Welt im Ganzen für das Streuen von Dünger...

Der Alarm riss Spock aus seinem Korbsessel (er hatte die Enterprise gemütlich mit Rattan-Möbeln ausgestattet): der Rand der einstigen protoplanetaren Scheibe, der Vorort des Sonnensystems war erreicht. Er enthält unter anderem kilometerdicke Materiebrocken, mögliche Kometen – die Enterprise aber konnte mühelos ausweichen, der Alarm war mehr eine Formsache.

Uranus, Saturn, Jupiter, Mars – Spock stieg in die Bremsen, Terra fegte heran. In 36.000 Kilometern Höhe über dem Äquator hielt die Enterprise an. Sie befand sich nun im „geostationären Orbit".

Der geostationäre Orbit der Erde ist mittlerweile ziemlich bevölkert, zu einem guten Teil mit TV-Satelliten. Ein paar Stockwerke darunter, in 20.000 Kilometern Höhe, schwebt die Satellitenkette des amerikanischen „Global Positioning System", GPS. Dessen Erfolg hat die Europäer jetzt zum Aufbau einer eigenen Satellitenkette inspiriert, Projektname Galileo. Der dazu gehörende Satellitengürtel wird, wie sein amerikanisches Pendant, hochgenaue Zeitsignale aussenden, die auf der Erde zur exakten Bestimmung der Position dienen. Neben Lastwagen und Pkw nutzen mittlerweile auch viele „sensible" Anlagen die Satellitensignale – zum Beispiel automatische Landehilfen für Flugzeuge. Unabhängigkeit und eigene europäische Kontrolle über ein solches System sind deshalb wichtig.

Die Fliehkraft nach außen und die ihr entgegen gesetzte Erdanziehung sorgen dafür, dass ein Körper je nach Höhe seiner Umlaufbahn nur mit einer bestimmten Geschwindigkeit um die Erde kreisen kann. Im „geostationären" Orbit ist man gerade so schnell wie die Erddrehung – Spock sah unter sich also immer das gleiche Areal. Ein gewalti-

▲ *Eine Staubwolke löst sich von der Westküste Nordafrikas. Sie ist ungefähr so groß wie Spanien und macht sich nun auf den Weg um den Globus. (Foto: NASA)*

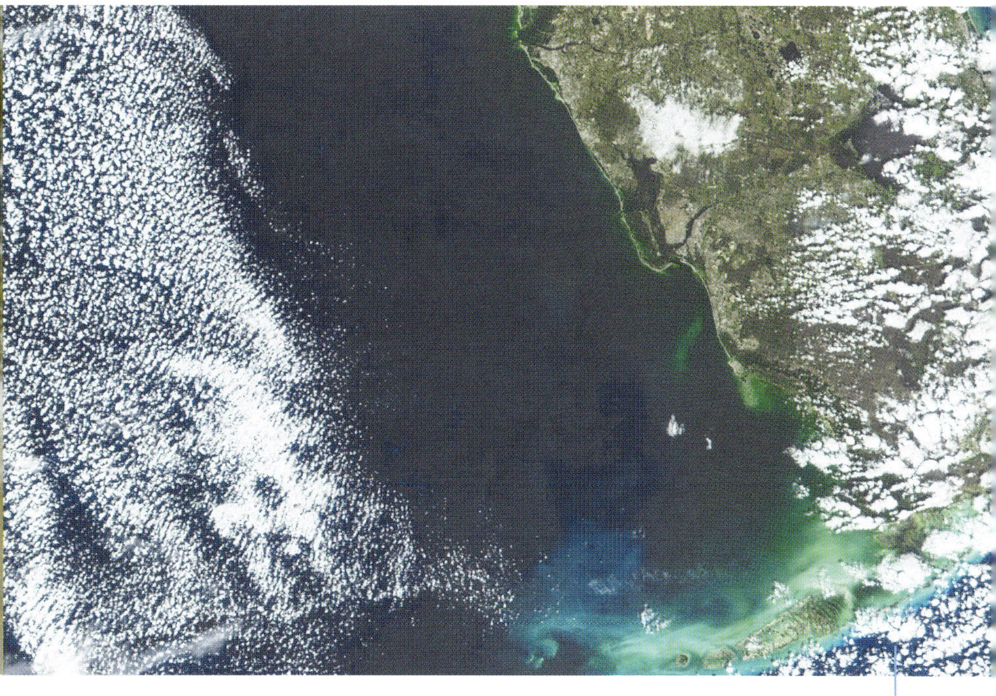

▲ *Algenblüten im Golf von Mexiko. Die grünen Schlieren im Wasser vor der Westküste Floridas stammen von Algen, die sich auf Grund von Überdüngung rapide vermehrt haben. Ursache sind unter anderem Staubwolken aus der Sahara. (Foto: NASA)*

ger Staubteppich breitete sich aus Afrika kommend über dem Atlantik aus. Spock stieg in das kleine Beiboot um und ab.

Die Geophysik hat, zusammen mit anderen Naturwissenschaften, in der letzten Zeit ein Netzwerk von komplexen Zusammenhängen dingfest machen können, das Klima, Flora und Fauna stärker als vermutet bestimmt. Die wachsende Wüste in Afrika entlässt immer größere Mengen Staub, hunderte Millionen Tonnen, die sich unter anderem in der Karibik niederschlagen. Zusammen mit dem Staub kommen auch Mikroben und Pestizide (etwa aus der Heuschreckenbekämpfung im Sahel) und düngend wirkende Substanzen wie Eisen. Während die karibischen Korallen unter der Wirkung des Staubes schwinden, ganze Lurchpopulationen dahin gerafft werden und die Kinder der Region mehr und mehr an Asthma erkranken, wächst auf den Bahamas die fruchtbare Bodenschicht, blühen Regenwälder auf. Im Golf von Mexiko führt die düngende Wirkung des Staubes vermehrt zu Algenblüten und damit zu Sauerstoffmangel in den Küstengewässern.

Globale Zusammenhänge wie diese sind teils nur mit Umweltsatelliten erfassbar; der acht Tonnen schwere europäische „Envisat" glänzt mit raffinierten Geräten, die Spurengase, Ozon, Wasserdampf, Stickoxide und FCKWs messen können und über die Wärmebilanz des Planeten wachen.

Spock bewunderte die Nordlichter – das Glühen von Luft-Molekülen, ausgelöst durch elektrisch geladene Teilchen von der Sonne, die vom Erdmagnetfeld zu den Polen hin gezogen wurden. Ob die Terraner mittlerweile den Mechanismus ihres Magnetfeldes kannten?

Wirbel im glutheißen Kern der Erde werden von den Wissenschaftlern heute als Ursache des irdischen Magnetfeldes ausgemacht. Sie entstehen,

◀ *Polarlichter. Die Magnetfeldlinien der Erde ziehen elektrisch geladene Teilchen von der Sonne zu den Polen hin, wo sie die Moleküle der Luft zum Leuchten bringen. (Foto: Dr. Hinrich Bäsemann/Okapia)*

◄ *Klein, aber genau: Die legendäre „H4" von John Harrison (1693 – 1776). Die Vorläufermodelle, wuchtige Chronometer mit großen Federn, kamen an die Präzision dieser Taschenuhr nicht heran. (Foto: National Maritime Museum, London)*

▲ *Der Sonne entgegen: Nur von Sonnenlicht gespei kann „Helios" 40 Kilometer Höhe erreichen. Das Pr pellerflugzeug der NASA mit Solarzellen auf de Rücken wird nachts von Brennstoffzellen gespeis Für bestimmte Anwendungen, zum Beispiel Mob funk, könnte es Satelliten ersetzen. (Foto: NASA)*

Zeit zum Mitnehmen

Alle 15°, die ein Reisender nach Osten zieht, bringt die lokale Zeit um eine Stunde voran, 15° nach Westen setzt sie eine Stunde zurück. Wer seinen Längengrad bestimmen will, muss also anhand des Sonnenstandes die lokale Zeit ermitteln und die Zeit an einem Referenzpunkt, etwa Greenwich, kennen. Im Jahre 1714 setzte die britische Regierung 20.000 Pfund Belohnung für einen Chronographen aus, der die erforderliche Genauigkeit besaß, die „Greenwich-Zeit" gleichsam mitzunehmen. Der Londoner Uhrmacher John Harrison brachte die damals sensationelle Leistung fertig, seine „H4" ging während einer Reise nach Jamaica ganze fünf Sekunden falsch. Das Preisgeld erhielt er erst auf Intervention Georgs III., nach einem jahrzehntelangen Kampf mit der schurkischen Längengrad-Kommission.

wenn im flüssigen Eisen des äußeren Erdkerns Wärme- oder Dichteunterschiede auftreten und sich diese dann über spiralige Wirbelströmungen ausgleichen. Die „Initialzündung" für die Entwicklung eines Magnetfelds bilden kleinste elektrische Ströme, die durch die große Hitze im Erdinneren entstehen. Sie erzeugen kleine Magnetfelder, die dann durch die großen Wirbel im äußeren Erdkern zunächst „verbeult" und dadurch auch verstärkt werden. Die so etwas größer gewordenen Magnetfelder geraten dann in neue Wirbel usw. – das Ganze verstärkt sich gegenseitig. Am Ende ist das resultierende Feld so groß, dass es Tausende Kilometer weiter oben an der Erdoberfläche kleine Kompassnadeln ausschlagen lässt, die den Menschen zeigen, wo es lang geht.

Spock sank mit dem Beiboot tiefer und tiefer. Ein merkwürdiges Flugobjekt kreuzte seinen Kurs. Tief unter sich sah er ein Gewirr von Küstenlinien und Inseln. Wie schwierig die Navigation früher gewesen sein musste.

Die Erde ist eine Kugel, eine Karte ist platt. Wie kann man einen Teil der Erdkugel so auf etwas Plattem abbilden, dass eine taugliche Seekarte daraus wird? Ein bis heute nützliches Verfahren fand Gerhardius Mercator (1512-1594). Er stellte sich die Längengrade wie Längsschnitte in einer Orangenschale vor, zog dann die entstandenen Schalensegmente ab und legte sie in einer Reihe nebeneinander. Dann dachte er sich die Segmente elastisch wie Gummi, zog die schmalen Spitzen auseinander und machte sie so breit, dass jedes Segment zu einem Rechteck wurde, das von oben bis unten lückenlos das nächste berührte. Bis auf die unmittelbaren Polumgebungen ließ sich so die ganze Kugelschale des Globus auf einem Rechteck abbilden, bei dem die Längengrade parallel zueinander vom Nordpol zum Südpol verliefen. Durch die gleichmäßige „Dehnung" blieben die Konturen der Kontinente erhalten, obwohl sich ihre Größe veränderte. Auf dieser „Mercator-Projektion" konnte ein Navigator eine kon-

► *Computer-Simulation des Erdmagnetfeldes. Blaue Feldlinien führen in Richtung Erdkern, gelbe aus dem Kern heraus. (Grafik: G. A. Glatzmaier, University of California, Santa Cruz)*

▲ *Mercator-Projektion einer Orange. Zieht man die Spitzen der abgelösten Schalensegmente auseinander, erhält man eine zusammenhängende Karte der Oberfläche. (Foto: Bergerhof Studios, Suzy Coppens)*

▶ *Die Nautilus-Muschel. Ihre Kammern und deren Wachstumslinien werden im Monats- bzw. Tagesrhythmus angelegt. (Foto: Bergerhof Studios, Suzy Coppens)*

stante Kompassweisung einfach als geraden Strich einzeichnen, der alle Längenlinien im selben Winkel schnitt. Das Verfahren ist bis heute in Gebrauch.

Die Bestimmung des Längengrades war lange Zeit mit größten Schwierigkeiten behaftet. Heute kann man mit Satelliten metergenau einen Traktor steuern. Zusammen mit neuen, hochgenauen Atomuhren werden selbst kleinste Bewegungen der Erdkruste messbar werden, lassen sich womöglich sogar Erdbeben und Vulkanausbrüche vorhersagen.

Die heute eingesetzten Atomuhren verwenden einen Taktgeber, der Radiowellen abgibt, die sich mit elektronischen Mitteln zählen lassen. Eine Uhr, die hunderttausendfach schnellere Lichtschwingungen als Frequenzstandard bemüht, wäre um ein Vielfaches genauer, nur ließen sich die Schwingungen bislang nicht abzählen. Mit einer Erfindung Münchner Quantenoptiker, dem „Frequenzkamm“, ist dies nun in greifbare Nähe gerückt.

Das Meer! Die Lande-Generatoren heulten auf und das Beiboot kam knapp über der Wasseroberfläche zum Stillstand. Sollte er schon umkehren? Mit wenigen Tastendrücken prüfte Spock die Wasserdichtigkeit seines Gefährts. Also los. Nautilus wollte er noch sehen. Nautilus, das Mondboot, das Perlboot... Spocks kleines Schiff tauchte ein und begann, in die Tiefe zu gleiten.

◀ *Atomuhren der heutigen Generation gehen in zehn Millionen Jahren weniger als eine Sekunde falsch. Diese Genauigkeit wird sich mit neuen Techniken noch steigern lassen. (Foto: PTB)*

Das Mondboot

Die Anziehungskraft des Mondes erzeugt in den Ozeanen der Erde auf der Höhe des Äquators zwei Wasserbeulen. Eigentlich würde man nur eine Beule erwarten, da nämlich, wo der Mond der Erde am nächsten ist. Erde und Mond drehen sich aber zusammen um einen gedachten Punkt, rund 1.000 Kilometer tief im Erdinneren. Durch diese Asymmetrie entsteht eine zweite Beule auf der mondabgewandten Seite. Die Erde dreht sich nun unter diesen beiden Beulen weg und wird durch die dabei entstehende Reibung ganz allmählich abgebremst. Dadurch wird das System Erde-Mond so verändert, dass sich der Mond beschleunigt und langsam von der Erde entfernt („Drehimpulserhaltung“). Folgerichtig muss der Erdentag früher kürzer, der Mond früher näher und auch der Monat kürzer gewesen sein, weil erdnähere Umlaufbahnen kürzere Umlaufzeiten haben.

Nautilus, das Mondboot, kann das bestätigen. Seiner Nahrung, dem Plankton, folgend, taucht es jeden Tag einmal auf und ab, was sich in Wachstumslinien seines gekammerten Perlmuttgehäuses widerspiegelt. Die Kammern wiederum werden im Monatsrhythmus angelegt. Folglich haben die Kammern der Tiere heute je ungefähr 30 Wachstumslinien. Die Kammern sehr alter fossiler Nautilus-Gehäuse dagegen viel weniger. Vor vierhundert Millionen Jahren, so der Schluss, war der Mond doppelt so dicht an der Erde, waren die Gezeiten riesenhaft.

Natur mit Ordnungssinn

Fotos: Photodisc

▲ *Körnige Mengen zeigen viele unerwartete Eigenschaften: Hier rieselte eine Mischung aus Salz und Mohn zwischen zwei parallele Glasplatten. Die beiden Zutaten entmischten sich dabei ganz von alleine in abwechselnde Lagen. (Foto: D. Wolf, Uni Duisburg)*

▼ *Basalt findet sich in der Natur häufig in Form von Säulen. Wie sie zustande kamen, war für die Wissenschaft lange Zeit ein Rätsel. (Foto: J. Keller, Uni Freiburg)*

Das Geheimnis der Säulen

Die Regelmäßigkeit der Basaltsäulen nimmt neuesten Theorien zufolge ihren Anfang, wenn ein großes Volumen von Basaltlava an der Oberfläche zu erstarren beginnt. Die erstarrende Basalthaut nämlich zieht sich zusammen und ein Rissmuster mit meist sechs-, fünf- oder siebenzähliger Symmetrie entsteht, wie man es ähnlich an der Oberhaut trocknenden Schlammes beobachtet. Diese Muster wandern mit der Erstarrungsfront der Lava nach unten, symmetrische Säulen entstehen. Die Formbildung hat also nichts mit der Neigung der Materie zum Kristallinen zu tun, tatsächlich besteht die Basaltsäule aus zahllosen willkürlich verteilten Kleinkristallen.

enn einer wie Spock, der in Mathematik selten gefehlt hat, über die Erde geht, kann er allenthalben Regelmäßigkeiten entdecken, die sich für eine mathematische Beschreibung anbieten: Schäfchenwolken, Wellen, Sandrippel etc. Phänomene in sanft dahin fließenden Medien, wie zum Beispiel Wirbel oder Walzen in Flüssen, können die Wissenschaftler mittlerweile ziemlich gut berechnen – schwierig wird es bei Turbulenzen mit chaotischem Verhalten. Auch die Physik zur Beschreibung körniger Mengen, die – anders als Luft und Wasser – aus unterscheidbaren, „greifbaren" Teilchen bestehen, ist noch nicht weit fortgeschritten. Zwei vermischte Sandsorten in einer Trommel entmischen sich in streifenartige Zonen, wenn sich die Trommel dreht – die Theorie dazu fehlt einstweilen. Dabei wäre eine Theorie sandartiger Schüttgüter auch von großem wirtschaftlichem Interesse, denn diese entfalten häufig ein Eigenleben, das sie schwer beherrschbar macht. So können große Sandkornmengen spontan Hohlräume bilden, deren „Decken" ähnlich wie die Steine in der Decke eines alten Gewölbekellers zusammengehalten werden. Dadurch entstehen große Kräfte, die auf die Wände des Sandsilos drücken und sie zum Bersten bringen können.

Mathe für den Blütenkorb

Auch die belebte Natur ist für Spock voller Mathematik. Sein Lieblingslebewesen, der Nautilus, glänzt mit einem Gehäuse, das einer so genannten logarithmischen Spirale folgt, einer Wachstumsfigur. Der Aufbau der Blütenkörbe von Sonnenblumen orientiert sich an den „Fibonacci-Zahlen". Das ist eine Zahlenreihe, in der jede weitere Zahl die Summe der beiden vorhergehenden ist: 0; 1; 1; 2; 3; 5; 8; 13 etc. Bildet man die Quotienten zweier aufeinander folgender Fibonacci-Zahlen, so steht am Ende, bei sehr großen Zahlen, die „Goldene Zahl" 0,61803..., deren Kehrwert 1.61803... als „Golde-

◀ *Virtuelle Sonnenblume. Der Blütenkorb dieser im Computer erzeugten Sonnenblume gleicht exakt seinem natürlichen Vorbild. Bei der Berechnung wurden die „Fibonacci-Zahlen" verwendet. (©1989: D. Fowler/P. Prusinkiewicz, University of Calgary)*

Von Staren und Staus

Für Kollektive – gleich, ob Atome, Vögel oder Autofahrer – lassen sich häufig Regeln entdecken, bei denen die Mitglieder des Kollektivs nur mit den jeweils nächst befindlichen kommunizieren. Dennoch lässt das Verhalten des Kollektivs an einen Überorganismus denken, wie bei einem Starenschwarm. Dabei werden die einzelnen Stare nur von drei Regeln geleitet: 1. Bleibe dicht bei Deinem Nachbarn, aber 2. berühre ihn nicht und 3. versuche, ins Zentrum des Schwarms zu kommen. In einem mit diesen Regeln programmierten Computer schwankt eine virtuelle Starenmasse genau wie ein echter Schwarm über den Bildschirm.

Auf der Autobahn sind es ähnliche Mechanismen, die in einer dichten Kette von Fahrzeugen für Schwankungen bis zum Stillstand sorgen, selbst dann, wenn kein Hindernis da ist. Der im Rechner sehr gut simulierbare Vorgang hat Erscheinungsformen („Phasenübergänge“), die denen von Wasser sehr ähnlich sind: Dampf entspricht dem frei fließendem Verkehr, flüssiges Wasser dem zäh fließenden Verkehr, Eis bedeutet Stillstand, Stau. Welchen Aggregatzustand das Blech einnimmt, hängt unter anderem von der Fahrzeugdichte ab. Das Optimum ist kurioserweise nicht „kein Auto“, sondern eine Dichte von 20 bis 25 Autos pro Kilometer. Dann finden selbst sportliche Fahrer zu einem vernünftigen Rhythmus und reihen sich ein.

▲ *Das Muster der Muschel Conus Marmoreus kann von Wissenschaftlern am Computer exakt nachgebildet werden (im Hintergrund). (Foto: H. Meinhardt, www.eb.tuebingen.mpg.de)*

ner Schnitt“ bekannt ist. Diese Relationen sind in vielen Pflanzen zu finden, weil sie für die dichte Packung wachsender Gebilde wie Sonnenblumenkörbe ein geometrisches Optimum darstellen.

Die Musterbildung bei Muscheln ist ein weiteres Beispiel für die geheimnisvollen Regeln hinter der Schönheit der Natur. Die Muster entstehen während des Wachstums der Muschel durch das Wechselspiel einander widerstrebender Kräfte, die die Verbreitung („Diffusion“) eines Farbstoffes einerseits fördern, andererseits behindern. Der Clou: Nicht die Farbmuster sind genetisch festgelegt, sondern nur die Regeln, nach denen sie entstehen. Die von den Physikern gefundenen Regeln erzeugen am Computer Muster, die bis ins Detail mit den natürlichen Vorbildern übereinstimmen.

◀ *Ein Vogelschwarm scheint sich wie ein großer „Superorganismus“ zu verhalten. (Foto: R. Nagel, Wilhelmshaven)*

Rhythmische Reaktion

In Teilchenkollektiven entstehen viele großflächige Muster spontan durch sehr kurzreichweitige Wechselwirkungen der Teilchen mit ihren Nachbarn. Eine besonders spektakuläre Musterbildung gelang dem Moskauer Chemiker Boris Belusov 1950, als er versuchte, eine vereinfachte Laborversion

▼ *Die Belusov-Zhabotinsky-Reaktion in der Petrischale. (Foto: N. Manz, Uni Magdeburg)*

▲ *In den Computern der Wissenschaftler entstehen mittlerweile ganze Landschaften nach den Wachstumsalgorithmen der Natur. („lakescene", ©2002: M. Fuhrer / P. Prusinkiewicz, University of Calgary)*

Ruck und Zuck

In der berühmten Newtonschen Bewegungsgleichung „Kraft gleich Masse mal Beschleunigung" ($F = m \cdot a$) ist die Beschleunigung als Änderung der Geschwindigkeit definiert. Gibt es ähnlich berühmte Gesetze, bei denen die Änderung der Beschleunigung eine Rolle spielt? Nein, wohl aber Regeln für Ingenieure, bei der Konstruktion von Schienenfahrzeugen auf eine Minimierung des „Jerk" zu achten. „Jerk" steht im Englischen für Ruck und Zuck und hat sich als Begriff für eine Änderung der Beschleunigung auch hier eingebürgert, und Jerks werden von den Benutzern der Bahn als besonders unangenehm empfunden. Auch die Geschmeidigkeit tierischer Bewegungen geht auf eine Minimierung des Jerk zurück, die computergenerierten Saurierschwärme in „Jurassic Park" wurden rechnerisch entsprechend instruiert.

des „Zitronensäure-Zyklus" herzustellen. Der Zitronensäure-Zyklus ist ein komplizierter Schlüsselprozess beim Stoffwechsel der Lebewesen. Was Belusov suchte, fand er nicht, dafür freilich etwas derart Phantastisches, dass die Kollegen Unseriosität vermuteten und eine Veröffentlichung der Belusovschen Entdeckung zunächst verhinderten. Belusov hatte ein Substanzgemisch entdeckt, das nicht sofort zu einer Endsubstanz durchreagierte, sondern oszillierte: mal hatte dieses Reaktionsprodukt die Oberhand, mal jenes. Es war, als wechselte ein Softdrink seinen Geschmack rhythmisch zwischen Himbeer- und Orangenaroma, ganz von allein, um schließlich bei Kirschsaft stehen zu bleiben. Der Wechsel des Belusov-Gebräus vollzog sich mit fast vollkommener Gleichmäßigkeit, bis nach einigen Dutzend Zyklen schließlich ein Gleichgewicht erreicht war. Als so genannter Belusov-Zhabotinsky-Versuch gehört die Reaktion heute zu den Standard-Demonstrationen an den Universitäten.

▼ *Belusov-Zhabotinsky in 3D. Die experimentell ermittelte Konzentration eines der Reaktionsprodukte wurde hier über der Ebene (der Petrischale) aufgetragen. (Grafik: W. Jantoß, Uni Magdeburg)*

Die Belusov-Zhabotinsky-Reaktion lässt man bevorzugt in einem kleinen Glasschälchen ablaufen; das Chemikaliengemisch bedeckt vielleicht einen Millimeter des Bodens. Dem staunenden Auge bieten sich – in einem blauroten Farbenspiel – langsam kriechende und windende, symmetrische Spiralen dar: Aus dem hirnlosen molekularen Gewimmel entsteht ganz von selbst ein makroskopisches Muster.

Das Kochbuch der Natur

Immer mehr Musterbildungsprozesse wie diese werden entdeckt. In der Gemeinde der Wissenschaftler wächst derzeit denn auch quer durch die Disziplinen der Verdacht, dass die Natur über eine weithin unerforschte Rezeptesammlung, ein Kochbuch mit teils hoch komplizierten Mustern verfügt, die mit vergleichsweise einfachen Regeln erzeugt werden. Dieses Buch ist auch für die Wissenschaften der unbelebten Natur hoch interessant: Regelmäßige Reihen von kleinen Atomhäufchen etwa, von Clustern, entstehen auf einer Kristalloberfläche spontan aus chemischen Lösungen, wenn die Bedingungen nur richtig sind. Denkbar, dass auf diese Weise einmal elektronische Speicherelemente „wachsen".

Was steckt dahinter?

Ein Bild sagt mehr als 1000 Worte. Sagt man. Gerade in der Wissenschaft aber sagen einem Fotos oft gar nichts: bunte Kügelchen, Streifen und Striche lassen meist sehr abstrakte Bilder entstehen. Erst die Bildunterschrift bringt Licht ins Dunkel.

Hier spielen wir mit der Uneindeutigkeit wissenschaftlicher Fotos – spielen Sie mit! Nur eine von drei Bildunterschriften ist richtig, die anderen beiden sind frei erfunden.

Viel Spaß beim Rätseln!

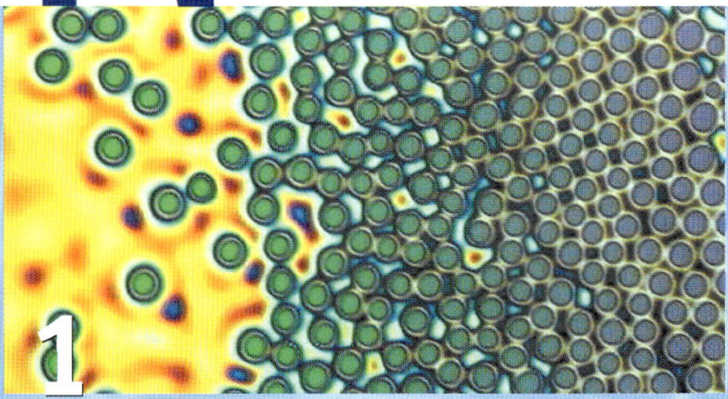

1

a Futter fassen: Bakterien wandern in Richtung der höheren Zuckerkonzentration (rechts).

b Und tschüss: Ein Verbund aus Styrolkügelchen (Durchmesser 20 nm) löst sich durch Erschütterungen im Ultraschallbereich plötzlich auf.

c Ordnung vs. Chaos: Ein dünner Polymer-Film bildet in einem elektrischen Feld je nach Spannung mehr oder minder regelmäßige Muster aus.

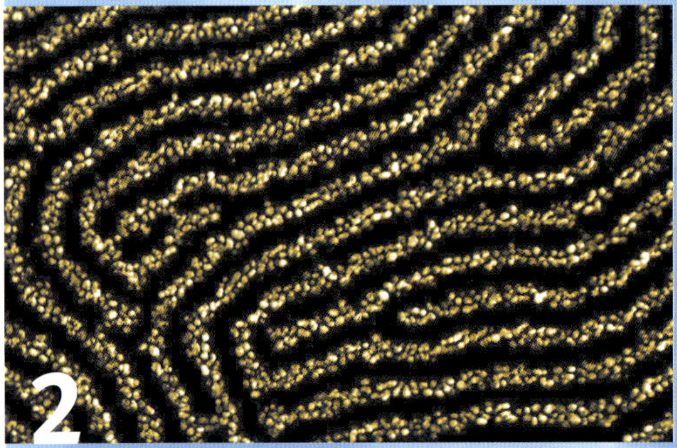

2

a Abwarten: Wissenschaftler dampfen Gold oder Silber auf bestimmte Kunststoffe und gehen Kaffee trinken. Unterdessen bilden sich winzige Metall-Ketten.

b In sich gehen: Nano-Technologen schaffen es, Zengärten anzulegen, in denen man nur unter dem Mikroskop meditieren kann.

c Erkennungsdienstlich behandeln: Bei dünnen Silberschichten kann man unter dem Mikroskop nach Elektronenbeschuss den atomaren Fingerabdruck des Metalls bestaunen.

3

a Farbe des Universums: eindeutig ein helles Beige. Noch Anfang 2002 waren Astronomen von einem Türkis mit Grünstich ausgegangen.

b „LatteCool“: für die meisten Menschen die beruhigendste Farbe. Sagen amerikanische Psychologen. Und empfehlen, Gebäude flächendeckend so zu streichen.

c Hollywood: Bei professionellen DigiCams dient diese Farbe zum „Weißabgleich“. Das eicht die Kamera und ermöglicht die digitale Herstellung von Kinofilmen.

4

a Ungefährlich: Ein gutartiger Haut-Tumor leuchtet bei UV-Beleuchtung grün und blau, wenn er zuvor mit geeigneten Markern „geimpft“ wurde.

b Schlimm: Dieses Satellitenbild zeigt, wie der Tschad-See in den vergangenen vierzig Jahren auf ein Zwanzigstel seiner Größe geschrumpft ist.

c Teuer: Schimmelpilze fressen Gemälde alter Meister (hier Dürers „Badende Venus“). Es kommt zur Mikroperforation der Leinwand – der blaue Fleck ist morgen ein Loch.

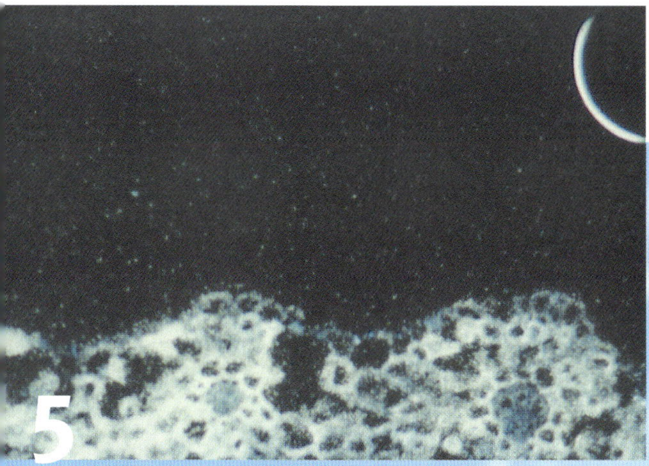

5

a Romantisch: Kohlendioxidhaltiges Eis („foam ice“), das durch das Restlicht während einer Sonnenfinsternis von selbst zu leuchten scheint. Aufgenommen am Südpol.

b Komisch: Ein Blattquerschnitt, der mit Hilfe von Dunkelfeldmikroskopie aufgenommen wurde. Was oben rechts zu sehen ist, weiß nicht einmal der Fotograf.

c Galaktisch: Ein Nebel mit Schaumstruktur im Sternzeichen Krebs – Kinderstube für Millionen neue Sterne. Rechts oben der Mond.

6

a Herbst: Wissenschaftler simulieren im Computer, wie sich die Farbe der Baumblätter im Laufe des Jahres verändert (hier die gemeine Hirtenfeige im September).

b Flower-Power: Wissenschaftler simulieren die Arbeit der pflanzlichen Sonnenkraftwerke im Computer. Rote Blätter leisten ganze Arbeit.

c Kreislaufschwäche: Eine junge japanische Scheinquitte zeigt „Durchblutungsstörungen“. In roten Blättern fließt zu wenig, in blauen zuviel Zellsaft (Falschfarbenbild).

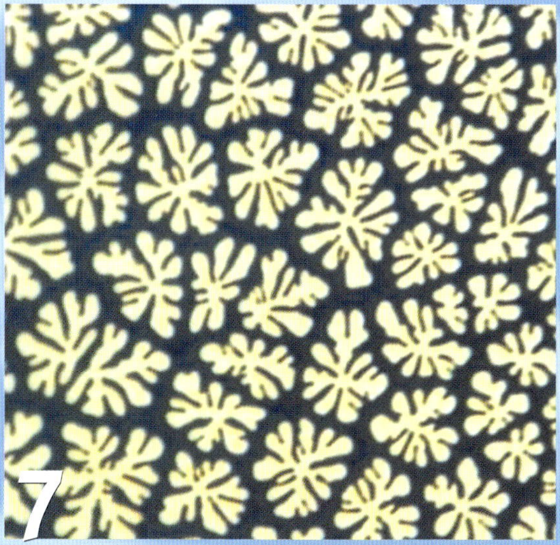

7

a Runde Kristalle: Beim Schockfrosten unter -250 °C bildet Wasser keine spitzen Kristalle, weil das System der Atome dafür gar keine Zeit mehr hat.

b Billiger Lack: Ein Küchenstuhl wurde 12 Stunden dem UV-Licht ausgesetzt. Der Blick durch das Mikroskop zeigt schöne Schäden.

c Aufgeblasen: Wissenschaftler haben in einen hauchdünnen Polymerfilm Luft gepresst.

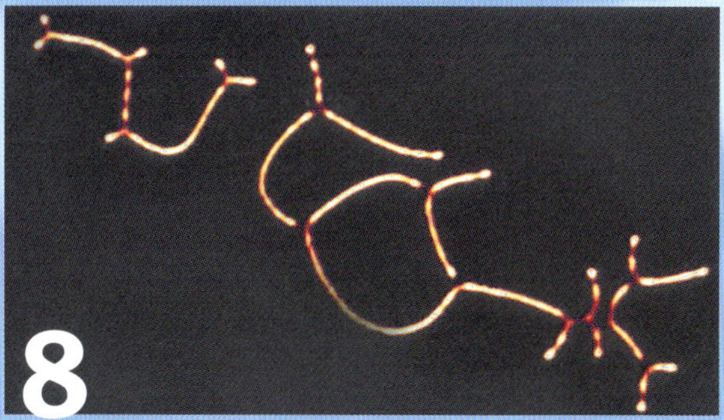

8

a Liebestoll: Diese Langzeitbelichtung zeigt eine Gruppe Glühwürmchen bei der Balz. Rechts unten fand eine Paarung statt.

b Klebrig: High-Tech-Klebstoffe aus der Tube suchen sich auf einer Glasoberfläche von selbst die Stellen, an denen sie am besten haften – Geckos standen Pate.

c Organisiert: Das Leuchten von Gasentladungen in einer Helium-Luft-Atmosphäre erzeugt diese Videokunst – ein Beispiel für Selbstorganisation in der Natur.

Auflösung Bilderrätsel:

1c (E. Schäffer, MPI für Molekulare Zellbiologie und Genetik), **2A** (W. Lopes/H. Jaeger, University of Chicago), **3A** (M. D. Fairchild, University of Rochester), **4B** (NASA), **5B** (U. Beckhove, Uni Gießen), **6B** (H.-C. Timm, Uni Hohenheim), **7C** (E. Schäffer, MPI für Molekulare Zellbiologie und Genetik), **8C** (H.-G. Purwins/I. Brauer, Uni Münster)

Intelligente
Materialien
Foto: photocase.de

Es muss für Charles Edouard Guillaume, den Erfinder, ein Augenblick des Triumphes gewesen sein: Über hundert Meter seiner „Invar" getauften Legierung hingen als Draht von der zweiten Plattform des Eiffelturms herunter. Das untere Ende des Drahtes war am Erdboden fixiert, das andere Ende auf der Plattform mit einem beweglichen Hebel verbunden, der wiederum einen Schreibstift bewegte, der auf eine Registriertrommel drückte. „Invar", das Invariable, Unveränderliche, eine Eisenlegierung mit 36% Nickel, sollte seine Besonderheit zeigen: Es verändert seine Länge nicht oder doch kaum, wenn die Temperatur schwankt. Aber der Eiffelturm selber streckte sich am Vormittag des 8. Juni 1912 in der wärmer werdenden Luft, millimeterweise schob sich die zweite Plattform nach oben. Mit dem Invardraht als unveränderlicher Referenz ließ sich das Ganze genau registrieren. Am späten Nachmittag sackt der gesamte Turm, von einem Regenschauer abgekühlt, um fast vier Zentimeter zusammen.

Invar machte als Ersatz für das teure Platin-Iridium bei „Ur-Metern" Karriere, als Material für Unruhefedern in Chronometern – überall da, wo eine geringe thermische Ausdehnung gefragt war. Invar ist in der Technik von heute weit verbreitet, zum Beispiel auch in „Schattenmasken" von TV-Bildröhren. Guillaume erhielt 1920 für seine Entdeckung den Nobelpreis.

Temperamentvolles Nickel-Titan

Zwanzig Jahre später gelang dem Schweden Arne Olander eine metallurgisch gleichermaßen gewichtige Entdeckung: Eine Legierung aus Gold und Cadmium zeigte so etwas wie ein Gedächtnis. Wenn man sie verformte und anschließend erwärmte, sprang sie in die alte Form zurück. Cadmium ist giftig, Gold teuer – die Legierung hatte keine Zukunft.

Wohl aber der Effekt. 1962 suchte das US Naval Ordnance Laboratory nach einer Legierung, die korrosivem Meerwasser trotzen konnte und magnetisch schwer zu orten war, fand eine Mischung aus Nickel und Titan und nannte sie Nitinol. Das „-nol" stand für das Naval Ordnance Laboratory, das „Niti-" für Nickel und Titan. Als man Platten dieses Materials an den Bug eines Unterseebootes nietete, soll es passiert sein: Ein Arbeiter machte, wie bei Stahl üblich, eine Platte heiß, um sie formbarer zu machen – das Teil sprang, die Nieten lädierend, in eine andere Form um, die Form seiner Geburt: Nitinol war als Metall mit Gedächtnis entdeckt.

▲ Charles Edouard Guillaume beim Vermessen einer Kopie des „Ur-Meters". Solche Eichstandards aus Invar-Stahl veränderten ihre Länge bei Temperaturänderungen kaum. (Foto: Transglobe Agency/Roger-Viollet)

▼ Das Innere eines Tankschiffes, das vollständig mit Invar®-Stahl ausgekleidet wurde. (Foto: IMPHY ALLOYS)

Später wurden viele andere Metallkombinationen mit dem gleichen Effekt bekannt; Nickel-Titan aber ist, neben Kupfer-Zink-Aluminium, immer noch die wichtigste Legierung. Die NASA entwickelte aus solch einem „Memory-Metall" ein Drahtgeflecht, das sich im Weltraum zu einer Satellitenschüssel entfaltete; an vielen Universitäten und Firmen wurden kleine Wärmekraftmaschinen entwickelt, in denen sich Nitinol rhythmisch streckt und staucht. Heute ist Nitinol ganz am Boden angekommen, etwa in der Gestalt von Sprinkler-Ventilen, die im Brandfall Wasser lassen. Womöglich werden Memory-Metalle aber auch richtig futuristisch abheben, als metallische Muskeln für Roboter zum Beispiel.

Materie mit zwei Gesichtern

Das Wunderbare an den Nickel-Titan-Legierungen ist damit noch nicht ausgeschöpft, die richtige Mixtur ist auch noch phantastisch elastisch. Eine bleistiftdicke Stange lässt sich biegen wie Hartgummi und kehrt danach in die alte Form zurück. Der Effekt wird unter anderem für hoch strapazierfähige Brillengestelle genutzt, aber auch für Zahnklammern und hochelastische Röhrchen zur Aufweitung verengter Gefäße.

► *Hier ist die „martensitische" Struktur (hellgrüne Nadeln) einer Verbindung aus Eisen, Nickel und Kupfer gleichzeitig mit der „austenitischen" Form (dunkelgelbe Flächen) zu sehen. (Foto: E. Hornbogen, Uni Bochum)*

Der Grund für die wunderbare Wandelbarkeit solcher Legierungen: Ihre Atomgitter können zwei verschiedene Formen annehmen. Bei niedrigen Temperaturen eine so genannte martensitische Struktur, die sich durch ein Zickzack-Muster auszeichnet. Bei Erwärmung geht dieses Gitter in eine andere, „austenitische" Form über. Je nach Temperatur kann das Metall zwischen den beiden Zuständen hin und her springen – Knick, Knack, ähnlich wie ein eingedrückter Schuhcremedosendeckel.

Widerstand ist zwecklos

So beeindruckend die Eigenschaften rein metallischer Verbindungen auch

▼► *Nitinol lässt sich vielfältig anwenden: Mikro-Pinzetten aus diesem Material (rechts) üben immer den gleichen Druck aus, egal, wie kräftig man auf die Enden drückt. So lassen sich biologische Objekte (hier ein menschliches Haar) „mit sanfter Hand" untersuchen. Die gleiche Eigenschaft ist auch nützlich, um Gefäße im menschlichen Körper mit Hilfe kleinster Röhrchen zu erweitern (unten). (Foto: A. E. Guber et al., Zeitschrift F&M 1997)*

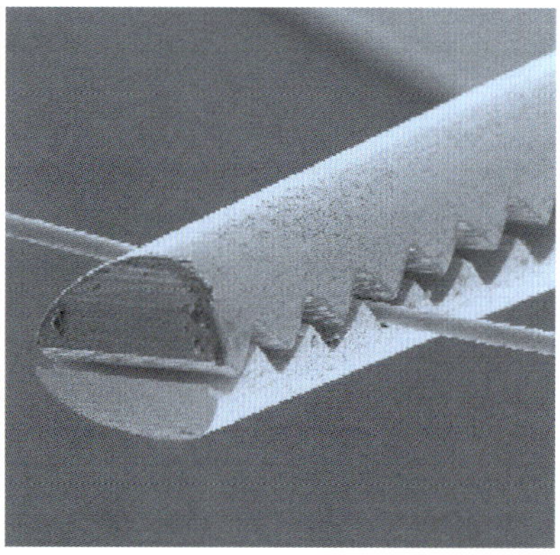

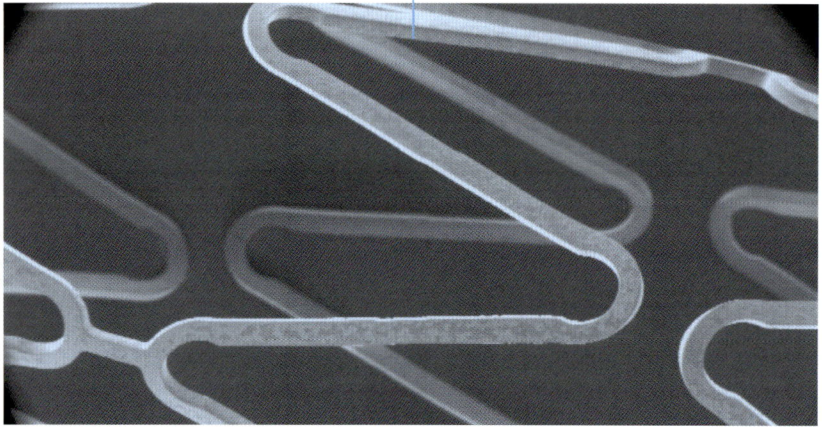

sind, erst zusammen mit Nichtmetallen erschließt sich die Beletage des Werkstoff-Universums. Wenn sich gewöhnliches Aluminium mit Sauerstoff verbindet, entsteht die nach Diamant härteste bekannte Substanz, Aluminiumoxid, das – von Spuren anderer Metalle gefärbt – auch als Rubin oder Saphir geschätzt wird.

Eine komplexe Verbindung der Metalle Yttrium, Barium und Kupfer mit Sauerstoff, $YBa_2Cu_3O_7$, hat gar als erster „Hochtemperatur-Supraleiter" Ruhm erwerben können. Dieses Material verliert schon bei der Temperatur von flüssigem Stickstoff seinen elektrischen Widerstand – bei minus 196 °C. Ein für uns eher frostiger Wert, aber gerade zu tropisch gegenüber den Temperaturen, unterhalb denen normale Supraleiter den Strom erst verlustfrei leiten: wenige Grade über dem absoluten Temperaturnullpunkt von minus 273 °C.

Was ist bei den Hochtemperatur-Supraleitern anders? Die Regeln der Quantenmechanik gestatten den Elektronen die ungestörte Bewegung in einem Supraleiter nur, wenn sie jeweils zu zweit auftreten, in so genannten Cooper-Paaren. Da sich die gleichsinnig geladenen Elektronen gegenseitig abstoßen, muss eine Kraft zu Hilfe kommen, die das Paar zusammenhält. Bei konventionellen Supraleitern wird diese Kraft von gemeinsamen Schwingungen der Atomkerne bereit gestellt. Deshalb klappt das Ganze auch nur bei extremen Minusgraden – wenn das temperaturbedingte Zittern des Atomgitters diesen Mechanismus nicht mehr stört. Die Hochtemperatur-Supraleiter aber funktionieren offenbar nach einem ganz anderen Mechanismus. Jüngste Experimente legen den Schluss nahe,

▼ *Ein Kabel lässt sich biegen. Eigentlich selbstverständlich – allerdings nicht für die überwiegend spröden Hochtemperatur-Supraleiter. Erst Verbindungen aus Bismut, Strontium, Calcium und Kupfer mit Sauerstoff brachten die ersehnte Geschmeidigkeit. (Foto: Siemens)*

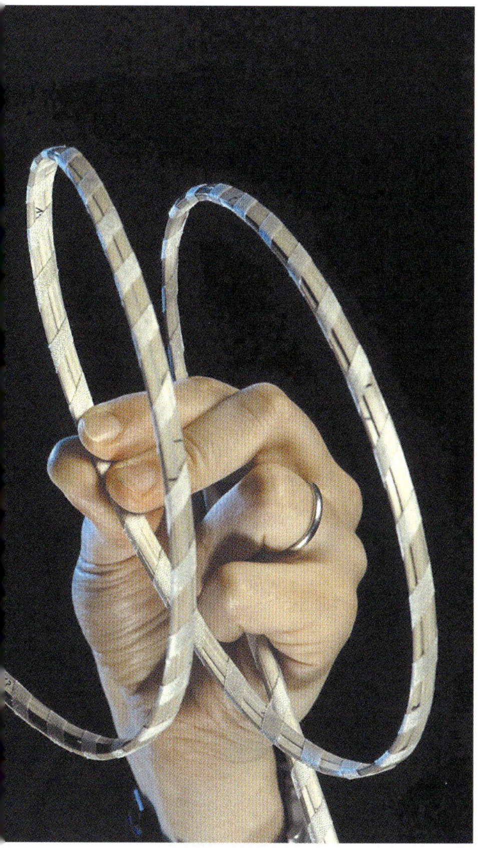

▶ *Diese speziellen Brennstoffzellen brauchen eine besonders hohe Betriebstemperatur von ca. 800°C, die von einem Heizofen bereitgestellt wird. (Foto: Forschungszentrum Jülich)*

Sanfte Verbrennung

Hast du Geld,
dann hast du nicht Käten;
hast du die Frau,
dann fehl'n dir Moneten –
hast du die Geisha,
dann stört dich der Fächer:
bald fehlt uns der Wein,
bald fehlt uns der Becher ...

Dass einer alles habe, klagte Tucholsky noch, sei selten. Manchmal aber gibt es Entwicklungen, an denen alles stimmt, wie bei den Brennstoffzellen. In Brennstoffzellen vereinen sich Wasserstoff und Sauerstoff zu Wasser, wobei Elektronen vom Wasserstoff zum Sauerstoff übergehen. Aus der Schule ist diese Reaktion als „Knallgasexplosion" bekannt, bei der sich die frei werdende Energie mit einem gewaltigen Rrumms entlädt. In der Brennstoffzelle lässt eine spezielle Membran Sauerstoff und Wasserstoff nur gemächlich miteinander reagieren. Zugleich werden die auszutauschenden Elektronen in einen äußeren Kreislauf gelenkt, wo sie als elektrischer Strom sinnvolle Arbeit verrichten. Und das ganz ohne die für Explosionsmotoren üblichen Begleiterscheinungen wie Lärm und Gestank oder, bei Batterien, schwache Kapazitäten und langwieriges Aufladen. Für den schnell wachsenden Markt der mobilen Kleinverbraucher wie Kameras, Laptops, aber auch Rasenmäher oder Elektrofahrräder darf die Einführung der Brennstoffzelle als gewiss gelten, dann aber ist das Hochskalieren auf die automobilen Bedürfnisse auch nur eine Frage der Zeit. Der große Vorteil von Brennstoffzellen ist nämlich, dass sie im großen wie im kleinen Maßstab ähnlich effizient sind.

▲ *„Hochtemperatur"-Supraleiter verlieren bereits bei der Temperatur von flüssigem Stickstoff (-196°C) ihren elektrischen Widerstand. (Foto: Forschungszentrum Jülich)*

▲ *Supraleitende Schwebebahn. Die Lock wird auf einer bestimmten Höhe gehalten und der darin befindliche Supraleiter mit flüssigem Stickstoff heruntergekühlt. Er „krallt" sich dann am Magnetfeld der magnetischen Schienen fest und die Lock schwebt. (Foto: E. F. Wassermann, Uni Duisburg-Essen)*

Dünne Schichten für dicke Festplatten

Während Computerchips alle 18 Monate ihre Rechenleistung verdoppeln, verdoppeln moderne Festplatten ihre Speicherkapazität alle 12 Monate. „Schuld" ist ein Effekt, der am Forschungszentrum Jülich im Rahmen von Grundlagen-Forschungen entdeckt wurde – der „Riesen-Magnetowiderstandseffekt". Dabei ändert sich der elektrische Widerstand eines Pakets von hauchdünnen Metallschichten bei der Anwesenheit schon sehr schwacher magnetischer Felder. Der Grund: die Elektronen tragen nicht nur die elektrische Ladung, sondern besitzen auch elementare magnetische Eigenschaften. Ein magnetisches Feld kann so die Beweglichkeit der Elektronen im Material beeinflussen und damit auch seinen elektrischen Widerstand. Weil die mögliche Dichte der magnetischen Informationen auf einer Festplatte (quasi die „Schriftgröße") von der Empfindlichkeit abhängt, mit der der Lesekopf Änderungen der magnetischen Feldstärke wahrnehmen kann, sollten die mit dem „Riesen-Magnetowiderstandseffekt" ausgestatteten Köpfe bald schon Speicherdichten von 16 Gigabit pro Quadratzentimeter und darüber möglich machen. Das ist ungefähr die hundertfache Speicherdichte einer CD.

dass die Cooperpaare hier von einem beweglichen Muster kleiner Magnetfelder gestützt werden, die im Inneren des Materials entstehen. Wenn das stimmt, sollte die zugrunde liegende Theorie zu Materialien führen können, die bei noch höheren Temperaturen supraleitend werden.

Ein weiterer Effekt der Hochtemperatur-Supraleiter: sie lassen im supraleitenden Zustand ein Magnetfeld gerne in sich eindringen. Dabei wird das magnetische Feld zu kleinen Bündeln geschnürt, so genannten Flussschläuchen, die das Material durchdringen. Da sich der Supraleiter an diesen Schläuchen „festkrallen" kann, lassen sich auf diese Weise reibungsfreie magnetische Lager herstellen. Derzeit wird hierfür wieder der Hochtemperatur-Supraleiter Yttrium-Barium-Kupferoxid ($YBa_2Cu_3O_7$) favorisiert.

Die eiskalten Torhüter

Schließlich sind mit den neuen Supraleitern auch hochempfindliche „SQUIDs" möglich geworden, mit denen man noch Magnetfelder messen kann, die nur ein Milliardstel der Stärke des Erdmagnetfeldes betragen. Die Abkürzung steht für „Superconducting Quantum Interference Device". Die Geräte enthalten einen supraleitenden Ring mit einer dünnen Stelle, einem „Tor", durch das das äußere magnetische Feld in kleinen Portionen („Flussquanten") eingelassen werden kann. Zu Beginn der

▼ *Ein SQUID im Geländeeinsatz. Geoforscher untersuchen mit diesen empfindlichen Geräten feinste Variationen des Erdmagnetfelds. (Foto: Forschungszentrum Jülich)*

▶ *Eingefrorenes Spiegelbild: Mit ungefährlichen Laserstrahlen ist das Gesicht der jungen Frau abgetastet worden. Ein Computer hat mit diesen Daten dann den Laserstrahl gesteuert, der ihr Konterfei schließlich ins Glas brannte. (Foto: Vitro Laser)*

Kunst im Glas

Wenn Materialien nicht nur intelligent, sondern auch noch schön sein sollen, kann Laserlicht helfen, Verzierungen wie Gravuren einzubrennen. Eine besonders raffinierte Form der Verzierung ist die Innengravur, bei der optisch klare Medien wie Kunststoffe oder Glas mit Laserlicht innen strukturiert werden, ohne dass äußerliche Spuren erkennbar wären. Das gelingt mit einem an der Außenseite des zu verzierenden Körpers nur schwach fokussierten Laserstrahl, der sich im Inneren des Glas- oder Kunststoff-Körpers so weit verdichtet, dass Licht absorbiert wird und das Material verändert. Bei Glas sind es Mikrorisse, die das Licht streuen. Für ein Ensemble von mehreren 10.000 Punkten, die schon eine ordentliche Form ausmachen, brauchen Gravurgeräte eine 3D-CAD-Datei und wenige Minuten.

◀ *Ein SQUID prüft den Zustand einer Flugzeugfelge. Kleinste Risse verraten sich hier durch Mini-Magnetfelder, die an solchen Stellen im Material entstehen. (Foto: Forschungszentrum Jülich)*

Messung drängeln sich viele Quanten vor dem Tor. Ist der „Druck“ groß genug, öffnet sich das Tor – aber nur, um genau ein Quant hinein zu lassen. Für kurze Zeit bricht dabei der Suprastrom im Ring zusammen. Das kann man durch elektronische Schaltkreise, die an den Ring gekoppelt werden, feststellen. Dann wiederholt sich der Effekt: Tor auf – Tor zu, bis die Zahl der Quanten draußen und drinnen gleich ist. Durch Zählen der „Türöffnungen“ kann so die Stärke des Magnetfeldes bestimmt werden. Eingesetzt werden SQUIDs unter anderem in der Geophysik, in der Materialprüfung und in der Medizin. Dort untersuchen die Ärzte die Magnetfelder, die in Hirn und Herz des Patienten entstehen.

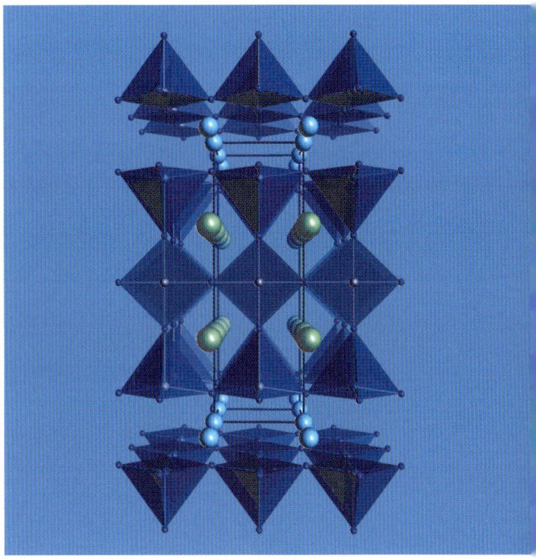

▶ *Struktur des Hochtemperatur-Supraleiters Yttrium-Barium-Kupferoxid. In den Ebenen, in denen die Kupfer-Atome liegen (blaue Kugeln oben und unten), gleiten die Elektronenpaare bei eisiger Kälte reibungsfrei dahin. (Foto: G. Roth, RWTH Aachen)*

Wissenschaft
der Sinne

Natur und Technik: Während sich oben ein Kartoffelkäfer-Fühler in die ft reckt, überwacht unten ein elektronischer Wärmesensor die Garmperatur einer Artischocke. (Fotos: S. Schütz, Uni Gießen [oben], emens [unten])

▲ *Galileo Galilei, einer der größten Forscher und Erfinder der Geschichte. (Foto: AKG, Berlin)*

ür die Erkundung des Unbekannten standen den Gelehrten lange Zeit nur die natürlichen Sinne zur Verfügung, von denen Aristoteles meinte, es seien fünf: Tasten, Schmecken, Riechen, Hören, Sehen – fünf „Fenster der Seele“. Heute zählt man auch die Fähigkeit dazu, feine Temperaturunterschiede erfühlen zu können, außerdem den Gleichgewichtssinn, die kinetischen Sinne, die den Schlagarm eines Tennisspielers feinsteuern und anderes mehr.

Manche Tiere sind darüber hinaus mit elektrischen Sinnen gesegnet, so der Elefantenrüsselfisch, der an seinem Schwanz einen niederfrequenten Sender trägt, dessen Pulsationen er mit dem Kopf empfängt. Der Fisch wertet feinste Störungen des Feldes aus und kann so in völliger Dunkelheit Mückenlarven und mehr aufspüren.

Der lange umstrittene magnetische Sinn etwa von Zugvögeln hat in letzter Zeit wieder die wohlwollende Aufmerksamkeit der Wissenschaftler gefunden: natürliche Ketten von Magnetitkriställchen, die als eine Art Kompassnadel dienen könnten, werden mit Hilfe von SQUIDs bei Tauben, aber auch Bienen und Forellen sicher nachgewiesen.

Aufbruch zu neuen Sinnen

Galileo Galilei (1564-1642) war einer der ersten, der den natürlichen Sinnen des Menschen gezielt unter die Arme griff: er entwickelte Uhren, Mikroskope und Fernrohre. Durch letztere sah er die Krater des Mondes, die Phasen der Venus und die Monde des Jupiter. Die moderne Naturwissenschaft war geboren und fing an, die ganze Größe des sinnlich Erfassbaren auszuloten.

▼ *Tauben, Bienen und Forellen haben eins gemeinsam: alle werden vermutlich durch einen eingebauten „Kompass“ zu ihren Jagdgründen geleitet. (Fotos: links & Mitte: The Interia Stock Exchange, rechts: Stenzel-Flyfishing)*

▼ *Der Elefantenrüsselfisch auf der Pirsch. Mit Hilfe eines schwanzseitig erzeugten elektrischen Feldes detektiert er zum Beispiel Mückenlarven. (Foto: G. von der Emde, Uni Bonn)*

▲ *Antennen aus Draht, Strommesser und ein Funkenapparat (unter der Glasglocke) gehörten zur Ausstattung des Experimentiertisches von Heinrich Hertz. (Foto: Deutsches Museum)*

Als Ampère (1775-1836), Faraday (1791-1867) und andere mit Spulen und Eisenspänen die Welt des Elektromagnetismus erkundet hatten, James Clark Maxwell (1831-1879) ein geniales mathematisches Schema dazu ersonnen, Heinrich Hertz (1857-1894) die Gleichungen in eine einsichtige Form gebracht und, darauf gründend, zwischen 1885 und 1889 die elektromagnetischen Wellen entdeckt hatte, kam die Moderne in Fahrt. Im Deutschen Museum in München sind die aus heutiger Sicht sehr einfachen Sachen zu sehen – Spulen, Gitter und Drahtrahmen – die Hertz zur Verfügung hatte. Wer mit einem Handy davor steht, ahnt, dass eine Million Menschenjahre Entwicklungsarbeit zwischen dem Funktelefon und den ausgestellten Gegenständen liegen mögen. Neben den neuen Kommunikationsmöglichkeiten via Radio brachte die Entdeckung der elektromagnetischen Wellen den Wissenschaftlern auch viele neue Sinne.

Ein ganz besonders feiner elektromagnetischer Sinn steckte in dem großen hölzernen Staatswappen – Adler mit

Schnüffeln, riechen, wittern, schmecken

Bei dem Blick auf die „Welt hinter den Dingen" darf einer nicht fehlen: Peter Lustig. Rund um seinen Bauwagen erforscht er die Phänomene aus Natur, Umwelt und Technik.

Hier ist der *Löwenzahn*-Moderator Gerüchen auf der Spur und fragt sich, wie unsere Nase funktioniert.

Schon *römische Naturforscher* haben sich Gedanken über die Nase gemacht. Sie glaubten, dass Gerüche so ähnlich wie Schlüssel funktionieren: Sobald ein Duft in die Nasenlöcher strömt, schließt er eine Art Schloss auf. Je nach Form des Schlüssels riechen wir den Geruch dann gern oder ungern.

Damit lagen die Römer gar nicht so falsch. Heute wissen wir, dass sich in der Nase eine *Schleimhaut* befindet, in der winzige Härchen wachsen – 300 Mal so viele wie auf dem Kopf. Wenn Duftstoffe zu diesen Härchen gelangen, dann schicken die zugehörigen Zellen dem Gehirn ein Signal: Hallo! Hier riecht's nach Vanille. Oder nach Fisch.

Luft und Duftstoffe gelangen dabei abwechselnd mal durch das linke, mal durch das rechte *Nasenloch* an die Riechhärchen. Biologen vermuten, dass sich das weniger benutzte Nasenloch gerade von Staub und ungesunden Stoffen reinigt.

Geruchs- und Geschmackssinn zählen zu den ältesten Erfindungen der Natur. Sie entstanden in der Urzeit lange vor dem Hören, Tasten oder Sehen. Schon Ur-Bakterien „erschnüffelten" Futter in

(Foto: ZDF)

ihrer Umgebung. Und wenn Menschen Parfums benutzen, dann versuchen Sie so, urtümliche Triebe und Gefühle zu beeinflussen.

Unter den Tieren sind *Schmetterlinge* ganz besondere „Riechprofis": Die „Antennen-Nase" eines männlichen Schmetterlings kann den Duft der Weibchen über Kilometer hinweg erkennen.

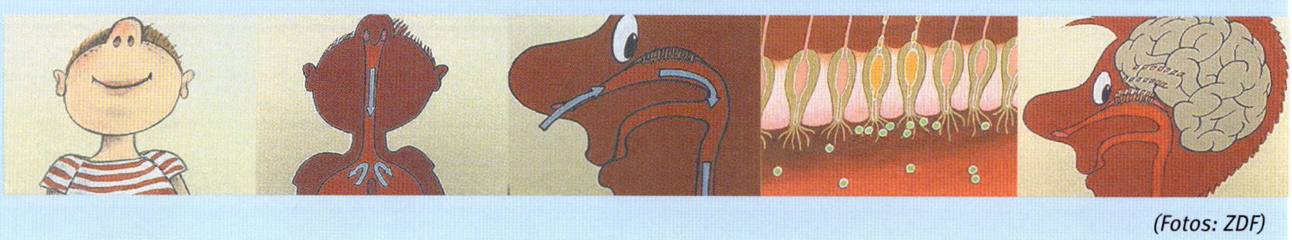

(Fotos: ZDF)

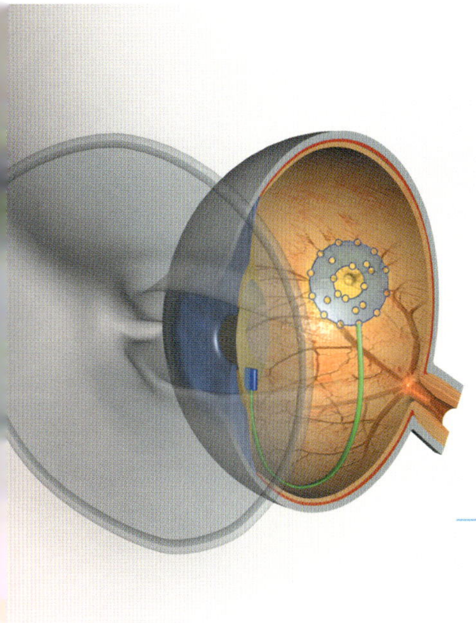

▲ *Das Retina-Implantat. Eine Minikamera in der Brille (hier nicht eingezeichnet) sendet ihre Signale an Elektroden in der Netzhaut des Auges. Diese wird gereizt und leitet die Bildinformationen an das Gehirn weiter. (Foto: Intelligent Implants)*

Pfeilen und Zweig – das die Sowjets in den 1940er Jahren dem damaligen amerikanischen Botschafter Averell Harriman in Moskau zum Geschenk machten. Harriman hängte das Wappen mal hierhin, mal dorthin, mal über seinen Schreibtisch, sehr zur Freude des KGB, denn das Wappen enthielt einen „Mikrowellen-Transponder", der die Gespräche Harrimans nach außen trug. Das Ding war mit den üblichen Mitteln nicht zu entdecken und für die damalige Zeit eine technische Meisterleistung. Der Trick: die Wanze hatte keinen eingebauten Sender, sondern absorbierte von außen eingestrahlte Mikrowellen und setzte sie in eine von den Gesprächen des Botschafters modulierte Frequenz um, die außen dann wieder empfangen werden konnte.

▶ *Zwei Laserstrahlen laufen in diesen langen Röhren senkrecht aufeinander zu. In der Hütte werden beide miteinander verglichen. Läuft eine Gravitationswelle durch das Gebiet, verändert sie die Strahlen unterschiedlich – und das kann gemessen werden. (Foto: P. Aufmuth, Uni Hannover)*

Für Augen und Ohren

Heutige Transponder sind noch viel raffinierter. Ein auf Übertragungsdistanzen von nur wenigen Zentimetern ausgelegtes System steckt in einer der aufwendigsten Neuroprothesen der Gegenwart: Das „Retina-Implantat" soll Menschen, die wegen einer Netzhautdegeneration erblindet sind, einen rudimentären Sehsinn wiedergeben.

Diese Sehhilfe besteht aus einem Brillengestell, das eine Miniaturkamera trägt. Deren elektrische Signale werden von einem lernfähigen Signalprozessor vorverarbeitet, was sonst von Zellschichten in der Netzhaut geleistet wird. Ein Sender im Brillengestell schickt die vorverarbeiteten Signale an einen im Auge befindlichen Empfänger, der den Platz der Linse eingenommen hat. Der Empfänger speist einen Transponder mit diesen Informationen, die von einem Elektroden-Netzwerk schließlich als Reiz an die hierfür empfänglichen Nervenzellen der Netzhaut weiter gegeben werden.

Neue Wellen für neue Sinne

Albert Einstein war sich nie sicher, ob Gravitationswellen existieren, aber seine Allgemeine Relativitätstheorie sagt sie voraus – lichtschnelle Wellen im Raum-Zeit-Geflecht, die von dramatischen Ereignissen zeugen: kollabierende Sterne; Neutronensterne, die eng umeinander kreisen; superschwere Schwarze Löcher. Neutronensternpaare waren es, die einen indirekten Existenzbeweis brachten: Die allmähliche Verlangsamung ihres Umeinanderkreisens ließ sich mit der Abstrahlung von Gravitationswellen erklären, wofür es 1993 den Nobelpreis gab. Die Wellen hinterlassen nicht eben deutliche Spuren. Selbst wenn ihre Quellen in der Milchstraße oder einer Nachbargalaxis liegen, verändern sie – der Theorie zufolge – einen drei Kilometer langen Maßstab um gerade ein Tausendstel des Durchmessers eines Wasserstoffatomkerns, eines Protons.

▼ *Die Empörung war groß: Im Mai 1960 demonstriert der amerikanische Botschafter in der UN-Vollversammlung die Mikrowellen-Wanze der Sowjets. Versteckt war sie in einer hölzernen Nachbildung des US-Staatswappens – überreicht als Geschenk von russischen Schulkindern. (Foto: NSA)*

▼ *Flug in die Flammen. Der Kiefernprachtkäfer ortet Waldbrände und fliegt geradewegs auf sie zu. Darum ist er auch ganz schwarz: Auf verkohltem Holz ist der Käfer für Feinde kaum zu erkennen. (Foto: H. Schmitz, Uni Bonn [oben], J. G. Goldammer, GFMC/MPI für Chemie [unten])*

► *In Reih' und Glied lässt das Rastertunnelmikroskop (RTM) die Atome antreten. Dabei kann es auch Schwänzer und Fremdlinge ausmachen: Während rechts ein Siliziumatom fehlt, hat sich links ein solches unter die Oberfläche eines Galliumarsenid-Kristalls geschummelt. Beides – Fehlstellen und Verunreinigungen – kann zu Fehlern in elektronischen Bauteilen führen. (Fotos: Forschungszentrum Jülich)*

Der Feuerkäfer

Wenn Käfer einen Sinn für das Lächerliche hätten, würden sie den Schwarzen Kiefernprachtkäfer wegen seiner Flughaltung aufziehen: Er spreizt im Flug seine mittleren Beine ab. Die Käferkameraden täten ihm Unrecht, Melanophila acuminata nämlich gibt so die Sicht für phantastische Organe an seinen Körperseiten frei, mit denen er Waldbrände orten kann – die Infrarot-Detektoren. Der Käfer verfügt mit seinen Antennen außerdem über einen so empfindlichen Rauchdetektor, dass er sogar die Art der brennenden Bäume erkennen kann, und das über Kilometer hinweg. Diese Fähigkeiten sind für Kiefernprachtkäferwesen überlebenswichtig, denn die Tiere legen ihre Eier auf Hölzer, die durch Brände geschwächt und von Käferparasiten befreit worden sind.

Wie gut das Retina-Implantat schließlich wird, muss derzeit offen bleiben, einfachere Neuroprothesen haben sich aber bewährt, etwa als Cochlea-Implantat, wo der Hörnerv mit vorverarbeiteten akustischen Signalen über Elektroden gereizt wird. Herzschrittmacher, die mit Sensoren die richtige Schrittfrequenz ermitteln, sind mittlerweile Standard.

Feine Antennen

Mitunter macht es Sinn, für die Entdeckung von Stoffen die in Jahrmillionen Jahren optimierten Chemorezeptoren der belebten Welt anzuzapfen. Hundenasen sind immer noch die besten Schnüffelinstrumente, wenn es um Sprengstoff oder Rauschgift geht, wenngleich technische Spürnasen allmählich aufholen. Ein besonders raffiniertes Gerät für die Entdeckung winziger Mengen von Geruchsstoffen ist der „BioFET“: An einen Feldeffekttransistor, ein besonders empfindliches Schaltelement, werden Sensoren aus der Natur gekoppelt. Kartoffelkäfer etwa geraten in Aufregung, wenn ihre Antennen Spuren von Z-3-hexen-1-ol empfangen, denn dieser von verletzten Pflanzen abgesonderte Stoff ist für Kartoffelkäfer ein Zeichen, dass etwas Fressbares in der Nähe ist. Die Antenne des Käfers lässt sich mit einem BioFET anzapfen; Forschern in Jülich und Gießen ist es so gelungen, Konzentrationen des „Grünblatt-Duftes“ bis in Anteilen eines Milliardstels herunter nachzuweisen. Sensoren solcher Empfindlichkeit könnten aus allen Bewohnern Europas den einen interessierenden herausschnüffeln. Wären die Strukturen der Geruchsrezeptoren der Käfer bekannt, ließe sich wahrscheinlich eine vollsynthetische Nase für gefährdete Felder bauen, nach dem Vorbild des Feuerkäfers auch für Brandherde.

▼ *Die Erde bei Nacht, zusammengesetzt aus vielen verschiedenen Satellitenaufnahmen. (Foto: NASA, Illustration: M. Potocnik)*

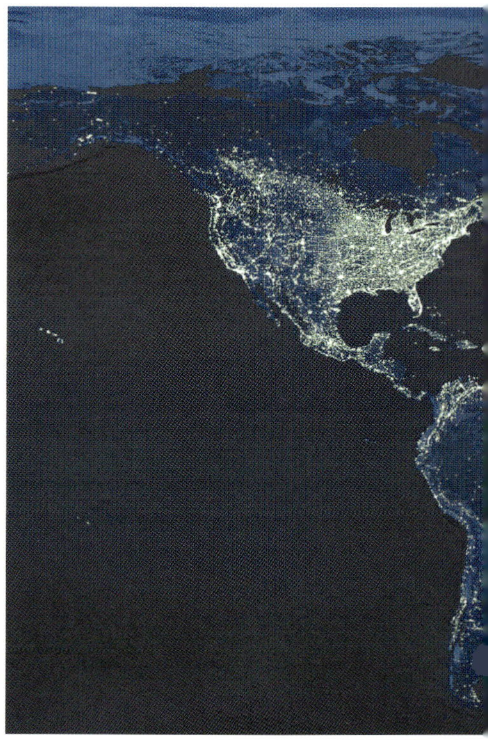

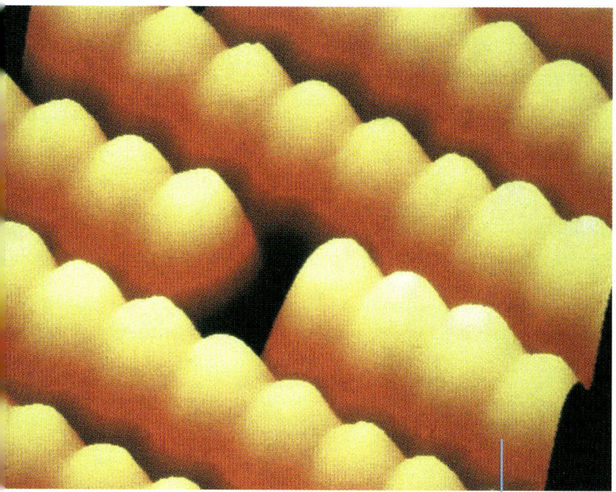

▲ *Schöne Aussicht: Links oben Sher 25, ein sterbender Stern mit Ring, der zwei blaue „Materie-Jets" ausstößt. Rechts daneben ein Haufen junger Sterne, ganz rechts Dunkelwolken mit möglichen protoplanetaren Scheiben. (Foto: NASA)*

Augen für Atome

1981 erschien das erste Mitglied einer heute weitläufigen Mikroskop-Familie, die sich das Prinzip des Abrasterns einer Oberfläche zunutze machen – und die dem Griechen Demokrit, einem der Väter der Lehre von den Atomen, mutmaßlich Tränen der Freude in die Augen getrieben hätten. Beim Rastertunnelmikroskop (RTM) wird eine sehr feine Metallspitze extrem dicht, mit nur einem Atomdurchmesser Abstand, über die Probenoberfläche hin und her geführt. Legt man an beide eine Spannung an, fließt ein kleiner Strom von der Probe zur Spitze, den es eigentlich gar nicht geben dürfte, da zwischen ihnen keine leitende Verbindung besteht. Bei so kleinen Dimensionen aber kommt die Quantenphysik ins Spiel, und die lässt die Elektronen diese Lücke quasi durchtunneln – ein „Tunnelstrom" ist die Folge. Und der hängt extrem empfindlich vom Abstand der Spitze zur untersuchten Oberfläche ab. Durch Messen des Tunnelstroms und gegebenenfalls Nachführen der feinen Spitze kann man so sogar noch einzelne Atome auflösen.

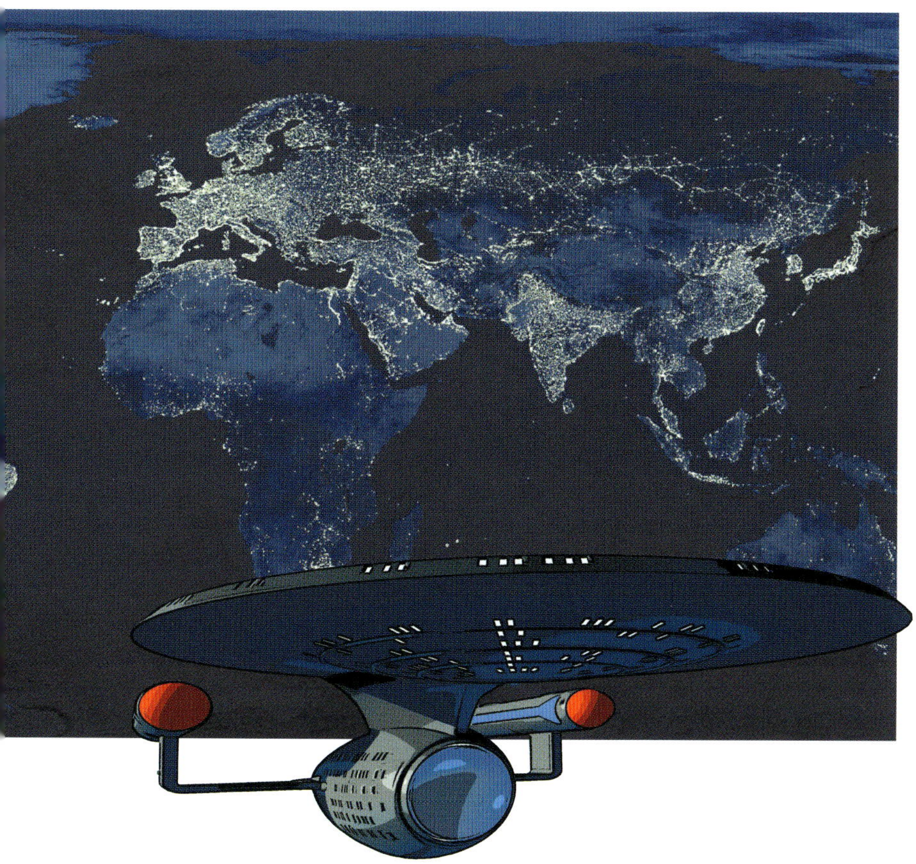

Spock geht ab

Wenn Spock nicht gerade an den Thackeray-Globulen (s. S. 87) herummacht, ist er gerne bei Sher. Nicht der Sängerin, die sich ja auch mit einem C schreibt, Sher 25 ist vielmehr ein sterbender Stern, in der Nähe des Milchstraßennebels NGC 3603, und Spock hält sichere Distanz in einem komfortablen Hotel, auf einem günstig gelegenen Wanderplaneten, mit Pool und so.

Was Spock reizt, ist die unglaubliche Aussicht, er sieht Sterne in allen Lebenslagen: Materie-Jets mit Baumaterial für neue Sonnensysteme, Dunkelwolken als Vorstadium der Sternentstehung, kaulquappenartige Gebilde mit Staubschweifen, mutmaßlich protoplanetare Scheiben.

Ein ständiges Werden und Vergehen, dachte Spock, mit der Zeitperspektive des Vulcaniers. Aber ohne das ganze Spektakel wäre die Materie nicht zustande gekommen, aus der Terra und seine Bewohner bestehen. Doch das war lange her, die Erde freilich war jetzt noch sehr lebhaft – Vulkane, Erdbeben, Klimaschwankungen vor allem... Bei so vielen Ungewissheiten sollten die Terraner zusehen, dass sie ihr bisschen Intelligenz in trockene Tücher kriegen und heil über die nächsten hunderttausend Jahre bringen. Anstatt sich in fruchtlosen Streitereien zu zerreiben.

Spock ist arrogant. Aber Recht hat er.

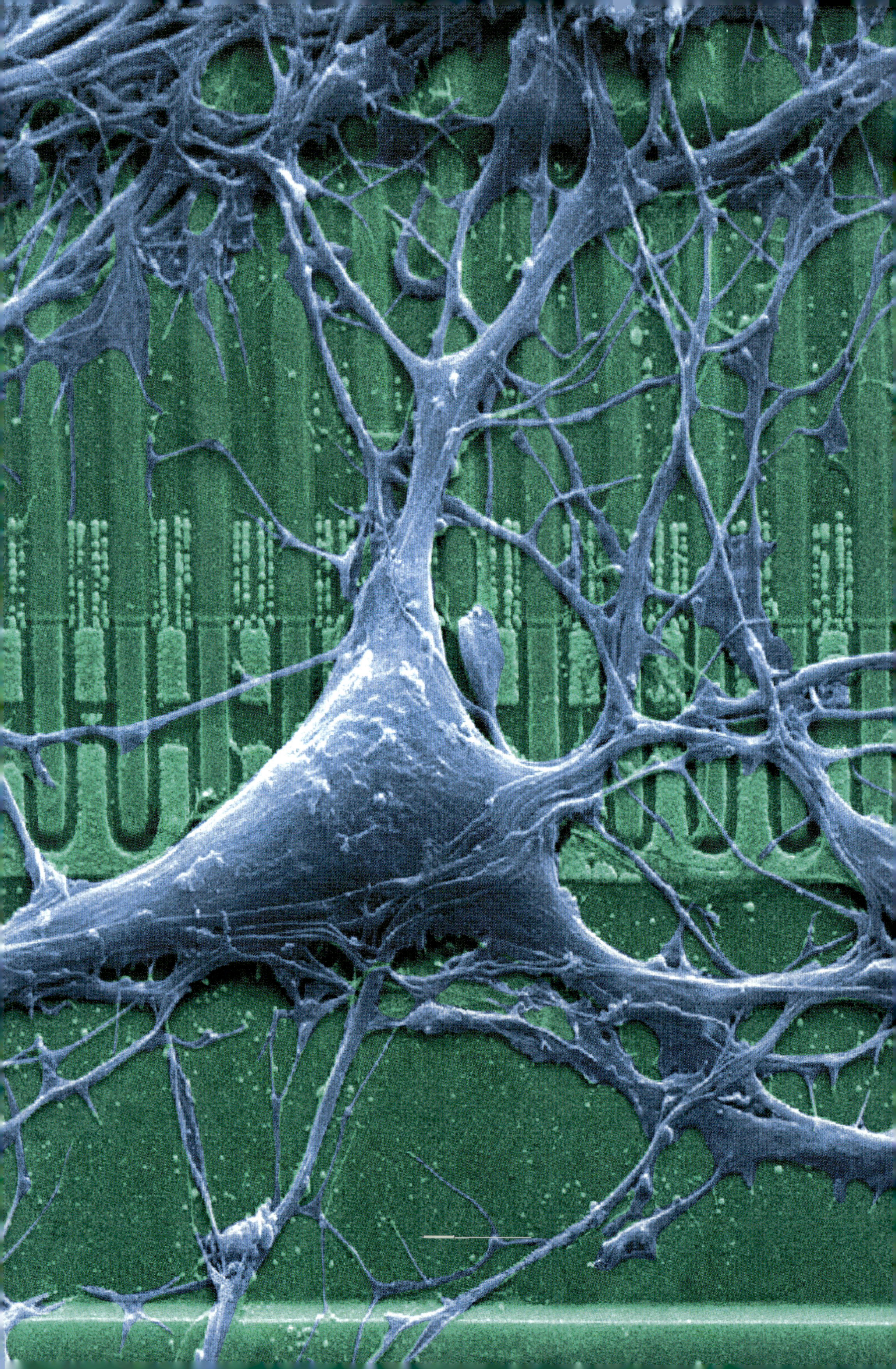

Physik und Leben

Lebendige Materie

Physik bestimmt unser tägliches Leben, man denke nur an die unübersehbaren Anwendungen der Quanten- und Festkörperphysik, etwa in Form der allgegenwärtigen Computer, Handys usw. Aber hat Physik auch etwas mit dem Leben an sich zu tun, mit der unübersehbaren Fülle an Organismen und Lebensvorgängen? Wohl kaum, könnte man meinen, ist doch die Physik nach landläufiger Meinung die Wissenschaft von der unbelebten Materie. Und doch führen physikalische Entdeckungen immer wieder zu Entwicklungsschüben in der Wissenschaft vom Leben.

Sehhilfen für die Biologie

Erst die Erfindung des Mikroskops im Jahre 1670 durch den niederländischen Kaufmann und Naturforscher Anton van Leeuwenhoek machte es möglich, die kleinsten lebensfähigen Einheiten zu beobachten, die Zellen. Mit dem Elektronenmikroskop erschloss sich dann der Reichtum ihres inneren Aufbaus. Und die so genannte Röntgenstrukturanalyse bildet schließlich das unverzichtbare Rüstzeug der modernen Molekularbiologie, die in den dreißiger Jahren des letzten Jahrhunderts stark von Physikern geprägt wurde. Höhepunkte des folgenden Aufschwungs der Biologie sind die Entdeckung der DNA-Struktur und die Entzifferung des menschlichen Genoms durch das Human Genome Project (HUGO).

Anstöße für die Physik

Umgekehrt haben auch biologische Erkenntnisse die Physik vorangebracht. So machte auf der indonesischen Insel Java vor über hundertfünfzig Jahren der deutsche Julius Robert Mayer als Schiffsarzt eine weitreichende Entdeckung. Bei Aderlässen stellte er fest, dass das Blut, das in den Venen zum Herzen zurückfließt, in den Tropen heller, das heißt sauerstoffreicher als in den gemäßigten Zonen ist. Er schloss daraus, dass Menschen in den Tropen bei gleicher Arbeitsleistung weniger Energie verbrauchen als im kühleren Europa, da sie weniger Wärme an die Umgebung abgeben. Mayer vermutete, dass Wärme und mechanische Energie äquivalent seien. Der englische Physiker James Joule kam unabhängig von Mayer zum gleichen Schluss und demonstrierte dies auch experimetell. Erst der Physiologe und Physiker Hermann von Helmholtz formulierte allerdings den allgemeinen Satz von der Erhaltung der Energie in einer mathematisch-physika-

lischen Sprache. Demnach lassen sich zwar verschiedene Energieformen ineinander umwandeln, etwa potentielle in kinetische Energie (oder wie man damals sagte „Fallkraft“ in „lebendige Kraft“). Energie kann aber nicht einfach spurlos verschwinden oder aus dem Nichts entstehen.

Ein weiteres Beispiel ist die Beobachtung des Botanikers Robert Brown, dass staubfeine Bärlappsamen im Wasser winzige, regellose Zitterbewegungen ausführen. Davon ausgehend gelang es Albert Einstein, der Vorstellung vom atomaren Aufbau der Materie zum Durchbruch zu verhelfen.

„Wenn wir (...) in der Lage sind, die Untersuchung der Funktionsweise der lebenden Dinge so weit voranzutreiben wie die deratomaren Phänomene, sollten wir kaum erwarten, dass wir auf andere Gesetzmäßigkeiten stoßen, als bei der anorganischen Materie.“

Niels Bohr

Lebendige Physik

Immer wieder haben sich Physik und Biologie in der Vergangenheit auf verschlungenen Pfaden getroffen, aber auch wieder voneinander entfernt. Gerade in den letzten Jahrzehnten sind sie sich zunehmend näher gekommen, so dass eine enge und fruchtbare Zusammenarbeit entstanden ist. Dabei stehen nicht mehr nur die nützlichen Instrumente für die biologische Forschung im Vordergrund, sondern die Physik beginnt, Lebewesen und ihren Aufbau mit ganz eigenen Augen zu betrachten. Schließlich gehorchen auch die Vorgänge des Lebens grundsätzlich denselben physikalischen Gesetzen, die auch für Atome, Steine und Maschinen gelten. Dabei sind Lebewesen jedoch viel mehr als nur besonders komplizierte Anordnungen von Atomen. Physiker, die sich mit der Struktur von Proteinen, dem Aufbau der Zellmembran oder der Funktion des Gehirns beschäftigen, müssen sich deshalb auch für die Fragen der Biologie interessieren. Dabei müssen viele Größenordnungen unter einen Hut gebracht werden, was enorme Herausforderungen an Theorie wie Experiment stellt – zehn Zehnerpotenzen trennen beispielsweise die Größe von Atom und Mensch. Ziel ist es, die Lebensvorgänge von physikalischen Grundprinzipien her zu verstehen. Wie sind biologische Materialien aufgebaut, welche Eigenschaften haben sie? Oder: Wie bewegen sich Organismen, woraus gewinnen sie ihre Energie? Und nicht zuletzt: Was ist Leben und wie ist es entstanden? Notwendige Voraussetzung, um diese Fragen lösen zu können, ist eine interdisziplinäre Kooperation zwischen Physik, Biologie, Chemie, aber auch der Informatik und den Ingenieurwissenschaften.

Doch es gilt nicht nur Leben zu untersuchen, sondern auch zu bewahren. Denn zu guter letzt wäre die moderne Medizin ohne ihre physikalischen Methoden und Apparate undenkbar. Unsere Rundreise durch die Physik des Lebendigen beginnt daher beim komplexesten Lebewesen, das wir kennen, dem Menschen.

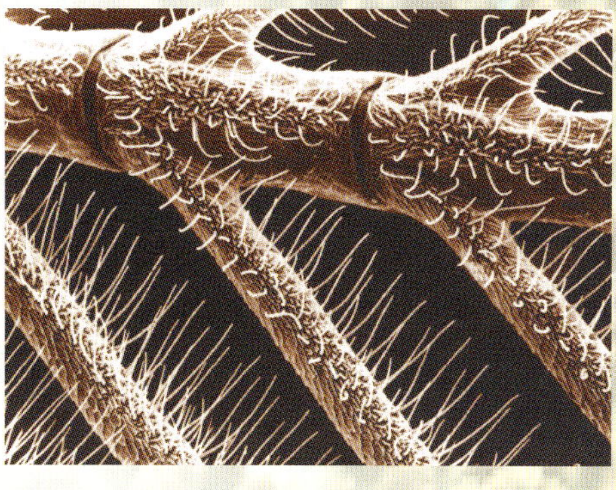

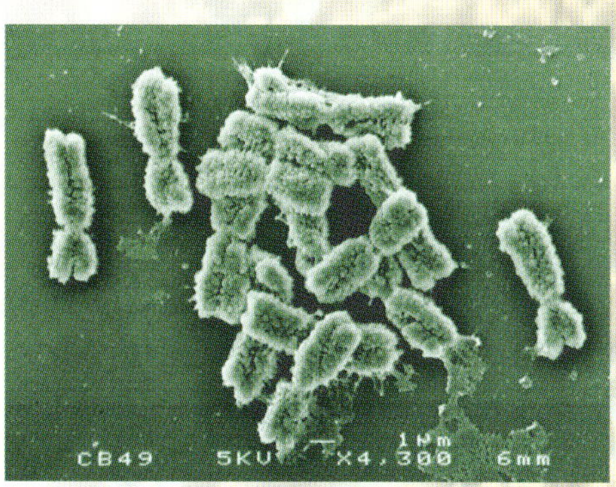

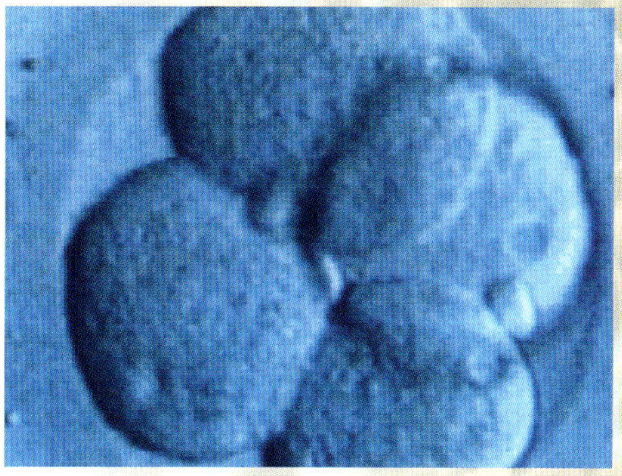

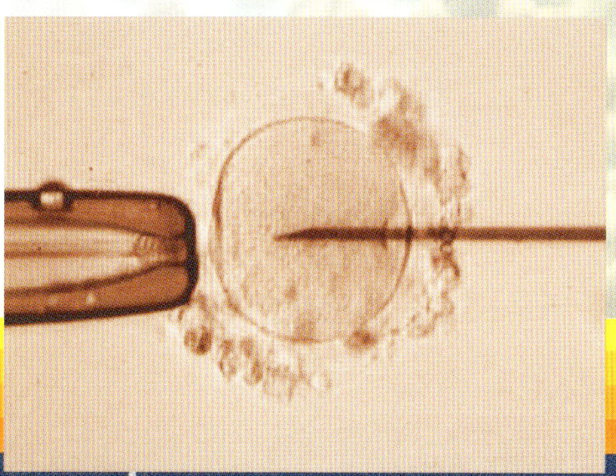

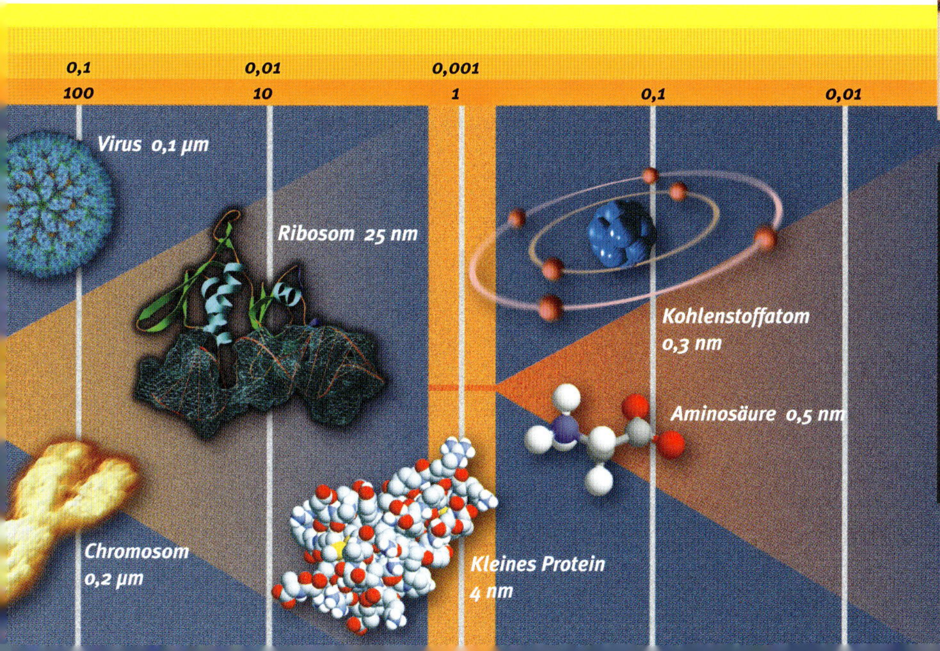

Strahlen auf Rezept

Der gläserne Mensch – in der Medizin scheint er auf positive Weise Wirklichkeit geworden zu sein. Die mittlerweile fast handgreiflichen Ansichten innerer Organe lassen dabei fast vergessen, dass sie ihre Herkunft unsichtbaren Strahlen und winzigen Teilchen verdanken. Auch wenn sich die zugrundeliegenden physikalischen Phänomene oft nur in der abstrakten Sprache der Mathematik adäquat beschreiben lassen, eröffnen sie uns faszinierende Einblicke in den menschlichen Körper. Was den Wissenschaftlern einst Kopfzerbrechen bereitete, hilft heutzutage dabei, Krankheiten immer besser zu diagnostizieren und Operationen zu planen. Und die Möglichkeiten sind noch längst nicht ausgeschöpft.

Phantastische Einblicke

Alles ist vorbereitet für eine komplizierte Operation. Der Chirurg schweift mit seinem Blick durch das Innere des Brustraums, ungehindert durch Haut und Rippen. Zunächst betrachtet er eingehend die Lunge mit ihren fein verästelten Gefäßen: Frische Luft durchströmt nach wie vor beide Lungenflügel des Patienten. Auch der Anblick des Herzens beruhigt den Arzt: Die Klappen öffnen und schließen sich ohne jede Beanstandung, das Herz schlägt ruhig und gleichmäßig. Noch wurde kein Skalpell zum Schnitt angesetzt, kein Tropfen Blut ist geflossen. Die Operation kann beginnen – die beschriebene Situation ist gewiss noch eine Zukunftsvision, aber eine Vision, welche Forscher und Techniker bei der Entwicklung neuer Verfahren für die medizinische Bildgebung durchaus beflügelt.

Rätselhafte Strahlen...

Im Jahre 1895 berichtete ein bis dahin unbekannter Würzburger Physiker von einer folgenreichen Beobachtung: „Hält man die Hand zwischen den Entladungsapparat und den Schirm, so sieht man die dunkleren Schatten der Handknochen, in dem nur wenig dunklen Schattenbild der Hand.“ Dieser unerwartete Einblick war die Folge einer Zufallsentdeckung. Wilhelm Röntgen wollte in seinen Versuchen mit einer Kathodenstrahlröhre eigentlich den elektromagnetischen Erscheinungen auf den Grund gehen. Die Röhre hatte er dabei, so dachte er zunächst, sorgfältig mit einer Papphülle abgeschirmt.

Als er jedoch feststellte, dass ein neben der Röhre stehender Schirm während der Versuche zu leuchten begann, genauer fluoreszierte, setzte er fast alles, was ihm in die Finger kam, der rätselhaften Strahlung aus, die er für das Leuchtphänomen verantwortlich machte: „ein Buch von 1000 Seiten, ein doppeltes Whistspiel, einzelne Spielkarten“, und die Hand seiner Frau. Röntgen, ein äußerst sorgfältiger Experimentator, ließ nichts unversucht.

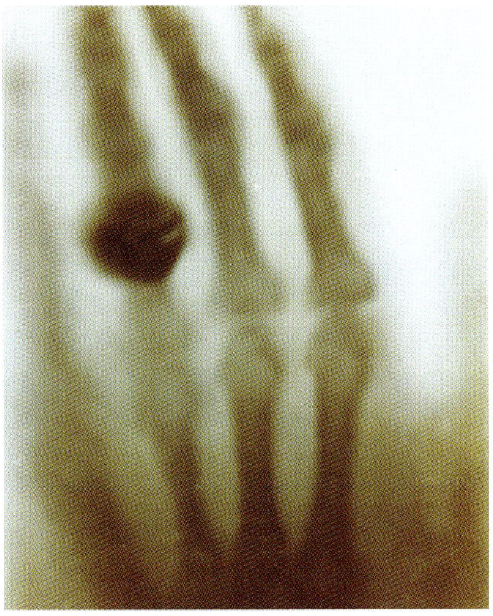

◀ *Das erste Röntgenbild nahm Wilhelm Röntgen von der Hand seiner Frau Berta auf. Bei dem dunklen Fleck handelt es sich um einen Ring.*

Die meisten Materialien schwächten die X-Strahlen, wie Röntgen sie taufte, nicht nennenswert ab. Verschiedene Metalle vermochten die Strahlung dagegen deutlich abzuschirmen.

...und ihr durchdringender Erfolg

Den Nutzen von Röntgens Entdeckung erkannte man unmittelbar. Der Siegeszug der X-Strahlen war deshalb geradezu schwindelerregend. Mediziner begeisterten sich für den unverstellten Blick in den transparent gewordenen menschlichen Körper. Die Zahl der wissenschaftlichen Arbeiten zum Thema explodierte geradezu.

Der Erfolg der Röntgenstrahlung trieb kuriose Blüten. Sogar die Passform von Schuhen ließ man mit ihnen überprüfen. Doch ein schmerzhafter Selbstversuch des amerikanischen Ingenieurs Elihu Thomson wies bereits 1896 auf schädliche Nebenwirkungen hin. Er setzte sich regelmäßig längerer Röntgenbestrahlung aus. Die Folgen: Wie bei einem starken Sonnenbrand lösten sich Teile der Haut ab und heilten nur äußerst ungenügend. Damit war der, zugegeben unfreiwillige, Grundstein für die Strahlenbiophysik gelegt, die sich mit der Wirkung ionisierender Strahlen auf Organismen beschäftigt.

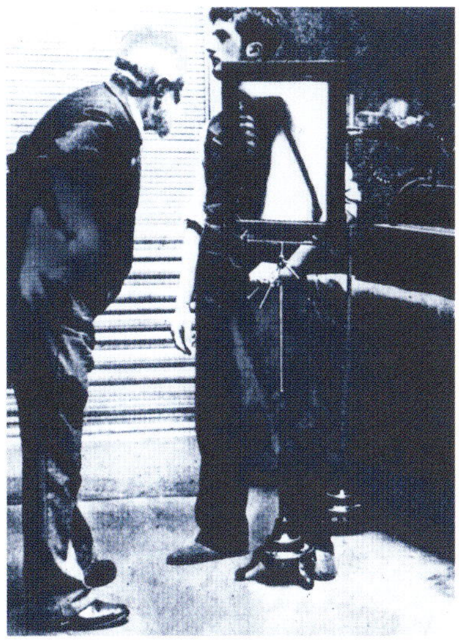

▲ *Röntgenuntersuchung anno 1897.*

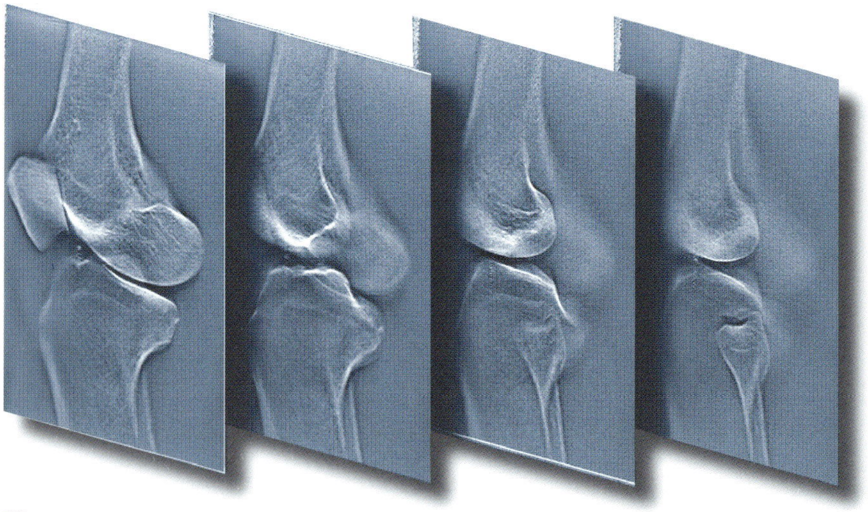

▲ *Mit wachsender Kenntnis der physikalischen Zusammenhänge und leistungsfähigeren Computermethoden lassen sich immer feinere Strukturen in den Röntgenbildern herausarbeiten.*

▼ *Die Magnetresonanztomographie erlaubt es, feinste Gefäßsysteme abzubilden, wie etwa hier in den Nieren, deren Umrisse links zu erkennen sind.*

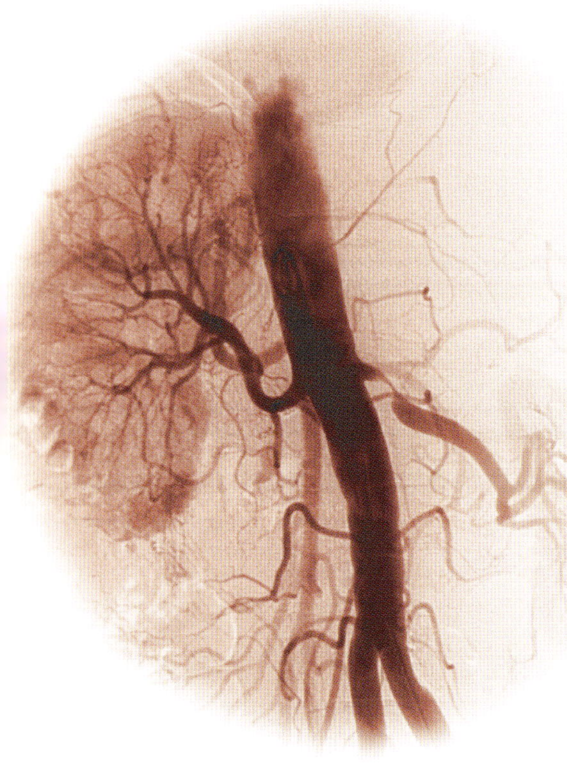

Die Physiker wurden indes lange Zeit mit den X-Strahlen nicht so recht froh. Der hochangesehene Professor für theoretische Physik Arnold Sommerfeld klagte noch 1905: „Es ist eigentlich eine Schande, dass man 10 Jahre nach der Röntgenschen Entdeckung immer noch nicht weiß, was in den Röntgenstrahlen los ist." Erst 1912 erhielt man Klarheit über die Natur der rätselhaften Strahlen, als sich zeigte, dass es sich wie das sichtbare Licht um elektromagnetische Strahlung handelt, nur mit einer viel kürzeren Wellenlänge. Diese entsprach etwa den kürzesten Atomabständen in Kristallgittern. Eine Tatsache, die sich als äußerst weittragend erweisen sollte und schließlich 1953 zur Aufklärung der Struktur der Erbsubstanz Desoxyribonukleinsäure (DNA) beitrug.

Mit dem Computer in die dritte Dimension

Der Röntgenblick in den Körper bleibt zweidimensional, die Aufnahme enthält keine räumliche Information. Alles, was zwischen Röntgenstrahl und Fotoplatte oder Röntgenschirm liegt, wird übereinander projiziert, die uninteressanten Körperschichten überschatten dabei gewissermaßen die interessierenden Regionen.

Erst der Computer brachte einen entscheidenden Durchbruch. Der südafrikanisch-amerikanische Physiker Allan Cormack beschrieb bereits 1963 die theoretischen Grundlagen für die Computertomographie oder kurz CT. Knapp zehn Jahre später realisierte der britische Ingenieur Godfrey Hounsfields den ersten Computertomographen. Die Röntgenröhre wird kreisförmig, neuerdings auch auf einer Schraubenlinie, um den Körper herum geführt und sendet so ihre Strahlen aus vielen Richtungen durch einen Querschnitt des Körpers. Ein empfindlicher Detektor nimmt alle Signale auf, welche dann von einem Computer gespeichert und verarbeitet werden. Der unbefangene Blick auf die Röntgenbilder ist einer komplizierten Rechenprozedur gewichen. Erst damit lassen sich aus der Datenflut der Messwerte räumliche Bilder des Körperinneren rekonstruieren. Dann bietet sich beispielsweise nicht mehr nur ein Bild übereinander projizierter Umrisse der Knochen, sondern ein Anblick ihrer Lage zueinander oder ihres inneren Aufbaus.

Der Dreh mit dem Kern

Der menschliche Körper ist außer für Röntgenstrahlen auch für Kurz- und Ultrakurzwellen (Radiostrahlung) durchlässig, deren Wellenlängen im Zentimeterbereich liegen. Direkt durchleuchten lässt sich der Körper damit wegen optischer Begrenzungen zwar nicht. Aber 1973 erkannte der Amerikaner Paul C. Lauterbur, wie sich die Kurzwellenstrahlung trotzdem für die medizinische Bildgebung ausnutzen lässt. Es war bekannt, dass der Kern des Wasserstoffatoms, der nur aus einem Proton besteht, im Magnetfeld besonders ausgeprägt Kurzwellenstrahlung absorbiert. Da der menschliche Körper zu mehr als siebzig Prozent aus Wasser besteht, und Wasser wiederum aus einem Sauerstoffatom und zwei Wasserstoffatomen, ist der Kern des Wasserstoffs am häufigsten im lebenden Gewebe vertreten.

Im konstanten Magnetfeld richten sich die so genannten Spins (oder magnetischen Momente) der Wasserstoffkerne aus. Dabei sind nur zwei Einstellungen möglich: parallel oder antiparallel zum Magnetfeld, wobei die parallele ein wenig häufiger auftritt. Mit einem Hochfrequenzsignal zwingt man nun die Spins zum „Umklappen". Dabei entsteht ein messbares Signal. Die Art und Weise, wie die Spins der Wasserstoffkerne nach dem Umklappen wieder in ihre ursprüngliche Lage zurückfinden und wieder angeregt werden können, unterscheidet sich in verschiedenen Gewebearten. Deswegen liefert die so genannte Kernspintomographie (oft auch als Magnetische Kernresonanztomographie bezeichnet) äußerst kontrastreiche Bilder vor allem der Weichteile. Entzündungen oder Tumore beeinflussen zusätzlich die Gewebeeigenschaften und

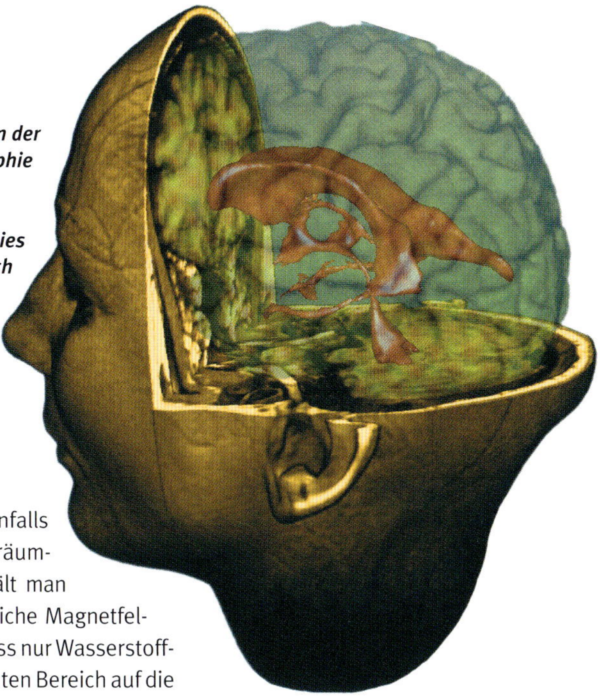

Aus den Schnittbildern der Magnetresonanztomographie lassen sich mittlerweile dreidimensionale Bilder rekonstruieren. Noch ist dies relativ zeitaufwändig. Doch Mediziner, Physiker und Informatiker arbeiten daran, diese Methoden auch praxistauglich zu machen.

lassen sich somit ebenfalls sichtbar machen. Die räumlichen Verhältnisse erhält man durch weitere veränderliche Magnetfelder, die dafür sorgen, dass nur Wasserstoffatome in einem bestimmten Bereich auf die Kurzwellenstrahlung reagieren.

Zunächst war die Kernspintomographie vor allem für Untersuchungen des Gehirns gedacht. Erst mit größeren, supraleitenden Magneten ließ sich auch der gesamte Körper abbilden. Neben Tomographen, die den Patienten vollständig umschließen, existieren mittlerweile auch offene Bauarten, die ärztliche Eingriffe während der Bildaufnahme erlauben. Die Möglichkeiten der Kernspintomographie auszuschöpfen stellt eine Fülle kniffliger wissenschaftlicher und technischer Pro bleme. So versucht man, mit komplizierteren Folgen von Hochfrequenzimpulsen neue Strukturen sichtbar zu machen oder Störeffekte zu vermeiden. Je mehr Daten und Bilder dabei anfallen, umso leistungsfähiger müssen die Computer für die Bildverarbeitung sein. Das gilt auch für jede Steigerung des Auflösungsvermögen, das derzeit im Bereich eines Millimeters liegt.

Wer weiß, welche neuen, überraschenden Methoden weitere Einblicke in den Körper gewähren? Ob sich die vielfältigen Verfahren der medizinischen Bildgebung tatsächlich einmal so weit entwickeln lassen, dass sie einen vollständigen virtuellen Flug durch das Innere des Menschen gestatten, ist dabei natürlich ungewiss. Den gemeinsamen Anstrengungen von Medizinern, Physikern und Informatikern ist es auf jeden Fall zu verdanken, dass wichtige Stationen auf dem Weg dorthin bereits erreicht worden sind.

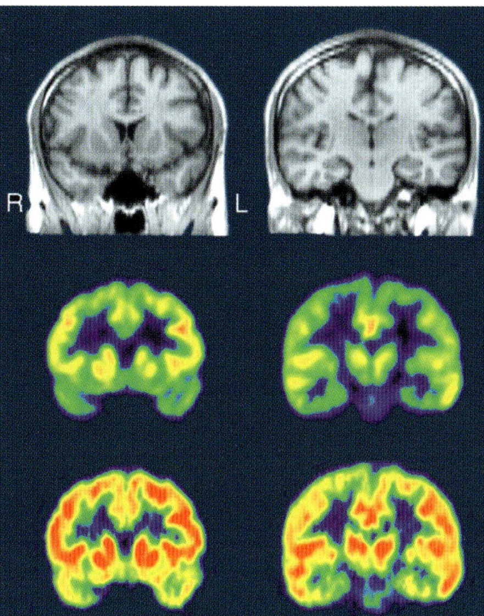

Einblicke durch Antimaterie: Während die Magnetresonanztomographie (oben) keine Auffälligkeiten bei einem Traumapatienten zeigt, lassen sich mit der so genannten Positronenemissionstomographie (PET) die Stoffwechselveränderungen im Gehirn (Mitte) und die Normalisierung nach einer Psychotherapie (unten) verfolgen. Bei der PET wird die Aussendung von Positronen beim radioaktiven Zerfall bestimmter kurzlebiger Atomkerne ausgenutzt, die man dem Patienten vor der Untersuchung mit Glukose intravenös injiziert. Die freigesetzten Positronen treffen auf Materie und zerstrahlen dabei zu Photonen, die mit geeigneten Detektoren nachgewiesen werden. Daraus lässt sich der Glukoseumsatz im Hirn ableiten und der Funktionszustand des Gewebes bestimmen.

Grundlagenforschung zum Einatmen

Mit immer schnelleren Bildfolgen lassen sich in der Kernspintomographie mittlerweile auch Körperfunktionen sichtbar machen, etwa das Schlagen des Herzens. Doch die Lungenaktivität kann mit den herkömmlichen Methoden nicht oder nur sehr unzureichend beobachtet werden. So befinden sich in luftgefüllten Lungengefäßen zu wenig Wasserstoffkerne, um ein merkliches Resonanzsignal zu liefern. Doch gerade die Verstopfung von Lungengefäßen, die so genannten Lungenembolien, gehören zu den lebensgefährlichen Komplikationen bei Operationen und Entbindungen. Diese frühzeitig zu erkennen könnte helfen, Menschenleben zu retten.

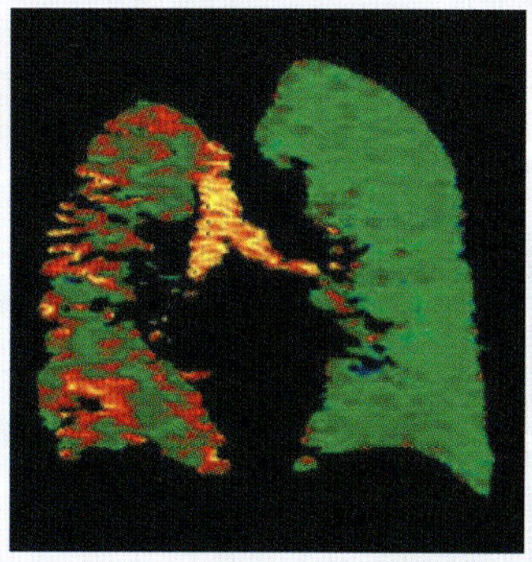

Mit spinpolarisiertem Helium-3-Gas lässt sich ein gesunder, transplantierter Lungenflügel (rechts) von einem erkrankten unterscheiden. Die roten und gelben Flecken kennzeichnen dabei die Bereiche, in denen sich die Atemluft nicht ungehindert ausbreiten kann, weil das Bläschengewebe geweitet und zersetzt ist.

Ein unerwarteter Fortschritt kam aus der Elementarteilchenphysik. Mainzer Physiker hatten ein Verfahren entwickelt, um so genanntes spinpolarisiertes Helium-3-Gas herzustellen, mit dem sich Neutronen (neben den Protonen und Elektronen Grundbausteine der Materie) polarisieren lassen. Nach ihren erfolgreichen Experimenten warfen die Mainzer Physiker einen Blick über den Tellerrand des eigenen Forschungsgebietes hinaus. Warum nicht die Eigenschaften des Helium-3-Gases für die medizinische Bildgebung nutzen? Atmet ein Patient mit der Luft eine geringe Beimischung spinpolarisierten Helium-3-Gases ein, so lässt sich damit auch in der Atemluft ein messbares Resonanzsignal erzeugen. Die Verteilung der eingeatmeten, frischen Luft in der Lunge wird somit sichtbar. Die ersten Versuche mit Testpersonen verliefen vielversprechend. Jetzt gilt es, die Methode bis zur klinischen Einsatzreife weiterzuentwickeln und dabei immer feinere Gefäßstrukturen in der Lunge aufzulösen.

Heilen mit Licht

**Schon kurz nach der Entwicklung des Lasers 1960 stießen die Eigenschaften dieser neuartigen Lichtquelle auch auf das Interesse der Mediziner. Ihnen hatte es besonders die Fähigkeit des Lasers a ngetan, exakt bemessene Energieportionen gezielt im Körper deponieren zu können. Die breite Palette an unterschiedlichen Lasertypen ermöglicht mittlerweile eine ebenso große Bandbreite an medizinischen Anwendungen.

Wie der Laser dabei wirkt, hängt von seiner Wellenlänge ebenso ab wie von seiner Intensität und Anwendungsdauer. Der große Vorteil des Laserlichts im Vergleich etwa zum Licht einer Zimmerlampe besteht darin, dass sich seine Energie wesentlich besser bündeln lässt.

Während etwa eine Glühbirne Licht verschiedener Wellenlängen ungeordnet in alle Richtungen strahlt, sendet ein Laser Licht in einem eng gebündelten Strahl mit nur einer Wellenlänge aus, der sich auch auf langen Strecken kaum auffächert. Die Lichtwellen befinden sich dabei quasi im Gleichtakt. Mit optischen Linsen lässt sich das Laserlicht und damit auch seine Energie auf immer kleinere Bereiche konzentrieren.

Durch die Betriebsart des Lasers lässt sich die Intensität seines Strahls weiter steigern. Statt einen kontinuierlichen Laserstrahl auszusenden, kann er auch „gepulst" betrieben werden, das heißt er gibt sein Licht in abgehackten Portionen ab. Allgemein gilt: Leistung ist Energie pro Zeit. Verkürzt man die Pulsdauer, so steigt bei gleichem Energieaufwand die Strahlungsleistung des Lasers. Nur so lassen sich gigantische Intensitäten für fast unmessbar kurze Zeiten aufrecht erhalten.

▲ Was ist das? (A) Der Urknall, (B) eine Szene aus einem Science-Fiction-Film, oder (C) eine Nierensteinzertrümmerung mit dem Laser?

Wer jetzt auf (C) getippt hat, liegt richtig. Allerdings handelt es sich nicht um ein live aufgenommenes Bild während einer Operation, sondern um eine aufwändige Mehrfachbelichtung, welche den physikalischen Vorgang der so genannten Laserinduzierte-Stoßwellen-Lithotripsie veranschaulichen soll. Auf winzigstem Raum wird dabei für weniger als eine Milliardstel Sekunde eine Leistung freigesetzt, die durchaus der eines Kraftwerks entsprechen kann. Die erzeugte Energie reicht allerdings nur, um eine Glühbirne für Sekundenbruchteile zu betreiben, aber die sich ausbreitende Stoßwelle vermag trotzdem dem Nierenstein den Garaus zu machen, ohne dass umliegendes Gewebe zerstört wird.

Von der Wärme zur Stoßwelle

Laserlicht kann auf sehr unterschiedliche Weise heilsame Wirkungen entfalten. So sagt man längeren Bestrahlungen mit Laserlicht geringer Intensität eine Beschleunigung der Wundheilung nach. Höhere Intensitäten eröffnen den Bereich der photothermischen Wechselwirkung, die mittlerweile einen festen Platz in der Tumortherapie gefunden hat. Die eingestrahlte Lichtenergie wird im Körper in Wärme umgewandelt, wobei Temperaturen zwischen etwa 50 bis 150 Grad Celsius erreicht werden. Da Tumorzellen temperaturempfindlicher sind als gesunde Zellen, lassen sie sich auf diese Weise gezielt zerstören (Hyperthermie). Je nach Höhe der Temperatur werden entweder die Eiweißstrukturen der Tumorzellen zerstört (denaturiert) oder die Zellen verdampfen vollständig.

Aus der Augenheilkunde ist der Laser ebenfalls nicht mehr wegzudenken. Das „Festkleben" abgelöster Netzhaut gehörte zu den ersten medizinischen Laseranwen-

► Tumortherapie mit infrarotem Laserlicht: Eine Glasfaser leitet das Licht direkt in den Tumor, in diesem Falle handelt es sich um Gewebe einer Schweineleber.

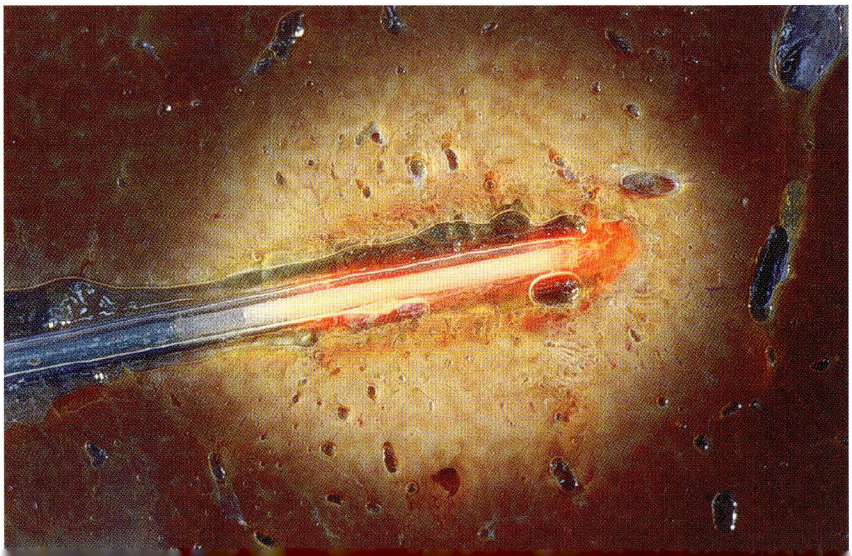

Vorbereitung einer Schwerionenbehandlung an der GSI und Blick in die Beschleunigeranlage.

dungen überhaupt. Und mit der mikrometergenauen Abtragung von Hornhaut durch einen Laser lässt sich starke Fehlsichtigkeit korrigieren. Im Bereich hoher Intensitäten und kurzer Wechselwirkungszeiten nutzt man den Laser für das Trennen von Gewebesträngen und, wie bereits erwähnt, das Zertrümmern von Steinen in Niere oder Galle. Hier spricht man von der photomechanischen Wirkung des Laserlichts.

In einigen Fällen ersetzt der Laser bereits das Skalpell und ermöglicht berührungs- und damit keimfreie Schnitte, bei denen es nur selten zu Blutungen kommt. Für die Chirurgen bedeutet das bessere Sicht auf die zu operierenden Stellen.

Klarer Blick durch trübe Medien

Bei den ersten Einsätzen des Lasers in der medizinischen Praxis hing der Erfolg einer Behandlung hauptsächlich vom Geschick und der Erfahrung des Arztes ab. Man wusste zwar etwa, dass Blut vor allem grünes Licht schluckt, wohingegen die Hornhaut des Auges, da sie zum Großteil aus Wasser besteht, stärker im Infrarotbereich absorbiert. Doch nur wenig war darüber bekannt, wie genau sich Laserlicht im Körpergewebe ausbreitet und dort seine Wirkung entfaltet.

Schwierig ist dies vor allem deshalb, weil biologisches Gewebe zu den so genannten trüben Medien zählt. Darin breitet sich das Licht nicht so einfach und vorhersagbar aus wie in einem System aus geschliffenen Glaslinsen oder einem homogenen Körper. Stattdessen wird ein Großteil des Lichts in die verschiedensten Richtungen gestreut oder teilweise absorbiert. Deshalb hat sich ein eigener Zweig der Physik, die so genannte Gewebeoptik etabliert, um die optischen Eigenschaften des Körpergewebes quantitativ zu untersuchen. Diese sind im lebenden Organismus einer direkten Messung nicht zugänglich, doch lassen sie sich anhand von Messungen an Gewebeproben verbunden mit Computersimulationen immer präziser erschließen.

Für Medizinphysiker sind die vielen Aspekte bei der Wechselwirkung von Laserlicht mit dem Körpergewebe ein interessantes Forschungsfeld. Ihr Ziel ist es, Computerprogramme zu entwickeln, mit denen sich wirksame Laserbestrahlungen von Tumoren zeitsparend und vor allem erfolgreich planen lassen. Denn sonst besteht die Gefahr, dass auch gesundes Gewebe geschädigt wird. Das gilt vor allem für die Entfernung von Hirntumoren, wo die Gefahr irreparabler Schäden besonders groß ist. Gleichzeitig muss aber auch gewährleistet sein, dass alle Tumorzellen vernichtet werden, denn sonst drohen neue Wucherungen.

Schwere Geschütze

Neben Röntgen- und Laserstrahlen können auch Teilchen Tumorgewebe zerstören. Bei der Gesellschaft für Schwerionenforschung (GSI) in Darmstadt behandelt man Krebspatienten mit Kohlenstoffionen, die in einem etwa 200 Meter langen unterirdischen Ringbeschleuniger normalerweise fast bis auf Lichtgeschwindigkeit beschleunigt werden, um Teilchenphysik zu betreiben. Schwere Ionen (Atome, die Elektronen verloren haben) geben fast ihre gesamte Energie erst am Ende ihrer Bahn durch den Körper ab. Röntgenstrahlen verlieren dagegen schon auf dem Weg zum Tumor viel Energie und schädigen so auch gesundes Gewebe.

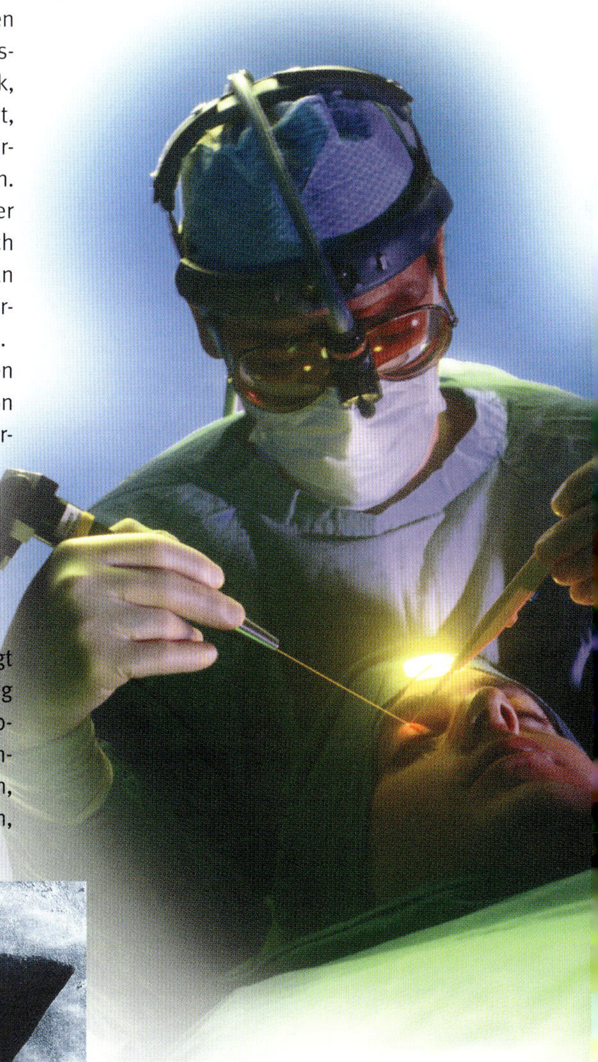

Diese vermeintliche Baugrube ist ein nur 0,5 Millimeter tiefes Loch, das mit ultrakurzen Laserpulsen in einen menschlichen Zahn geschnitten wurde. Der Blick durch das Rasterelektronenmikroskop zeigt, dass bei der exakten Aushöhlung keine weiteren mechanischen oder thermischen Schäden auftraten.

Moleküle des Lebens

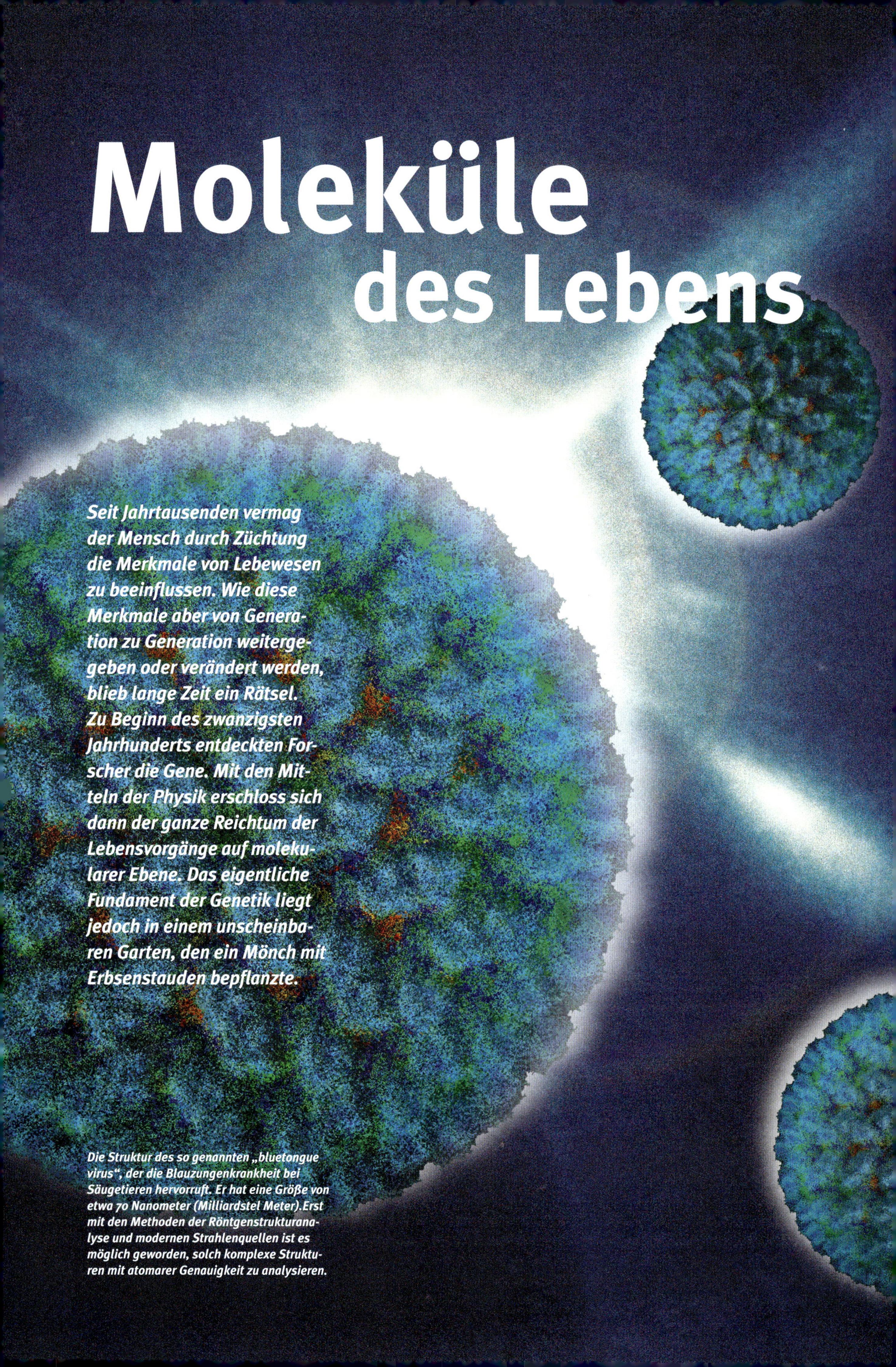

Seit Jahrtausenden vermag der Mensch durch Züchtung die Merkmale von Lebewesen zu beeinflussen. Wie diese Merkmale aber von Generation zu Generation weitergegeben oder verändert werden, blieb lange Zeit ein Rätsel. Zu Beginn des zwanzigsten Jahrhunderts entdeckten Forscher die Gene. Mit den Mitteln der Physik erschloss sich dann der ganze Reichtum der Lebensvorgänge auf molekularer Ebene. Das eigentliche Fundament der Genetik liegt jedoch in einem unscheinbaren Garten, den ein Mönch mit Erbsenstauden bepflanzte.

Die Struktur des so genannten „bluetongue virus", der die Blauzungenkrankheit bei Säugetieren hervorruft. Er hat eine Größe von etwa 70 Nanometer (Milliardstel Meter). Erst mit den Methoden der Röntgenstrukturanalyse und modernen Strahlenquellen ist es möglich geworden, solch komplexe Strukturen mit atomarer Genauigkeit zu analysieren.

Die Atome der Vererbung

„Ich bin überzeugt, daß es nicht lange dauern wird, da die ganze Welt die Ergebnisse dieser Arbeit anerkennen wird“, sagte Gregor Mendel, der Begründer der Vererbungslehre, ein Jahr vor seinem Tod 1884. Sein Vertrauen in die eigenen Forschungen war ungebrochen. Doch es sollte noch geraume Zeit dauern, bis die Saat seiner Experimente auch in den Universitätslaboren aufging. Mehr als dreißig Jahre verstrichen, bis mehrere Wissenschaftler ab 1900 unabhängig voneinander Mendels Ergebnisse wiederentdeckten.

Eigentlich war Mendel als junger Augustinermönch von seinem Abt zum Physikstudium, das auch Biologie und Chemie umfasste, nach Wien geschickt worden. Leider erfolglos, denn er fiel zwei- mal durch das Lehrerexamen, da er unter furchtbarer Prüfungsangst litt. Seine Lektionen in der Physik hatte er trotzdem gelernt. Denn als er begann, sich für die Vererbung der Eigenschaften von Organismen auf ihre Nachkommen zu interessieren, verirrte er sich nicht in der großen Vielfalt der Organismen, sondern experimentierte nur mit einer einzigen Pflanze, der Gartenerbse.

Der Augustinermönch Gregor Mendel legte mit seinen systematischen Experimenten zur Vererbung von Merkmalen bei der Erbse die Grundlagen für die moderne Genetik.

Sorgfältig sortierte er hunderttausende Samen, pflanzte insgesamt fast 40 000 Pflanzen. Als guter Experimentator veränderte er stets nur eine Eigenschaft der Erbsen und untersuchte die Mittelwerte seiner Versuchsreihen statt Einzelwerte. Seine Folgerung aus den zeitraubenden Kreuzungsexperimenten: Die Erbfaktoren, später Gene genannt, können sich frei aufspalten und trennen. Gene wären demnach so etwas wie die „Atome“ der Vererbung, die sich neu kombinieren lassen. Doch noch für lange Zeit ging man davon aus, dass Gene sich eher wie zwei Farben in einem Eimer mischen und die vererbbaren Merkmale kontinuierlich veränderbar seien.

Vielleicht war die wissenschaftliche Welt wirklich erst ab 1900 dafür reif, sich eine Welt vorzustellen, die aus getrennten (diskreten) Teilen aufgebaut war. Im Dezember 1900 stellte Max Planck seine berühmte Quantenhypothese auf, nach der Strahlungsenergie aus kleinsten „Paketen“ besteht und nicht in beliebig kleinen Portionen vorkommen kann. Albert Einstein formulierte 1905 nicht nur seine spezielle Relativitätstheorie, sondern konnte anhand der Brownschen Bewegung, der ständigen winzigen Zitterbewegung von Pflanzenpollen in einer Flüssigkeit, einen Nachweis für die Realität der Atome bringen.

Bohrende Fragen

Die moderne Biologie, das heißt die Genetik und Molekularbiologie, ist nicht nur das Werk der Biologen, in ihren Grundzügen geht sie wesentlich auf Anregungen aus der Physik zurück. Eine davon ist die berühmte Rede, welche der Begründer der Atomphysik, der Däne Niels Bohr im Jahre 1932 zur Eröffnung eines Kongresses über Lichttherapie hielt. Die Rede trug den bezeichnenden Titel „Licht und Leben“. Darin sinnierte Bohr über das Verhältnis der physikalischen Gesetze zum Phänomen des Lebens. Einer seiner Zuhörer, der junge Physiker Max Delbrück, war so tief von den Ausführungen Bohrs beeindruckt, dass er sich unverzüglich aufmachte, die Wechselwirkung zwischen Licht und Leben zu erforschen.

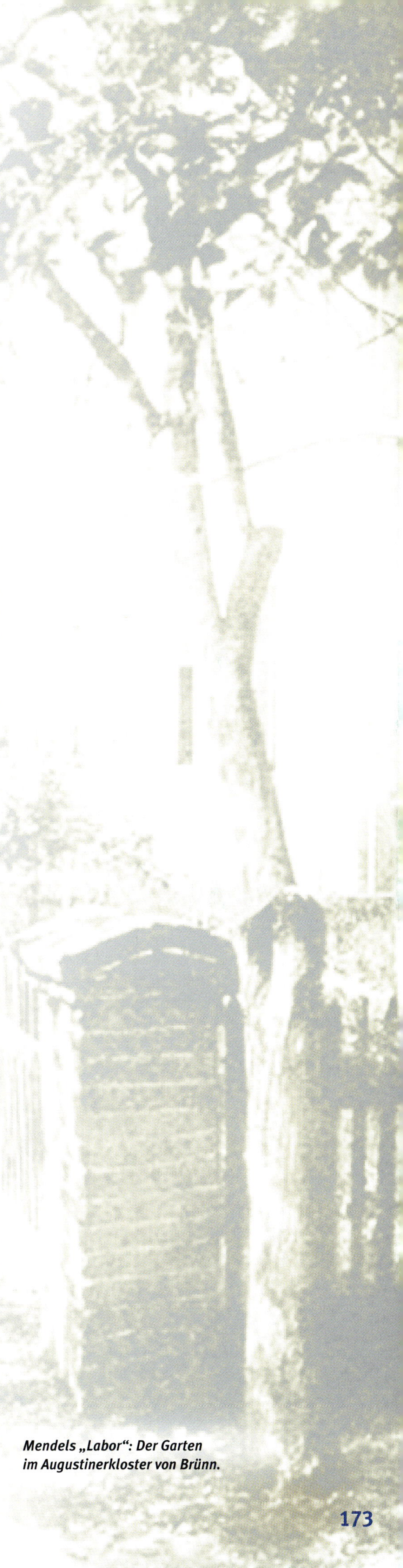

Mendels „Labor“: Der Garten im Augustinerkloster von Brünn.

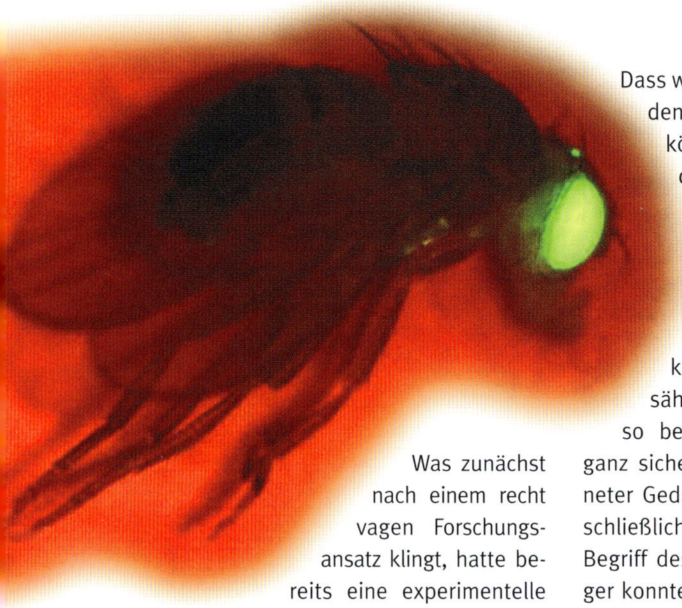

Was zunächst nach einem recht vagen Forschungsansatz klingt, hatte bereits eine experimentelle Grundlage. Der amerikanische Zoologe und Genetiker Hermann Muller konnte 1927 zeigen, dass Röntgenstrahlen bei Taufliegen Mutationen, das sind Veränderungen der Erbanlagen, hervorrufen können. Doch Delbrück wandte sich nicht einfach von der Quantenmechanik, die er bis dahin betrieben hatte, ab und der Genetik zu, sondern verband vielmehr beide Wissenschaftszweige erstmals miteinander. Sein Vorschlag, das Gen der Biologen als Molekül aufzufassen, lenkte den Blick vieler Physiker auf die Biologie. Nicht zuletzt den von Erwin Schrödinger, einer der Pioniere der Quantenmechanik, der 1944 mit seinem Buch „Was ist Leben?“ die weitere Entwicklung der modernen Biologie entscheidend beeinflusste. Noch heute ist das Werk eine faszinierende Lektüre. Schrödingers Überlegungen kreisten um die Frage, ob Leben auf physikalischen Gesetzen beruht. Der molekularen Natur der Vererbung und Delbrücks Forschungen schenkte er deshalb besondere Aufmerksamkeit. Zudem formulierte Schrödinger erstmals die Vorstellung eines genetischen Codes, den er in den Chromosomenstrukturen vermutete, welche „gleichzeitig dazu beitragen, die Entwicklung, welche sie ahnen lassen, hervorzubringen. Sie sind zugleich Gesetzbuch und ausübende Gewalt, Plan des Architekten und Handwerker des Baumeisters.“ Schrödinger fragte sich, wie die winzigen Gene dafür sorgen können, dass ein geordneter, lebensfähiger Organismus entsteht.

Dass wir die Gene und die Atome, aus denen sie bestehen, nicht sehen können, hatte dabei für Schrödinger durchaus eine tiefere Bedeutung, denn „wenn wir so empfindliche Organe hätten, dass ein einzelnes Atom einen wahrnehmbaren Eindruck auf unsere Sinnesorgane machen könnte – du lieber Himmel, wie sähe das Leben dann aus! Ein so beschaffener Organismus wäre ganz sicher nicht fähig, die Art geordneter Gedanken zu entwickeln, welche schließlich unter vielen Anderen den Begriff des Atomes schafft.“ Schrödinger konnte nicht ahnen, dass ein junger Student sieben Jahre nach der begeisterten Lektüre von „Was ist Leben?“ tatsächlich herausfand, wie der Stoff, aus dem die Gene sind, beschaffen ist. Und ebenso wenig konnte er ahnen, dass es einmal möglich sein könnte, die Moleküle des Lebens sichtbar zu machen.

Ein menschliches Chromosom wie es sich mit modernen physikalischen Methoden abbilden lässt. Bereits 1903 wies der amerikanische Wissenschaftler Walter Sutton nach, dass Chromosomen die Träger der Gene sind. Heutzutage kann man mit Hilfe des Rasterkraftmikroskops Chromosomen sogar zerschneiden, um gezielt geringe Mengen der Erbsubstanz DNA entnehmen und analysieren zu können.

Der österreichische Physiker Erwin Schrödinger (1887 bis 1961) hat mit seinem Buch „Was ist Leben?“ entscheidend dazu beigetragen, dass sich Physiker mit Problemen der Biologie beschäftigten.

Der Struktur auf der Spur

Spätestens in der Zeit nach dem Zweiten Weltkrieg setzte sich der Gedanke endgültig durch, dass Gene einen materiellen Träger aus Molekülen haben müssten. Doch welche Stoffe kamen dafür in Frage? Im Laufe der Zeit hatten sich zwei mögliche Kandidaten herauskristallisiert. Viele Wissenschaftler favorisierten die Eiweiße (Proteine). Nur sie seien zahlreich und komplex genug, um die vielfältigen Eigenschaften der Lebewesen repräsentieren zu können. Die so genannte Desoxyribonukleinsäure (DNA = desoxyribonucleic acid), welche sich in den Chromosomen fand, kam dafür anscheinend weniger in Frage. Sie schien zu regelmäßig aufgebaut zu sein. Wie sollte sie dann aber die gigantische Menge an Erbinformationen eines Lebewesens speichern und weitergeben können?

Durchdringende Ablenkung

Eine Antwort auf diese Fragen zu finden, erforderte mehr Wissen über die Moleküle des Lebens, über ihre chemischen Eigenschaften ebenso wie über ihren atomaren Aufbau. Um sie direkt in einem Mikroskop zu betrachten, dafür sind selbst vergleichsweise große Proteine zu winzig. Ein Ausweg bot der Einsatz von Röntgenstrahlung, denn ihre Wellenlänge entspricht etwa den atomaren Größenordnungen. Aber anders als bei sichtbarem Licht existieren keine Linsen, mit denen sich eine Art Röntgenmikroskop bauen ließe, das direkte Bilder aus der Welt der Atome liefert. Allerdings entdeckten der deutsche Physiker Max von Laue zusammen mit Paul Knipping und Walther Friedrich bereits 1912 die Grundlage für einen indirekten Weg, der es erlaubt, auch atomare Strukturen aufzuklären. Sie bestrahlten Zinkkristalle mit Röntgenstrahlen und erhielten auf einem Film erstaunlich regelmäßig aussehende Beugungsmuster aus einer Vielzahl von Punkten. Die Briten William und Lawrence Bragg stellten ein Jahr später einen mathematischen Zusammenhang zwischen diesem Punktmuster und der Anordnung der Atome im Kristall auf. Damit ließ sich von nun an auf den atomaren Aufbau eines Kristalls schließen. Erst Ende der dreißiger Jahre war die so genannte Röntgenstrukturanalyse allerdings soweit verfeinert, dass sich auch Proteine und DNA damit untersuchen ließen. Dabei müssen diese so genannten Biomakromoleküle für eine Analyse mit Röntgenstrahlen zunächst in eine kristalline Form gebracht werden. Ein einzelnes Molekül wäre viel zu klein und würde die Röntgenstrahlen nur unmessbar schwach ablenken. Erst bei einer regelmäßigen Anordnung vieler Moleküle verstärken sich die abgelenkten Röntgenstrahlen auf dem Film zu einem sichtbaren Muster.

▲ *Anhand dieses von Rosalind Franklin aufgenommenen Röntgenbeugungsbildes gelang James Watson und Francis Crick der entscheidende Durchbruch bei der Ermittlung der DNA-Struktur.*

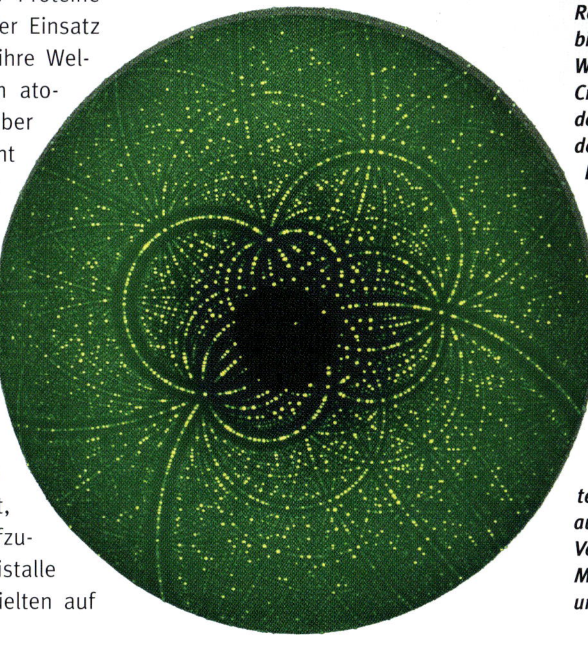

◀ *Ein modernes Beugungsbild eines Proteinkristalls, aufgenommen mit Röntgenlicht aus einem Teilchenbeschleuniger. Heutige Verfahren erschließen Details der komplexen Molekülstrukturen, die für Rosalind Franklin unerreichbar gewesen wären.*

▲ *Um die Struktur von Proteinen zu untersuchen, müssen diese in kristalliner Form vorliegen. Doch oft gelingt es nicht, sie in ausreichender Reinheit und Größe zu züchten. Die hier im polarisierten Licht fotografierten Proteinkristalle wurden an Bord des amerikanischen Space Shuttles herangezüchtet. Dort lässt sich das Kristallwachstum ungestört vom Einfluss der Schwerkraft studieren.*

Die Doppelhelix

Eines der berühmtesten Ereignisse der Wissenschaft im 20. Jahrhundert ist sicherlich die Entdeckung der Doppelhelixstruktur der DNA durch den Biologen James Watson und den Physiker Francis Crick. Beiden gelang damit ein wissenschaftlicher Husarenstreich, denn andere Forscher lagen ihnen dicht auf den Fersen. Die ihrer Entdeckung zugrundeliegenden und bis dahin besten Röntgenbeugungsmuster der DNA stammten von Rosalind Franklin. Sie arbeitete am King's College in London beim Physiker Maurice Wilkins, der sich nach dem Zweiten Weltkrieg der Biologie zugewandt hatte. Crick und Watson erschlossen die Struktur der DNA aus Franklins Aufnahmen und aus all den Informationen, die sie über deren chemische Zusammensetzung und Bindungsverhältnisse zusammentragen konnten. Die schraubenförmige DNA besteht demnach aus zwei Strängen, die durch eine Vielzahl von Basenpaaren verbunden sind. Diesen kommt eine besondere Bedeutung zu. Der Biochemiker Erwin Chargaff hatte gezeigt, dass die vier in der DNA vorhandenen Basen in einem festen Verhältnis vorkommen. Mit britischem Understatement verkündeten Crick und Watson am Schluss ihres recht kurzen Artikels in der wissenschaftlichen Fachzeitschrift Nature: „Es ist unserer Aufmerksamkeit nicht entgangen, dass die spezifische Paarbildung, die wir hier voraussetzen, unmittelbar auf einen möglichen Kopiermechanismus des genetischen Materials schließen lässt." Privat äußerten sich Watson und Crick enthusiastischer und waren davon überzeugt, endlich dem Geheimnis des Lebens auf die Spur gekommen zu sein.

Watson und Crick erhielten 1962 zusammen mit Wilkins den Nobelpreis. Rosalind Franklin war bereits 1958 im Alter von nur 37 Jahren an Krebs gestorben. Das Reglement der Nobelstiftung erlaubte keine posthume Ehrung. Franklin ist gewissermaßen die tragische Gestalt bei der Jahrhundertentdeckung von Crick und Watson.

Die Botschaft der Gene

Mittlerweile ist das menschliche Genom durch das Humane Genome Project fast vollständig entziffert, das heißt, man kennt nun die Abfolge der Basen Adenin (A), Cytosin (C), Guanin (G) und Thymin (T), die gewissermaßen die Buchstaben des Lebens bilden. Damit ist das Geheimnis der Gene jedoch keinesfalls auf eine bloße Folge aus den Buchstaben A, C, G und T reduziert. Es scheint, dass die Verhältnisse viel komplexer sind, als es sich Crick und Watson 1953 ausmalen konnten. Es gilt nun, die Gene, welche für bestimmte Merkmale oder bei Erkrankungen eine Rolle spielen, zu identifizieren und herauszufinden, wie sie die Produktion und die Eigenschaften der Proteine regeln.

Proteine sind die „aktiven" Moleküle des Lebens. Im Körper sind sie allgegenwärtig. So beste-

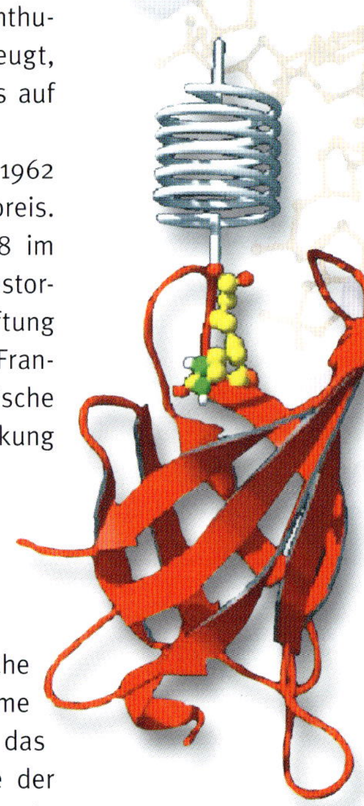

▼ *Ausschnitt aus dem Molekülmodell eines so genannten Proteasoms, das in lebenden Zellen als eine Art „Müllschlucker" fungiert, der funktionsunfähige Proteine vernichtet. Diese Darstellung bringt etwas Übersicht in das Gewirr, indem sie nur die wichtigsten Strukturelemente ohne die Seitengruppen zeigt.*

hen Haare, Nägel und Haut aus regelmäßig angeordneten Strukturproteinen. Proteine beschleunigen Reaktionen im Körper, regeln als Hormone die Kommunikation zwischen und innerhalb von Zellen, steuern den Stoffwechsel und sind Teil des Immunsystems und der genetischen Kontrolle der Entwicklung. Trotz der Vielfalt ihrer Aufgaben bestehen Proteine aus einer überschaubaren Anzahl von Bestandteilen: den zwanzig natürlich vorkommenden Aminosäuren und Atomen der Elemente Wasserstoff, Stickstoff, Sauerstoff und Kohlenstoff. Die Aminosäuren sind in einer Kette angeordnet, die sich bei jedem Protein in der Abfolge der Aminosäuren und ihrer Gesamtlänge unterscheidet. Die Abfolge ist dabei genetisch durch die Reihenfolge der Basen in der DNA festgelegt und bestimmt, wie sich die lineare Aminosäurekette zu einer dreidimensionalen Struktur faltet, die für die Funktion des Proteins ausschlaggebend ist. Die erste vollständige Proteinstruktur mit atomarer Auflösung konnte John Kendrew 1959 bei Max Perutz in den Cavendish-Laboratorien in Cambridge nach jahrelanger und mühevoller Arbeit ermitteln. Er erschloss den dreidimensionalen Aufbau des Muskelfarbstoffs Myoglobin mit den Mitteln der Röntgenstrukturanalyse. Seitdem haben sich zwar die Verfahren enorm verbessert, doch kann es auch heute noch Jahre dauern, bis die Struktur eines komplexen Proteins vollständig aufgeklärt ist.

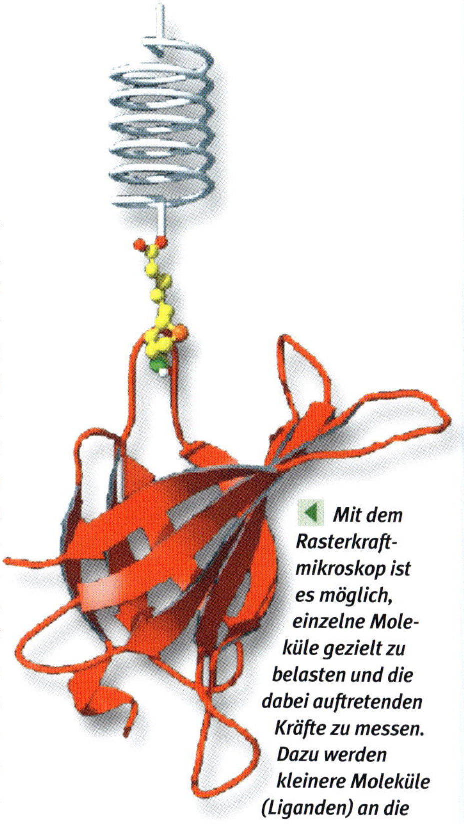

Mit dem Rasterkraftmikroskop ist es möglich, einzelne Moleküle gezielt zu belasten und die dabei auftretenden Kräfte zu messen. Dazu werden kleinere Moleküle (Liganden) an die Mikroskopspitze geheftet. Im Experiment und der hier gezeigten Computersimulation wird der Ligand einer Zugkraft unterworfen und die Kraft am Abreißpunkt bestimmt.

Vom Ertasten zum Zerreißen

Ein weiteres Instrument, das sich bei der Erforschung komplexer Molekülstrukturen bewährt hat, haben 1986 die deutschen Physiker Gerd Binnig und Christoph Gerber zusammen mit dem Amerikaner Calvin Quate entwickelt: das so genannte Rasterkraftmikroskop (kurz SFM = Scanning Force Microscope). Sein Funktionsprinzip klingt bestechend einfach: Eine Spitze, die nur aus wenigen Atomen besteht, ist an einer winzigen Blattfeder aufgehängt. Je nachdem, wie groß die Kräfte zwischen Tastspitze und den Atomen und Molekülen der untersuchten Oberfläche sind, gerät die Feder in eine Schwingung, die sich messen lässt. Die auftretenden Kräfte liegen dabei im Bereich von Pikonewton, was etwa dem Gewicht eines roten Blutkörperchens entspricht. Mit dem SFM lassen sich beliebige Oberflächen mit atomarer Auflösung zeilenweise abtasten. Die dabei entstehenden Bilder wirken oft wie bizarre Landschaften und lassen Rückschlüsse auf die Eigenschaften der untersuchten Materialien zu.

Das Rasterkraftmikroskop eignet sich auch als Werkzeug. So lassen sich mit ihm gezielt winzige Proben der Erbsubstanz aus den Chromosomen herausschneiden und anschließend mit den Verfahren der Polymerasekettenreaktion für eine Analyse vervielfältigen. Wissenschaftler versuchen zudem, neuartige Moleküle Atom für Atom mit dem SFM zusammenzusetzen. Um mehr über die spezifische Faltung von Proteinen zu erfahren, verankert man einzelne Proteinmoleküle auf einer Oberfläche und kehrt den Faltungsprozess gewissermaßen um, indem man das Protein langsam mit der Tastspitze des SFM auseinanderzieht. Auf diese Weise lässt sich die Stärke der dabei gedehnten oder zerreißenden innermolekularen Bindungen messen.

Eine Frage der Zeit

Die Wissenschaftler möchten auch herausfinden, wie die genetischen und molekularen Prozesse in den Lebewesen ablaufen. Denn meist genügt es nicht, nur die Struktur der Proteine zu kennen. Etwa im Falle von genetisch bedingten Krankheiten, bei denen die Funktion eines Proteins an einem ganz bestimmten Punkt gestört ist und für die man maßgeschneiderte Medikamente herstellen möchte. Ebenfalls interessant sind diejenigen Proteine, die bestimmte Reaktionen extrem beschleunigen. Die dabei zugrundeliegenden Mechanismen zu verstehen, könnte helfen, neuartige Katalysatoren für industrielle Prozesse zu entwickeln.

Biophysiker und Molekularbiologen versuchen deshalb auch die Zwischenprodukte der komplexen biologischen Reaktionen zu charakterisieren. Das ist möglich, weil die modernen Methoden der Röntgenstrukturanalyse in immer kürzeren Zeiten zufriedenstellende Daten zu liefern vermögen. Allerdings können sich damit nur Reaktionen verfolgen lassen, die auch im kristallinen Zustand ablaufen.

Da ein Protein kein völlig starres Gebilde ist, gilt es, auch die subtilen Veränderungen innerhalb des Moleküls zu untersuchen. Hierfür existieren spektroskopische Techniken, welche das Phänomen der Kernspinresonanz ausnutzen. Zusammen mit extrem aufwändigen Computersimulationen entsteht so ein dynamisches Bild der Moleküle des Lebens.

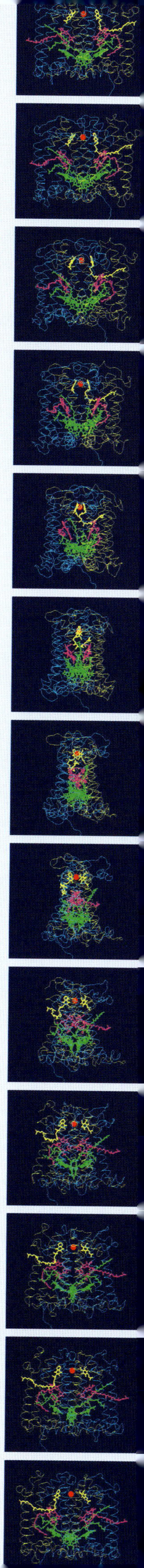

Physik in der Zelle

Jede einzelne Zelle ist als kleinste Einheit des Lebendigen schon ein ebenso anpassungsfähiges wie hochorganisiertes Wunderwerk im Kleinen, das aus tausenden verschiedenen Proteinen aufgebaut ist. Zellen erzeugen Energie und Bewegung, regeln den Stoffwechsel, wandeln Sinneseindrücke in elektrische Impulse um. Ihr Zusammenspiel steuert unsere Bewegungen ebenso wie unsere geistigen Fähigkeiten. Sie alle sind schon ein erstaunliches Stück Materie.

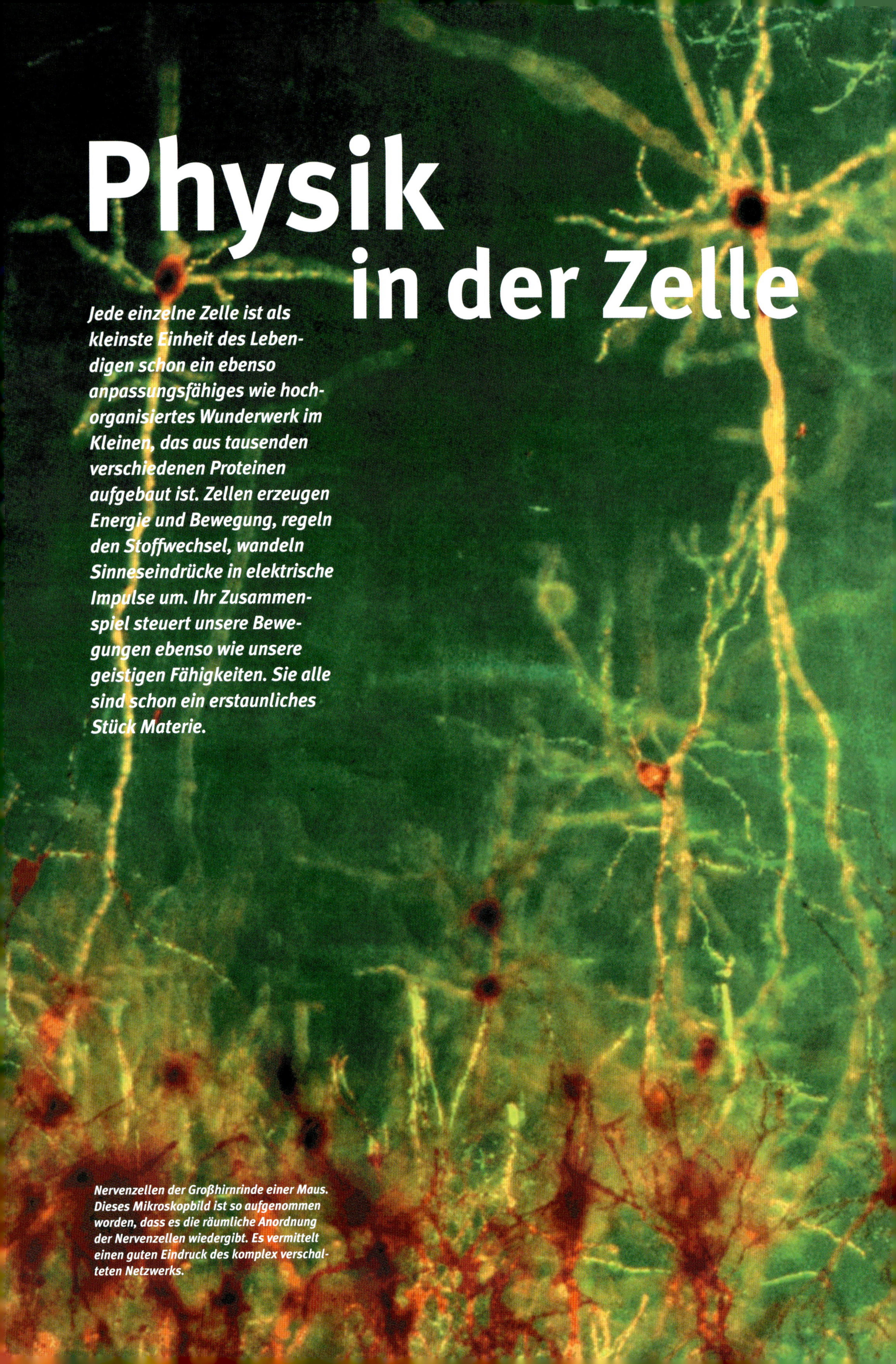

Nervenzellen der Großhirnrinde einer Maus. Dieses Mikroskopbild ist so aufgenommen worden, dass es die räumliche Anordnung der Nervenzellen wiedergibt. Es vermittelt einen guten Eindruck des komplex verschalteten Netzwerks.

Lebendige Maschinen

Blutzellen zwängen sich während ihres etwa 120tägigen Lebens mehrere hundert Kilometer weit durch enge Blutgefäße, ohne an den Belastungen zu zerbrechen. Schließlich vermögen sie einerseits, ihre Gestalt in Bruchteilen von Sekunden wie eine Flüssigkeit fast beliebig zu verändern, andererseits erweisen sie sich gegenüber Spannungen als geradezu „steinhart". Die meisten Bestandteile der Zellen gehören nämlich zur Stoffklasse der „weichen Materialien". Im Reich der unbelebten Materie zählen dazu viele Substanzen, die uns aus dem alltäglichen Leben vertraut sind: Schäume, Plastik, Textilien oder pharmazeutische Produkte. Gemeinsam ist ihnen, dass ihre Eigenschaften gewissermaßen zwischen denen von harten Festkörpern und von Flüssigkeiten liegen. Die Eigenschaften der weichen Materialien in Organismen sind dabei außergewöhnlich, denn sie vermögen in einem komplexen Wechselspiel zwischen zahlreichen Komponenten ungeheuer flexibel auf äußere Einflüsse zu reagieren. Künstlich nachahmen lässt sich das bislang kaum. Doch mehr über die „Werkstoffe der Natur" herauszufinden könnte durchaus zur Entwicklung neuartiger Materialien führen.

Dass Zellen so flexibel und stabil zugleich sind, verdanken sie dem Cytoskelett, einem Netzwerk verschiedener Fasertypen, das sich im Zellinneren befindet. Diese verleihen der Zelle nicht nur die nötigen mechanischen Eigenschaften, sondern sorgen auch für den Stofftransport und die Zellbewegung. Für die Stabilität sind die so genannten Intermediärfilamente zuständig, seilartige Fasern, die ein ungeordnetes Geflecht in der Zelle bilden. Hier versuchen Forscher, die Eigenschaften einzelner Filamente und nicht nur einer großen Anzahl Fasern in einer Lösung zu untersuchen und immer präziser zu vermessen. Dabei hat sich gezeigt, dass die Filamentfasern je nach Belastung ganz unterschiedlich reagieren können. Schließlich macht es einen großen Unterschied, ob nur träge ein Finger krumm gemacht wird oder die plötzliche Stoßenergie bei einem Sturz abgefangen werden muss, damit es nicht zu inneren Verletzungen kommt.

***Blutzellen des Menschen:** Rote Blutkörperchen (rot) haben die Gestalt kleiner Scheiben und können sich auch durch Blutkapillaren zwängen, deren Durchmesser nur halb so groß ist wie ihr eigener. Weiße Blutkörperchen (gelb), die Zellen der Immunabwehr, sind dank vieler Fortsätze an der Zelloberfläche besonders beweglich, während die Thrombocyten (grün) eine wichtige Rolle beim Wundverschluss spielen.*

***Die elementaren Prozesse in der Zelle finden größtenteils an der Membran statt.** In einer Doppelschicht aus Lipidmolekülen (braun mit blauen Köpfen) sind Proteine (schwarz) eingebettet. Die Lipidschicht wird von Proteinfilamenten (rot) stabilisiert. Die dünnen grauen Fäden stellen so genannte Zellrezeptoren dar, und die grünen Ketten Zuckermoleküle. Beide sind wichtig für die Zell-Zell-Erkennung.*

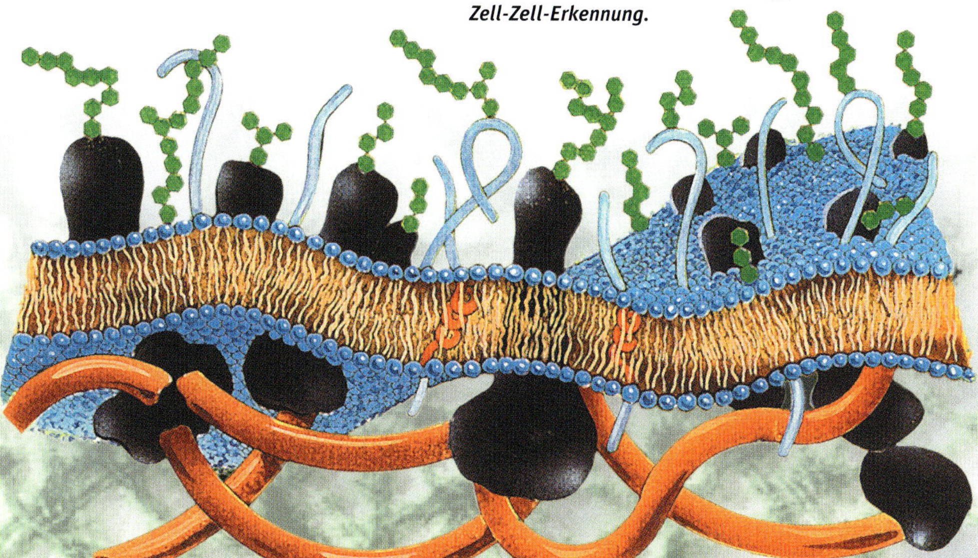

***Ein Geflecht von so genannten Aktinfilamenten, die das Gerüst einer Zelle bilden, mit einem Elektronenmikroskop betrachtet.** Physiker vermessen die Bewegung dieser Biopolymere mit immer größerer Genauigkeit, um dem Geheimnis ihrer besonderen mechanischen Eigenschaften auf die Spur zu kommen.*

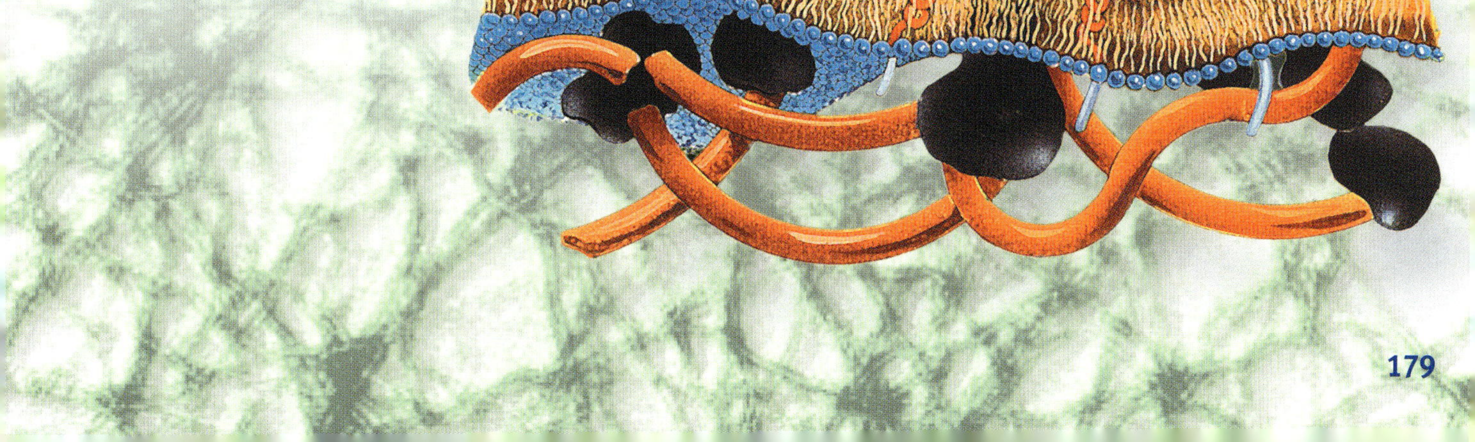

Molekulare Motoren

Bewegung ist ein wesentlicher Teil der Lebensprozesse. Ob es sich um ein Bakterium handelt, das sich mit seinen filigranen Geißeln durch das Wasser geradezu hindurchschraubt, einen Vogel im Flug oder eine Sportlerin, die sich anschickt, einen neuen Weltrekord im Hürdenlauf aufzustellen: Stets stellt sich die faszinierende Frage, wie Energie in gerichtete Bewegung umgewandelt wird. Auf der Suche nach einer Antwort stoßen Wissenschaftler in immer kleinere Bereiche vor. So lassen sich mit Hilfe der Röntgenstrukturanalyse Muskelfasern bei der Bewegung beobachten und die Struktur der beteiligten Proteine aufklären.

Mit so genannten optischen Pinzetten studiert man sogar die Bewegung einzelner Proteinmoleküle und misst die auftretenden Kräfte. Dabei hat sich gezeigt, dass die Natur bereits vor Milliarden Jahren Motoren hervorgebracht hat. Mit denen lassen sich zwar keine Autos antreiben, doch spielen sie die entscheidende Rolle bei allen Bewegungen eines Autofahrers.

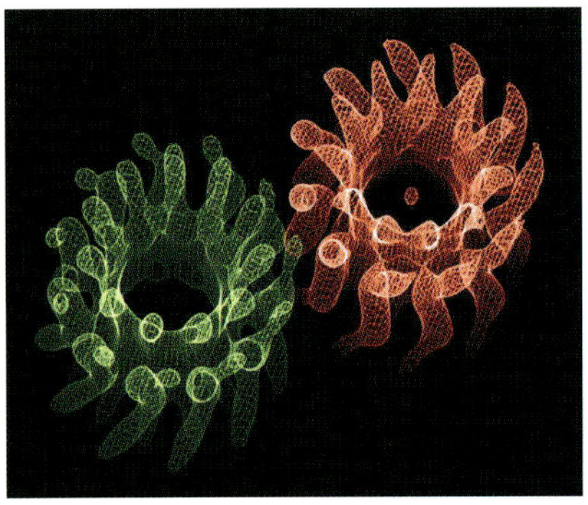

▲ ***Dreidimensionales Strukturmodell des kleinsten biologischen Rotors. Er befindet sich in einem Bakterium und liefert durch seine Drehung die Energie zur Bildung des Moleküls ATP, das eine besondere Rolle beim Energiestoffwechsel innerhalb von Zellen spielt, indem es chemische Energie speichert.***

Pinzetten und Scheren aus Licht

Dass Licht in der Lage ist, Objekte zu bewegen oder sogar festzuhalten, erscheint zunächst phantastisch. Gleichwohl hat Licht aber einen Impuls, den es auf Materie übertragen kann. Das spielt im Alltag keine Rolle – so übt selbst starke Sonnenstrahlung keinen merklichen Druck auf unsere Haut aus – doch ist dieser etwa für Zellen oder Bakterien durchaus spürbar.

Ein kontinuierlicher gebündelter Laserstrahl lässt sich daher als eine Art optische Pinzette einsetzen, mit der sich solch winzige Objekte festhalten und bewegen lassen. Das Funktionsprinzip beruht kurz gesagt darauf, dass Laserlicht durch transparente Objekte so gebrochen wird, dass der resultierende Strahlungsdruck diese eher zum Brennpunkt hinzieht als wegstößt. Dies lässt sich sogar ausnutzen, um extrem quirlige Zellen wie einzelne Spermien einzufangen und künstliche Befruchtungen durchzuführen. Mit einem intensiven, gepulsten Laserstrahl lassen sich auch extrem präzise Schnitte an Zellen vornehmen – und das berührungsfrei und ohne dass die Gefahr einer Verunreinigung besteht.

Grüne Kraftwerke

Die Photosynthese, das heißt die Umwandlung von Sonnenlicht in chemische Energie, ist die Grundlage für das Leben auf der Erde. Die winzigen Chloroplasten, die Zellorganellen in Pflanzen und bestimmten Bakterien, die das Licht absorbieren, erbringen weltweit eine unübertroffene Produktionsleistung. Durch die Photosynthese entstehen jährlich schätzungsweise 160 Milliarden Tonnen Kohlenhydrate. Kein anderer chemischer Prozess auf der Erde kommt der Photosynthese gleich.

Seit dem Ende des 18. Jahrhunderts rätselten Forscher, wie Pflanzen die Qualität der Luft verbessern und wie sie die „schwer fassbare Energie“ des Sonnen-

lichts in feste Form umwandeln. Ludwig Boltzmann, der Physiker und Begründer der Thermodynamik, schrieb 1886: „Diesen Übergang (das heißt die Wärmeübertragung von der Sonne zur Erde) möglichst auszunutzen, breiten die Pflanzen die unermessliche Fläche ihrer Blätter aus und zwingen die Sonnenenergie in noch unerforschter Weise ... chemische Synthesen auszuführen, von denen man in unseren Laboratorien noch keine Ahnung hat."

Das sollte noch für viele Jahrzehnte so bleiben. Die chemische Reaktionsgleichung der Photosynthese fand sich in den 1930er Jahren, doch in ihren Details ließ sie sich erst zwanzig Jahre später experimentell bestätigen. In Worten lautet sie: Die Lichtenergie aus der Sonne wandelt Kohlendioxid und Wasser in Zucker und Sauerstoff um. Zwar sieht dies auf den ersten Blick sehr einfach aus, doch die Biologen stießen auf immer komplexere Zusammenhänge. Sie identifizierten und präparierten zunächst die größeren Funktionseinheiten des gesamten Photosynthese-Reaktionszentrums. Erst Physik und Chemie tasteten sich nach und nach bis in den molekularen Bereich vor, in dem sich die ersten Reaktionsschritte der Photosynthese abspielen. Näherungsweise darf man sich diese primären Reaktionen in den Chloroplasten wie bei einer Solarzelle vorstellen. In einer üblichen Halbleitersolarzelle setzt das Sonnenlicht Elektronen frei, die als elektrischer Strom fließen, mit dem sich etwa ein Computer antreiben lässt. In Pflanzen spaltet das Licht dagegen Wasser in Sauerstoff, Protonen (das heißt Wasserstoffkerne) und Elektronen. Doch dabei fließt kein elektrischer Strom. Die nächsten Schritte müssen fast unmessbar schnell dafür sorgen, dass die Ladungsträger nicht verloren gehen, denn ein Elektron hat in der wässrigen Umgebung einer Zelle nur eine Lebensdauer von wenigen Nanosekunden (Milliardstel Sekunde). Die einzelnen Schritte beim Elektronentransfer benötigen denn auch nur Pikosekunden, ein Zeitraum, der so kurz ist, dass selbst Licht gerade einmal einen Weg zurücklegt, welcher der Dicke eines Haares entspricht. Solche ultraschnellen Prozesse lassen sich nicht mehr mit elektronischen Messmethoden untersuchen. Dies gelingt jedoch mit extrem kurzen Laserpulsen, die zunächst den zu untersuchenden Prozess anregen. Indem man anschließend weitere Pulse mit verschiedenen Verzögerungszeiten durch die Probe hindurchstrahlt, lassen sich die Änderungen auch auf den lange als unmessbar geltenden Zeitskalen verfolgen.

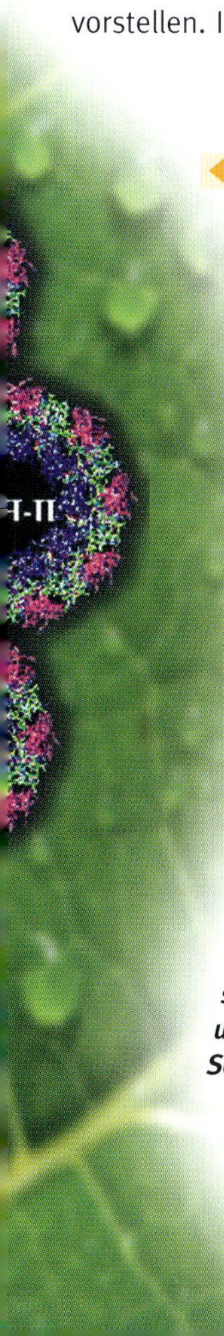

Nicht nur Pflanzen, sondern auch bestimmte Bakterien betreiben Photosynthese, wenn auch mit einem etwas einfacheren Lichtsammelapparat. Hier sieht man das Photosynthese-Zentrum (RC) des Purpur-Bakteriums, umgeben von den Lichtsammelkomplexen (LH I und II). Fast vier Jahre benötigten die deutschen Forscher Johann Deisenhofer, Robert Huber und Hartmut Michel, um die vertrackte Struktur des Reaktionszentrums mit der Röntgenstrukturanalyse in allen atomaren Details aufzuklären. Erst damit lassen sich die weiteren Details der Photosynthese erschließen. Dabei könnten sich auch neue Wege eröffnen, um leistungsfähigere technische Solarzellen zu entwickeln.

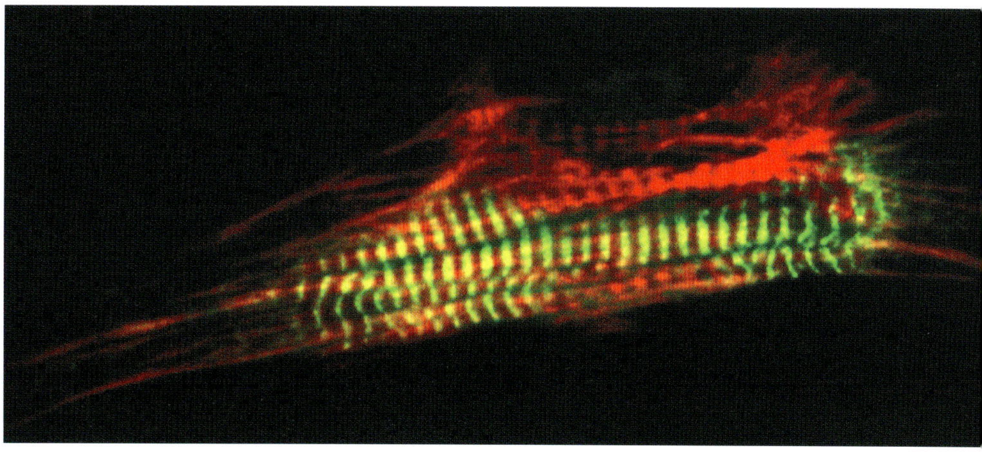

Die leuchtend grüne Färbung in einer Herzmuskelzelle markiert Bereiche des Riesenproteins Titin. Dieses sorgt dafür, dass andere Eiweiße an den richtigen Stellen im Muskel positioniert werden. Indem man an ein einzelnes Titin-Molekül eine Kraft anlegt, lässt sich dieses Stück für Stück entfalten und so Aufschluss über die Molekülbindungen gewinnen.

Quantenphysik bei Zimmertemperatur

Die Umwandlung der Sonnenphotonen in freie Ladungsträger, die so genannte Quantenausbeute, liegt bei der Photosynthese fast bei hundert Prozent und erfolgt damit extrem effizient. Die komplizierte Abfolge der einzelnen Schritte von der Ladungstrennung bis zur Erzeugung des Energieträgers Adenosintriphosphat (ATP) sind dabei quantenmechanischer Natur. Für die theoretischen Physiker ist das eine besondere Herausforderung, denn je größer die beteiligten Moleküle sind, um so stärker steigt der rechnerische Aufwand, wenn man versucht, ihr Verhalten quantenmechanisch zu beschreiben. Außerdem sind quantenmechanische Prozesse normalerweise enorm empfindlich gegen äußere Einflüsse etwa in Form der zufälligen Wärmebewegung der Umgebung. Deshalb ist es eine noch unbeantwortete Frage, wie die fundamentalen Vorgänge der Photosynthese anscheinend ungestört trotz der relativ hohen Temperatur in Lebewesen funktionieren. Menschliche Entwicklungsingenieure können nur vor Neid erblassen, wenn sie auf die cleveren Erfindungen der Natur schauen. Kein Wunder bei etwa 3 Milliarden Jahren Entwicklungsvorsprung!

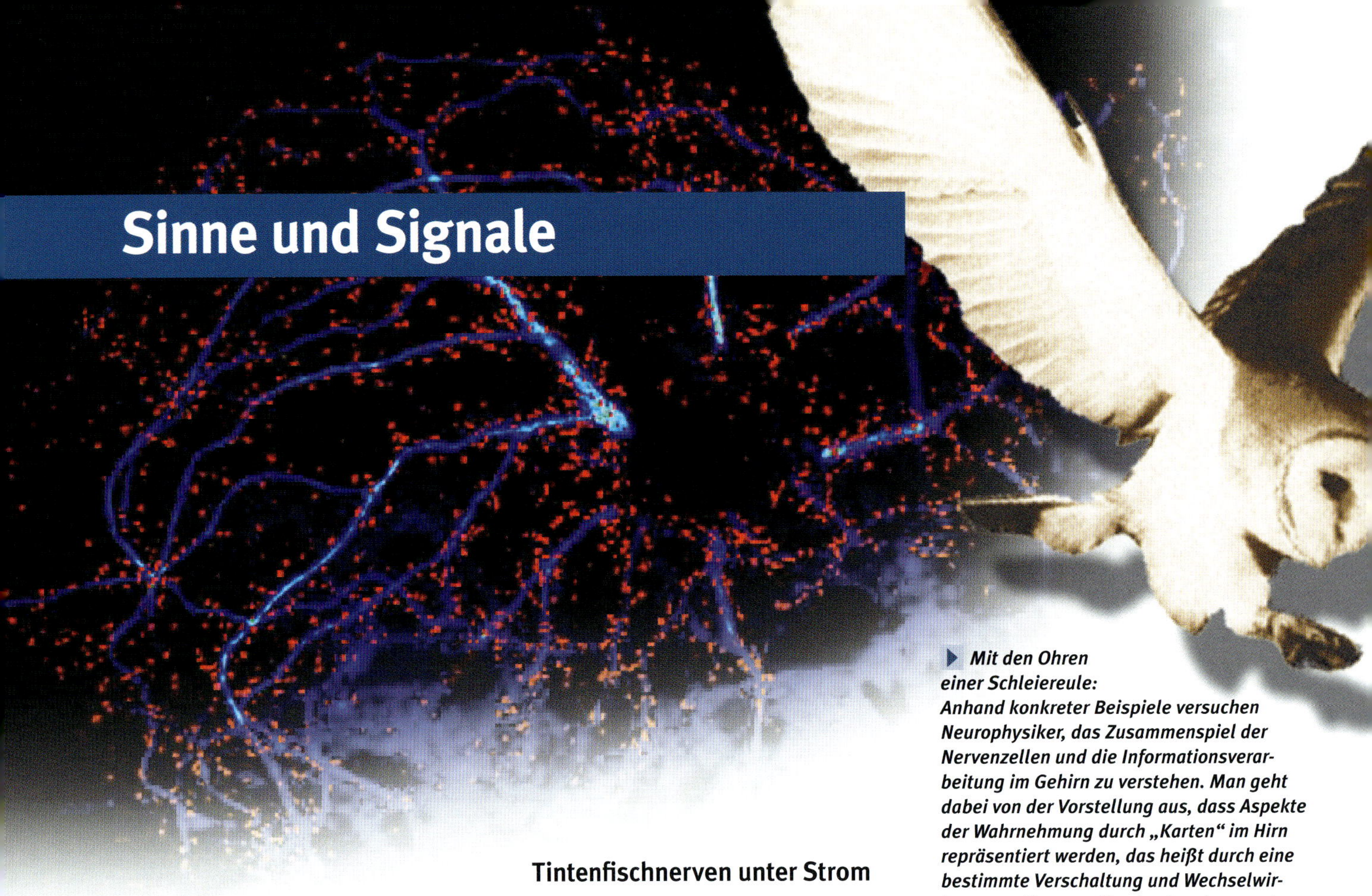

Sinne und Signale

▶ *Mit den Ohren einer Schleiereule: Anhand konkreter Beispiele versuchen Neurophysiker, das Zusammenspiel der Nervenzellen und die Informationsverarbeitung im Gehirn zu verstehen. Man geht dabei von der Vorstellung aus, dass Aspekte der Wahrnehmung durch „Karten" im Hirn repräsentiert werden, das heißt durch eine bestimmte Verschaltung und Wechselwirkung von Nervenzellen in einer begrenzten Hirnregion – etwa bei der Beuteortung der Schleiereule. Der nachtaktive Jäger muss sich in der Dunkelheit völlig auf akustische Signale verlassen und ist in der Lage, aus dem Laufzeitunterschied zwischen den Ohren die Richtung der Beute außerordentlich genau zu „errechnen".*

„Wenn einem etwas wie ein Blitz in die Glieder fährt", diese Redewendung beinhaltet durchaus etwas Wahres. Zwar holen wir uns keinen Schlag wie an einem schlecht isolierten Elektrogerät, wenn wir etwa überrascht jemandem ausweichen, aber die Impulse, die unsere Bewegungen steuern, sind nicht nur in Schrecksekunden letztendlich elektrisch.

Die Wissenschaft ist noch längst nicht in der Lage, alle Signale, die sich selbst bei der einfachsten Regung in unserem Körper ausbreiten, bis ins letzte Detail zu verstehen und quantitativ zu beschreiben. Aber die mit den Lebensvorgängen befassten Physiologen machten schon vor geraumer Zeit die Nervenzellen (Neuronen) und -fasern als Ort der fundamentalen Vorgänge aus. Kurz nach 1900 kamen Hypothesen auf, die den Weg zum heutigen Verständnis des Nervensystems entscheidend bestimmt haben. Der deutsche Physiologe Julius Bernstein vermutete 1902, dass die Membran der Zelle eine Ionenlösung umgibt. Eine bestimmte Durchlässigkeit der Membran sollte demnach für die elektrischen Nervenimpulse verantwortlich sein. 1904 schlug der schwedische Pharmakologe Ernst Overton vor, dass die Nervenimpulse einen Austausch von Natriumionen von außerhalb und Kaliumionen von innerhalb der Nervenfaser beinhalten. Aber ihm fehlten die experimentellen Methoden, um dies zu beweisen.

Tintenfischnerven unter Strom

1939 begannen die britischen Physiologen Alan Hodgkin und Andrew Huxley, an so genannten Axonen des Tintenfischs zu experimentieren. Bei den Axonen handelt es sich um die langen Fortsätze der Neuronen, auf denen die Nervenimpulse von Zelle zu Zelle geleitet werden. Beim Tintenfisch fallen diese Axonen besonders groß aus, groß genug, um feine Elektroden einführen zu können.

Hodgkin und Huxley gelang die Pionierleistung, erstmals die elektrischen Vorgänge in Nervenzellen zu messen und Overtons Hypothese zu bestätigen. Dafür erhielten sie 1963 den Nobelpreis für Physiologie oder Medizin. In der Laudatio hieß es überschwänglich: „Die visuellen und akustischen Eindrücke, die wir von dieser festlichen Gelegenheit erhalten, ja sogar unser Denken, unsere Reden, unser Lesen, liegen im zentralen Nervensystem begründet, das heißt in der Sprache der elektrischen Nervenimpulse".

Wie es das Ohmsche Gesetz der klassischen Elektrizitätslehre gebietet, maßen sie mit Hilfe der Mikroelektroden zunächst Spannung und Strom und berechneten daraus die Leitfähigkeit der Zellmembran. Ein kniffliges Unterfangen, denn die winzigen Ströme mussten millionenfach verstärkt werden, damit sie sich überhaupt nachweisen ließen. Hodgkin und Huxley gelang es, eine mathematische Gleichung zu entwickeln, die den Ionenaustausch der Nervenzelle beschreibt.

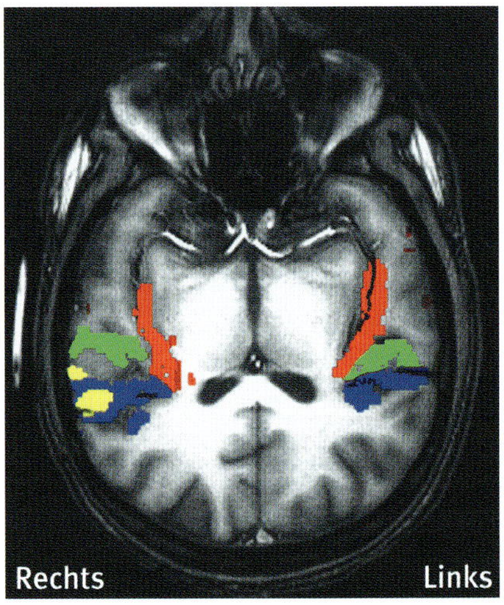

▲ *Mit der Positronenemissions-Tomographie lässt sich dem Hörzentrum unseres Gehirns beim Stereohören zusehen. Der gelb markierte Bereich zeigt ein Zentrum für die Erkennung bewegter Schallquellen im Raum.*

Die Patch-Clamp-Methode ermöglicht das Messen kleinster Ströme, wie sie im Innern eines Ionenkanals fließen. Dazu wird eine Mikropipette in Kontakt mit der Membran der Zelle (hier eine Nervenzelle) gebracht. Mit einem Unterdruck wird ein Teil der Zellmembran eingesogen und damit auch der auf ihr befindliche Ionenkanal. Die Pipette dient außerdem als Elektrode, mit der sich beobachten lässt, unter welchen Bedingungen der Ionenfluß abbricht oder verstärkt wird.

Der Patch-Clamp-Messplatz von Erwin Neher und Bert Sakmann, Baujahr 1976.

Neuronen in der Klemme

Lange Zeit war es ungewiss, wie Ionen die Membran durchdringen können. Denn eigentlich trennt die Membran das Innere der Zelle schützend von der Umgebung und ist undurchlässig für elektrische Ladungen. Den deutschen Forschern Erwin Neher und Bert Sakmann gelang es als erste, dem Austausch der Ionen durch die Zellmembran auf die Spur zu kommen, wofür sie 1991 den Nobelpreis für Physiologie oder Medizin erhielten. Ausgangspunkt war dabei die Vorstellung, dass so genannte „Ionenkanäle" die kleinsten Einheiten der Leitfähigkeit von Zellmembranen darstellen.

Die beiden Forscher entwickelten eine Technik, um die unglaublich winzigen Ströme, die dabei auftreten, zu messen. Eine dünne Glasmikropipette, die nur einen Tausendstel Millimeter Durchmesser hat, wird dabei in Kontakt mit der Zellmembran gebracht. Die Öffnung der Pipette vermag, einen einzelnen Ionenkanal zu umschließen. Erst dann lassen sich die Veränderungen in der Leitfähigkeit der Membran auf molekularer Ebene beobachten. Bei einem Ionenkanal handelt es sich um ein komplexes Proteinmolekül, das wie ein Filter immer nur eine Sorte Ionen passieren lässt, die es anhand ihrer Ladung (positiv oder negativ) und ihrer spezifischen Größe erkennt.

Die Entwicklung der Patch Clamp genannten Methode durch Neher und Sakmann hat nicht nur die Zellbiologie revolutioniert, indem sie die Messung der grundlegenden physikalischen Vorgänge ermöglicht, sondern sie ist auch ein Meilenstein der Physik, denn damit ließ sich erstmals die Funktion eines einzelnen Moleküls beobachten. In der Medizin änderte sich die Sicht auf viele Krankheiten, als man feststellte, dass bei diesen die Fehlfunktion von Ionenkanälen eine besondere Rolle spielt. Beispiele sind die Mukoviszidose, die Epilepsie oder verschiedene Herzgefäßerkrankungen. Erst durch diese Erkenntnis wurde es möglich, maßgeschneiderte Medikamente dafür zu entwickeln.

Da die Nervenleitung elektrischer Natur ist, lässt sie sich modellmäßig wie eine Schaltung aus elektronischen Bauteilen wie Widerständen und Kondensatoren beschreiben. Damit kann man versuchen, das Verhalten größerer Mengen miteinander verbundener Nervenzellen im Computer zu simulieren, um etwa Vorgänge im Gehirn besser zu verstehen. Das „Ich" lässt sich so sicherlich nicht aufspüren. Aber herauszufinden, wie die Welt in unseren Kopf findet, ist immer noch eine faszinierende Aufgabe.

Was ist Leben?

Ein Blick auf die Versuchsanlage von Stanley Miller, mit der er die Bildung organischer Moleküle in einer künstlichen Ursuppe mit Hilfe von Blitzen in Gang setzte.

Es gibt nur wenige Fragen, an denen sich die Wissenschaft so beharrlich die Zähne ausbeißt, wie die Frage „Was ist Leben?", der sich Erwin Schrödinger in seinem gleichnamigen Buch vom Standpunkt des Physikers aus genähert hat. Von einer befriedigenden und schlüssigen Antwort, so scheint es, sind wir trotz aller Erkenntnisse über Proteine, Gene und Zellen immer noch weit entfernt.

Der Funke des Lebens

Die Entstehung des Lebens aus der unbelebten Materie vor etwa vier Milliarden Jahren ist eine spannende Schnittstelle zwischen Physik, Chemie und Biologie. Vielleicht lässt sich das Leben von seinem Ursprung aus enträtseln? Anfang der fünfziger Jahre zeigte Stanley Miller in einem aufsehenerregenden Experiment, wie aus anorganischen Stoffen Aminosäuren und andere Grundbausteine des Lebendigen entstehen können. Mit Blitzen setzte er in einer Art künstlichen Ursuppe Reaktionen in Gang, wie sie vielleicht auch in den Ur-Ozeanen der Erde stattgefunden haben. Doch ein Cocktail aus organischen Molekülen ist nur die Voraussetzung für das Leben. In einem weiteren Schritt müssen sich diese zu den ersten einzelligen Lebewesen zusammengefunden haben. Der Physikochemiker Manfred Eigen entwickelte eine Theorie, in der das Leben als Resultat einer Art molekularen Evolution aufgefasst werden kann. In nuklein- und aminosäurehaltigen Lösungen hätten sich demnach Reaktionsmechanismen gebildet, so genannte Hyperzyklen, die wie Lebewesen einer Art evolutionären Auslese unterlagen und Mutationen aufweisen konnten. Die „erfolgreichen" Hyperzyklen wären dann die Vorläufer der ersten einzelligen Organismen gewesen. Dem zündenden Funken von Miller wäre somit eine Ära der Selbstorganisation gefolgt.

Muster ohne Bauplan

Das Phänomen der Selbstorganisation und Strukturbildung eint belebte und unbelebte Welt. Es ist eine charakteristische Eigenschaft von Systemen, die aus vielen Teilchen oder Individuen bestehen. Langgestreckte Molekülketten von Proteinen falten sich ohne Anleitung von außen zu ihrer funktionsfähigen Form, Zellen organisieren sich zu vielzelligen Organismen und Bakterienkulturen bilden fraktal verzweigte Strukturen aus. Stets spielen dabei physikalische Faktoren eine grundlegende Rolle, etwa in Form von Kräften zwischen den Molekülen. Faszinierend dabei ist, wie universell viele Muster sind; so bilden sich in Bakterienkulturen wie in Kristallen, beim Pflanzenwachstum oder gar in großen Flusssystemen fraktale Muster aus. Dabei sind diese

Muster selbstähnlich in dem Sinne, dass jeder Teil fast dieselbe Struktur zeigt wie das Ganze. Viele der zugrundeliegenden Gesetzmäßigkeiten hat man in den letzten Jahrzehnten entdeckt und verstanden. Dabei folgen vertrackte Muster wie die Fraktale erstaunlich einfachen Bildungsprinzipien, während Prozesse in zunächst simpel erscheinenden Systemen wie etwa Sand, der von Wasser überspült wird und dabei Rippeln ausbildet, noch in vieler Hinsicht unverstanden sind.

Ordnung ohne Umkehr

Nach einem ehernen Prinzip der Physik strebt jedes System unweigerlich einem Zustand höherer Unordnung zu, beschrieben durch eine Größe namens Entropie, die zwar gleich bleiben oder wachsen kann, aber niemals abnimmt. Doch widerspricht das nicht dem Leben? Schließlich ist jeder Organismus eine hochkomplexe, wohlgeordnete Struktur, die sich fortpflanzen und vermehren kann. Dabei können Lebewesen durchaus zumindest lokal die Entropie erniedrigen. Doch das hat seinen Preis. Ständig muss Material und Energie aus der Umgebung zugeführt werden. All die Prozesse, die dabei eine Rolle spielen, von der Photosynthese bis hin zum Zubereiten eines Steaks, sind unumkehrbar und vergrößern die Entropie, schaffen somit Unordnung. „Im Ringen mit der Entropie", wie es Erwin Schrödinger ausgedrückt hat, entsteht somit Ordnung aus Unordnung. Lebewesen gehören zu den so genannten dissipativen Strukturen. Auch eine Kerzenflamme ist eine solch dissipative Struktur, die nur unter ständiger Zufuhr von brennbarem Material und Sauerstoff aufrecht erhalten werden kann.

Ist da draußen wer?

Ob Leben außerhalb der Erde möglich ist, bleibt eine faszinierende Spekulation. Vermeintliche Funde auf dem Mars stellten sich zwar als falscher Alarm heraus, aber immerhin finden sich neue und immer komplexere organische Moleküle etwa in Kometen oder Sternenwolken. Wenn die physikalischen Gesetze unverändert im ganzen Universum gelten, und davon ist auszugehen, könnte auch woanders im All Leben entstanden sein.

▲ ***Anhand dieser Wanderwellen schließt sich eine große Anzahl einzelner Zellen des Schleimpilzes Dictyostelium discoideum bei Nahrungsmangel zu einem schneckenartigen Wesen zusammen, das in der Lage ist, sich über größere Distanzen zu bewegen.***

Erste und letzte Fragen

Die Frage nach Ursprung und Wesen des Lebens ist ebenfalls eine bleibende Herausforderung für die Forscher. Moderne Methoden der Molekularbiologie und Physik ermöglichen dabei immer neue Ansätze. So geht man neuerdings etwa der Frage nach, ob geordnete Kristalloberflächen eine Rolle bei einer selbstorganisierten Entstehung des genetischen Codes gespielt haben könnten. Aber selbst, wenn sich diese Frage beantwortet lassen sollte, werden die Wissenschaftler immer noch Grund genug haben, um über die Wunder des Lebens zu staunen. Oder wie es der Reisegenosse von James Cook, der Schriftsteller und Naturwissenschaftler Georg Forster, einst schrieb: „Ein Blick, eine einzige Berührung durch die Sinnesorgane, und das Bild ist auf immer seiner Phantasie unauslöschlich eingeprägt. Was ich hier sage, gilt noch in höherem Grade von Dingen, die man vergebens in Worte zu kleiden versucht. Das Leben ist ein Proteus, der sich tausendfältig verschieden in der Materie offenbart."

Bildnachweise

Seite 84 Kapiteleinleitung:
Markus Dold, DG 90, Buchenbach

Seite 110 Kapiteleinleitung:
IFW Dresden

Seite 136 Kapiteleinleitung:
Prof. Dr. Gerhard Ertl, Fritz-Haber-Institut, Berlin

Seite 162 Kapiteleinleitung:
Peter Fromherz, MPI für Biochemie, Martinsried

Seite 164: *Rijksmuseum Amsterdam (Leeuwenhoek); Humboldt-Universität zu Berlin (von Helmholtz); Luschnig, MPI für Entwicklungsbiologie; Tübingen (Fruchtfliege)*
Seite 165: *AIP Emilio Segrè Visual Archives, Margrethe Bohr Collection (Bohr); Institut für Physiologie, Medizinische Fakultät, Westfälische Wilhelms-Universität Münster (Hintergrund); Bildleiste: Cornelia Bock und Alexander Steinbrecht, MPI für Verhaltensphysiologie, Seewiesen; University of Oxford; Arbeitskreis Andrologie der Deutschen Gesellschaft für Urologie; Deutsches Elektronen-Synchrotron (DESY), Hamburg*
Seite 166: *Siemens Medizintechnik*
Seite 167: *Deutsches Röntgen-Museum, Remscheid; Siemens Medizintechnik (Hintergrund)*
Seite 168: *Siemens Medizintechnik; Philips Medizin Systeme (Hintergrund)*
Seite 169: *MEVIS, Bremen (oben); MPI für neurologische Forschung, Köln (unten); H.-U. Kauczor und W. Schreiber, Klinik für Radiologie, Universität Mainz (rechts)*
Seite 170: *Rene Kubé, Medizinisches Laserzentrum Lübeck (oben); Institut für Medizinische Physik; Lasermedizin, Freie Universität Berlin*
Seite 171: *G. Otto, Gesellschaft für Schwerionenforschung (GSI), Darmstadt; Laser-Zentrum Hannover*
Seite 172: *DESY*
Seite 173: *Villanova University Archive (Pennsylvania)*
Seite 174: *Universität Bayreuth (oben links); Wolfgang Heckl, Ludwig-Maximilians-Universität München (Mitte); Photograph by Francis Simon, AIP Emilio Segrè Visual Archives, Francis Simon Collection (rechts)*
Seite 175: *Maurice Wilkins, King's College, London; DESY*
Seite 176 und 177: *Helmut Grubmüller, MPI für biophysikalische Chemie, Göttingen; DESY; Institut für Physiologie, Medizinische Fakultät, Westfälische Wilhelms-Universität Münster (Hintergrund unten); Jonathan B. Marder, Hebrew University, Jerusalem*
Seite 178: *Tobias Bonhoeffer, MPI für Neurobiologie, Martinsried*
Seite 179: *Jürgen Berger, MPI für Entwicklungsbiologie, Tübingen (oben); Erwin Frey, TU München (Hintergrund); Erich Sackmann, TU München (unten)*
Seite 180: *Klaus Schulten, Theoretical Biophysics Group, University of Illinois*
Seite 181: *DESY*
Seite 182: *Albrecht Sigler, MPI für biophysikalische Chemie Göttingen (oben links); H. Wagner, RWTH-Aachen (oben rechts); Peter Fromherz, MPI für Biochemie, Martinsried (Hintergrund); Henning Schleich, Leibniz-Institut für Neurobiologie, Magdeburg*
Seite 183: *E. Neher, MPI für biophysikalische Chemie, Göttingen (oben links); Deutsches Museum, München (unten links)*
Seite 184: *Eshel Ben Jacob, Universität Tel Aviv, Israel (Hintergrund)*
Seite 185: *Francisco Rivero, Institut für Biochemie, Universität zu Köln; NASA*

2000
das jahr der physik
Heiner Müller-Krumbhaar,
Hermann-Friedrich Wagner (Hrsg.)
Was die Welt
zusammenhält
WILEY-VCH

Nicht suchen. **Finden!**
Recherche | News | Jobs | Produkte | Shop | Termine
Die Findemaschine.
pro-physik.de
hemmerich.de